JN100306

仕事ではじめる機械学習
第2版

有賀康顕、中山 心太、西林 孝　著

O'REILLY®
オライリー・ジャパン

本書で使用するシステム名、製品名は、それぞれ各社の商標、または登録商標です。

なお、本文中では ™、®、© マークは省略しています。

本書の内容について、株式会社オライリー・ジャパンは最大限の努力をもって正確を期していますが、
本書の内容に基づく運用結果について責任を負いかねますので、ご了承ください。

まえがき

　機械学習やディープラーニングという言葉は、今やニュースなどでも聞くような一般的な言葉になりました。より世の中を広く見渡してみると、「ディープラーニングをビジネスに活かす」といった本もよく見るようになりました。スマートスピーカーなど機械学習を用いた製品やサービスが当たり前になり、Googleが推し進める機械学習の民主化や各種AIベンダーの広がりといった背景があるでしょう。また、機械学習に関わる研究者や開発者にとっては、多くのデータが手に入り、それを処理するハードウェアの進化も進み、更にはオープンソースで最新のアルゴリズムを利用できる、便利なフレームワークやライブラリが広く普及したことも強く影響しているでしょう。

　こうした機械学習に対する期待の高まりとともに、私たちのところへ「機械学習について教えてください」と聞きにくる人が増えてきました。幸いにも、多くの研究者によってアルゴリズムや理論に関するすばらしい本が書かれており、機械学習フレームワークの使い方や実装方法についての書籍や雑誌記事も多く世に広まるようになりました。また、ビジネス視点での機械学習の活用事例を集めた書籍も増えました。これにより、機械学習を知らなかったソフトウェアエンジニアでも、機械学習に取り組むハードルは以前に比べ劇的に低くなっているといえるでしょう。

　最近では、情報系の学生は大学の講義や研究で機械学習の理論を学んだり研究対象としており、そうした学生が卒業しソフトウェアエンジニアとして働くことも増えてきました。彼らは理論的なバックグラウンドを活かしながら、機械学習エンジニアなどと呼ばれ研究開発を推し進めています。

　しかし、Courseraなどのオンラインコースや書籍・大学の研究だけでは、機械学習の基礎や理論的背景を学ぶことはできても、実際のビジネスにどのように活かせば良いのか、ビジネスにおける機械学習やデータ分析を活かすにはどうしたら良いのかは

まだまだ自明ではありません。問題設計をどのようにすれば、システムはどのように設計すれば良いのかを座学で学ぶことはなかなか難しいと言わざるを得ません。

本書の扱っている内容

　本書では、以下のような読者を対象とし、機械学習やデータ分析の道具をどのようにビジネスに活かしていけば良いのか、また不確実性が高いと言われている機械学習プロジェクトの進め方について整理しています。

- 機械学習の入門教材は終えて、実務に活かしたいエンジニア
- 大学の講義などで機械学習を学んだ経験を、プロダクトに活かしたい若手エンジニア
- ソフトウェアエンジニアではないけれど、機械学習システムや技術的な内容に興味のある事業部門で働く方

より具体的には、以下のような内容を取り上げています。

- 機械学習のプロジェクトをどのようにはじめるか
- 機械学習と既存システムをどう連携するのか
- 機械学習のデータをどのように集めるのか
- 仮説をどのように立てて分析を進めるのか

　本書はもともと、機械学習の初学者向けに書いた文章からはじまりました。入門者のために書きはじめたのですが、実際には理論を軽めにしたソフトウェアエンジニア向けの実践的なカタログのような形になっています。

　アルゴリズムの話などは他の書籍でも数多く取り上げられているので、本書ではプロジェクトのはじめ方や、システム構成、学習のためのリソースの収集方法など、読者が「実際どうするの？」と気になるであろう点を中心にしています。

本書で扱っていない内容

一方で、以下のような方は本書の対象読者として想定していません。

- 機械学習の研究者
- 機械学習の理論が学びたい人
- scikit-learnやTensorFlowといった機械学習のフレームワークの使い方を学びたい人
- 機械学習のフレームワーク自体を実装したい人

そのため、以下のような内容は扱いません。

- 機械学習の理論やアルゴリズム、特にディープラーニングについて
- プログラムの基礎
- 微分積分、行列計算、確率計算など高校卒業程度の数学

本書には、「人工知能でいい感じの成果を出してくれ」と言う上司をコントロールする方法が直接的に書かれているわけではありません。しかし本書を読むことで、どういう道筋でこのような要求に対応すれば良いのかについて、一歩引いた考え方を獲得していただけたら嬉しいです。

本書が前提としている内容

本書では、一部の章を除いてあまり数式を使わないようにしていますが、最低限の数学と機械学習の基本を知っていることが望ましいです。Coursera の Machine Learning のオンラインコース[†1]を受講したり、オライリー・ジャパンの書籍『ゼロから作るディープラーニング』[斎藤16]を読んだ次の二冊目として活用いただければと思います。

また、本書ではPythonとscikit-learnを主に使ったコードを使って説明をします。本文中ではPythonやscikit-learn、Jupyter Notebookの基礎的な使い方は説明しません。詳細が知りたい場合は、scikit-learnのドキュメント[†2]を参照いただくか、オライ

---

†1　https://www.coursera.org/learn/machine-learning
†2　https://scikit-learn.org/stable/index.html

リー・ジャパン『Pythonではじめる機械学習』[Muller17]、インプレス『Python機械学習プログラミング』[Raschka16]、技術評論社『PythonユーザのためのJupyter[実践] 入門』[池内20]などの書籍を手に取っていただくと良いでしょう。

本書の構成

　本書では、機械学習プロジェクトを進めていくために必要な知識をまとめた**第Ⅰ部**と、実際に手を動かすケーススタディの**第Ⅱ部**の2部構成となっています。

　第Ⅰ部では実務で機械学習を使う上での基本的な知識として、まず**1章**では機械学習プロジェクトをどのような流れで進めていくかについて整理します。機械学習の初歩のおさらいと、機械学習を含むコンピューターシステム特有の難しさについて説明します。

　2章では、機械学習でできることと各種アルゴリズムについて紹介をします。機械学習のどういったアルゴリズムがどういう特徴を持っているかをカタログ的に並べています。馴染みの薄い方は、どのアルゴリズムを使えば良いのかというフローチャートと、どのように分類されるのかという決定境界をカタログ的に見ると良いでしょう。

　3章は、学習を行ったときにオフラインで予測モデルをどのように評価するかという方法について、スパム判定を例に説明しています。

　4章は、コンピューターシステムに機械学習の仕組みをどのように組み込むのかのパターンを整理します。合わせて、学習の元手となるログ設計について説明します。

　5章は、機械学習の分類タスクにおける正解データの収集の仕方について説明をします。

　6章は、長期的に運用・学習をし続ける継続的トレーニングをするための機械学習基盤やML Opsについて説明をします。

　7章は、導入した施策に本当に効果があったのかを検証するために、統計的検定、因果効果推論、そしてA/Bテストについて紹介をしています。第3章では予測モデルのオフラインでの検証でしたが、本章では実際に導入しながらどのように検証するかを解説します。とても大切な内容ですが、**第Ⅰ部**の他の章とくらべて必要な数学や統計の前提知識が多いため、難しいと感じたらいったん飛ばしてしまって、後から読むのが良いでしょう。

　8章は、機械学習の予測結果を得たときにどのように説明をするのか、モデルの説明性について学びます。

　より実践的な話題の**第Ⅱ部**では、**9章**では探索的な分析の過程とそれを元にしたレポートをお届けします。1章の機械学習の流れで出てきた「機械学習をしない例」の1つとして、また実際に分析を行った結果をどのようにまとめるのかについての知見を得られるでしょう。

　10章では、Uplift Modelingと呼ばれる方法を用いて、より効果的にマーケティングを行う方法を学びます。

　11章では、オンライン広告の文脈でもよく使われるバンディットアルゴリズムを用いた強化学習に入門します。

　12章では、オンライン広告を題材に実際にどのような機械学習や最適化が適用されているのか、実システムにおける課題や工夫を交えて学びます。

　各章の執筆は、第1〜6章を有賀が、第7、12章を西林が、第8〜11章を中山が担当しています。

　また、本書のコードのJupyter Notebookは、サポートレポジトリ https://github.com/oreilly-japan/ml-at-work にて参照できます。

　機械学習もデータを活用するアプローチの1つです。闇雲に機械学習を行うのではなく、問題を解決するための道具として、地に足の着いた考え方が進められる方法がこの本を通じて得られれば何よりです。

意見と質問

　本書の内容については、最大限の努力をもって検証、確認していますが、誤りや不正確な点、誤解や混乱を招くような表現、単純な誤植などに気がつかれることもあるかもしれません。そうした場合、今後の版で改善できるようお知らせいただければ幸いです。将来の改訂に関する提案なども歓迎いたします。連絡先は次の通りです。

　　株式会社オライリー・ジャパン
　　電子メール japan@oreilly.co.jp

本書のWebページには次のアドレスでアクセスできます。

　https://www.oreilly.co.jp/books/9784873119472/

　オライリーに関するそのほかの情報については、次のオライリーのWebサイトを

参照してください。

https://www.oreilly.co.jp/
https://www.oreilly.com/（英語）

表記上のルール

本書では、次に示す表記上のルールに従います。

太字（Bold）
新しい用語、強調やキーワードフレーズを表します。

等幅（Constant Width）
プログラムのコード、コマンド、配列、要素、文、オプション、スイッチ、変数、属性、キー、関数、型、クラス、名前空間、メソッド、モジュール、プロパティ、パラメータ、値、オブジェクト、イベント、イベントハンドラ、XMLタグ、HTMLタグ、マクロ、ファイルの内容、コマンドからの出力を表します。その断片（変数、関数、キーワードなど）を本文中から参照する場合にも使われます。

等幅太字（Constant Width Bold）
ユーザーが入力するコマンドやテキストを表します。コードを強調する場合にも使われます。

ヒントや示唆、興味深い事柄に関する補足を表します。

ライブラリのバグやしばしば発生する問題などのような、注意あるいは警告を表します。

サンプルコードの使用について

　本書の目的は、読者の仕事を助けることです。一般に、本書に掲載しているコードは読者のプログラムやドキュメントに使用してかまいません。コードの大部分を転載する場合を除き、我々に許可を求める必要はありません。たとえば、本書のコードの一部を使用するプログラムを作成するために、許可を求める必要はありません。なお、オライリー・ジャパンから出版されている書籍のサンプルコードをCD-ROMとして販売したり配布したりする場合には、そのための許可が必要です。本書や本書のサンプルコードを引用して質問などに答える場合、許可を求める必要はありません。ただし、本書のサンプルコードのかなりの部分を製品マニュアルに転載するような場合には、そのための許可が必要です。

　出典を明記する必要はありませんが、そうしていただければ感謝します。有賀康顕、中山心太、西林孝　著『仕事ではじめる機械学習 第2版』（オライリー・ジャパン発行、ISBN978-4-87311-947-2）のように、タイトル、著者、出版社、ISBNなどを記載してください。

　サンプルコードの使用について、公正な使用の範囲を超えると思われる場合、または上記で許可している範囲を超えると感じる場合は、`japan@oreilly.co.jp`までご連絡ください。

目　次

第1部

1章から7章までは、機械学習の初学者向けの解説です。入門のために書きはじめたのですが、実際には理論を軽めにしたソフトウェアエンジニア向けの実践的なカタログのような形になりました。

アルゴリズムの話などは他の書籍でも数多く取り上げられているので、本書ではプロジェクトのはじめ方や、システム構成、学習のためのリソースの収集方法など、読者が「実際どうするの？」と気になるであろう点を中心に書いています。

数式はできるだけ書かないようにしたつもりですが、2章など、はじめて機械学習に触れる人には少し難しい内容かもしれません。そういうときには、最初のうちはカタログのようにざっと眺めて、章冒頭のアルゴリズムの使い所のフローチャートを見ていただくのが良いと思います。Coursera の Machine Learning[†1]のコースを受けたり、『ゼロから作る Deep Learning』[斎藤16]のような書籍を読んだりすると、更に理解しやすくなると思います。

また、本書ではPythonの機械学習ライブラリ scikit-learn[†2]を使うことを前提に話を進めます。

---

†1　https://www.coursera.org/learn/machine-learning
†2　https://scikit-learn.org/stable/

1章
機械学習プロジェクトの
はじめ方

　本章では、機械学習プロジェクトのはじめ方についてまとめます。

　機械学習のプロジェクトは、普通のコンピューターシステムの開発に比べて予測精度を求めるなど試行錯誤をすることが多く、手戻りが発生しやすいため、ポイントを押さえて進めることが重要です。まずは機械学習の概要から、プロジェクトの流れ、機械学習特有の問題、成功させるためのチームづくりについて紹介します。

1.1　機械学習はどのように使われるのか

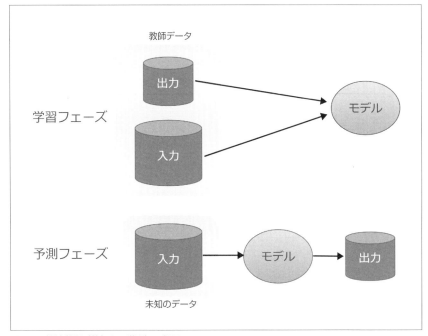

図1-1　機械学習（教師あり学習）の概要

　はじめに、機械学習とはどのように使われるものかについて簡単におさらいしておきましょう。

　機械学習がよく使われる用途として、未知のデータに対して過去の経験（＝過去のデータ）を元に機械が予測をする、というものがあります。たとえばGmailの「迷惑メール」の判定やAmazonの「この商品を買った人はこんな商品も買っています」の推薦など、過去の膨大なデータの傾向を元に、未知のデータに対して予測をします。

　このように未知のデータに対して予測を行う場合、ビジネスで頻繁に使われるのが**教師あり学習**（Supervised Learning）というアプローチです。**図1-1**に、教師あり学習の処理の概要をあらわしています。教師あり学習は、大雑把に言うと既知のデータと何かしらのアルゴリズムを用いて、入力データ（画像のRGBや日時、気温などの数値をベクトル化したもの）と出力データ（「犬」「猫」などのカテゴリや降水量などの数値）の関係性を獲得し（これを**モデル**と呼びます）、獲得したモデルによって

未知のデータに対する予測ができるようになるプログラムを実現します。

 モデルとは入力データと出力データの見えない関係性を、数式やルールなどの簡単な仕組みで近似したものです。学習されたモデルは、どのアルゴリズムを使うかという情報と、データから獲得されたパラメータとで構成されています。

　教師あり学習には、既知のデータの入力と出力の関係性を得る**学習フェーズ**、未知の入力データからモデルを通じて予測した出力を得る**予測フェーズ**の2つのフェーズがあります。モデルを獲得する、すなわち入出力の関係性を表現するパラメータを獲得することで、未知のデータに対しても一定の基準で予測を行えます。人間は、たとえば徹夜で連続して単純作業をしていると、その判断基準がぶれてくることが往々にしてあります。それに対し、機械学習の予測基準は学習フェーズからブレることはないので、大量のデータに対しても人より安定した予測ができるのです。

　ちなみに、教師あり学習の他には入力データからデータの構造を獲得する**教師なし学習**（Unsupervised Learning）や、囲碁や将棋などでどのように行動をしていくかという戦略を獲得する**強化学習**（Reinforcement Learning）など他の学習のアプローチもあります（詳しくは**2章**で紹介します）。

1.2　機械学習プロジェクトの流れ

　実際の機械学習を含めたプロジェクトを開始する際には、以下のような流れで進めていきます。

1. ビジネス課題を機械学習の課題に定式化する
2. 類似の課題を、論文を中心にサーベイする
3. 機械学習をしないで良い方法を考える
4. システム設計を考える
5. 特徴量、教師データとログの設計をする
6. 実データの収集と前処理をする
7. 探索的データ分析とアルゴリズムを選定する
8. 学習、パラメータをチューニングする
9. システムに組み込む
10. 予測精度、ビジネス指標をモニタリングする

　この流れをおおまかに言うと、「解きたい課題を機械学習で解ける問題設定に落とし込む」（1～3）、「解くための道具選びと前処理」（4～6）、「モデルの作成」（7、8）、「サービスへの組込み」（9、10）という4ステップになっています。特に最初の2つの課題設定と前処理が重要です。いくらデータ量があっても、適切に前処理がなされていなければ性能は出ませんし、そもそも解こうと思っている課題が人間にも解けない問題の場合は機械学習で解くのも難しいでしょう。機械学習、特に「教師あり学習」では、何が「正解」なのかを人間が機械に教えなければなりません。つまり、人が「正解」を決められない問題は機械にも解くことができないのです。

　まずは、「機械学習でこういう課題を解決した」という事例を見たときに、「どういったアルゴリズムで解決したか」「どのようなデータを特徴量として使っているか」「機械学習部分をどのように組み込んでいるか」ということを意識して調べると良いでしょう（特徴量という単語については後ほど詳しく説明しますが、ここでは入力情報という意味でとらえてください）。こうして引き出しを増やすことで、機械学習を用いて何ができて何ができなさそうかを判断できるようになります。

　こうした引き出しがないと、「機械学習でなにかすごいことをしたい」という上司が現れて、何をすればいいかというところから頭をひねるようなプロジェクトになってしまい、うまくいかない結果に終わる危険性が高まります。大事なことは、機械学習で解ける範囲と解けない範囲を線引きできること、そしてそれを実現するために（泥臭いことも含めて）手を動かせることです。「データ分析業務は前処理が8割」と言われることもあるくらい、フォーマットが崩れているCSVのパースや、Webのログから必要な情報を抽出するなど、分析可能な状態にするまでの時間が大きな割合を占めます。

　機械学習をシステムの一部として含むシステム開発は、実際には試行錯誤を繰り返す作業になります。特に、上記の4から7は試してみては変更して、という作業を何度も繰り返すことになると思います。機械学習の理論的な研究では7、8を重点的に取り扱う一方で、ビジネスでは1から10まですべてを行います。そのため、試行錯誤を効率良く行うことが重要です。

　では、それぞれの手順について順番に説明をしていきます。

1.2.1　ビジネス課題を機械学習の課題に定式化する

　一般的なビジネス課題を解くのと同じように、どのように問題を解くのか定式化をします。その時重要なのが、何を目的にするのか、そして解きたい課題について仮説を立て、何をすれば良いのかを明確にすることです。そもそも、何かシステムを作る

ときには、「売上を改善する」「有料会員を増やす」「製品の生産コストを減らす」など、ビジネス上の目的があるかと思います。こうした大きな目的に対して、たとえば「生産コストを減らす」ためには「歩留まり改善」をしなければならず、そのためには「どこで不良が起こっているかを特定する、そのために機械学習の力を使う」というように、より具体的でアクション可能なレベルまでブレイクダウンしていきましょう。

　ブレイクダウンをする課程で、売上目標や日ごとの有料会員増加数など何かしらビジネス上の指標、いわゆる KPI（Key Performance Indicator）が決まってくるはずです。これは、予測モデルの性能とは別の軸で重要な指標です。KPI 自身はフェーズによって変わりうるものではありますが、最初のブレイクダウンをしたときに仮でも良いので 1 つ決めると良いでしょう。なお、KPI の決め方や目的と課題の考え方や整理の仕方は『Running Lean』[マウリャ 12] や『Lean Analytics』[クロール 15] などの書籍を読むと良いでしょう。

　機械学習の問題設定としては、たとえば、「EC サイトの売上を上げるために、ユーザーごとにおすすめ商品を提示する」とか、「工場の電力消費量を最適化するために、消費電力を予測する」などというように、プロジェクトの目的と解き方をセットで考えます。良くない機械学習の問題設定の例とは「有料会員を増やしたい」といったアクションがすぐ起こせない曖昧なものや、「深層学習で凄いことをする」といった目的もわからないようなものです。もしかすると、トップダウンでこういった要求が降ってくるかもしれませんが、現場で手を動かす人はもっとブレイクダウンをしなければいけません。

　仮説の立て方と検証方法については、クックパッド開発者ブログに掲載されている「仮説検証とサンプルサイズの基礎」[†1]という記事が役に立つでしょう。

1.2.2　類似の課題を、論文を中心にサーベイする

　いわゆる機械学習の応用事例を見つける上で、論文を探すのは非常に良い取り組みです。既存の論文を探すことで、どういった問題がどう定式化されているのか、またどういったアルゴリズムを使うことが多いのか、どこが難しいところで未解決の領域なのかということがまとまっているからです。たとえば、KDD[†2]の Applied Data Science Track や ACM の RecSys[†3]など応用よりの学会は産業界からの発表も多く参考になります。実装方法の参考になることも多いでしょう。

---

†1　https://techlife.cookpad.com/entry/2016/09/26/111601

†2　https://www.kdd.org/

†3　https://recsys.acm.org/

また、論文以外では『業界別！AI活用地図』[本橋19] のような専門家がまとめた書籍を当たるのもおすすめです。

1.2.3 機械学習をしなくて良い方法を考える

次に、機械学習を本当に使うべきなのかを考えます。機械学習プロジェクトのはじめ方なのに、なぜ？ と思うかもしれませんが、「機械学習は技術的負債の高利貸しのクレジットカード」というタイトルの論文 [Sculley14] があるほど、機械学習を含んだシステムは通常のシステム以上に技術的負債[†4]が蓄積しやすいのです。

機械学習を用いるシステム構築の難しさには以下のようなものがあります。

- 確率的な処理があるため自動テストがしにくい
- 長期運用しているとトレンドの変化などで入力の傾向が変化する
- 処理のパイプラインが複雑になる
- データの依存関係が複雑になる
- 実験コードやパラメータが残りやすい
- 開発と本番の言語/フレームワークがバラバラになりやすい

これらの難しさの対処方法は、後ほど1.3「実システムにおける機械学習の問題点への対処方法」で書きたいと思いますが、特に「入力データの傾向が変化する」という点は大きな問題です。たとえば、テキストを扱う問題として文のポジネガ判定を行う際に、文章に含まれる「ヤバい」という単語について、昔の文章ではネガティブな意味合いしかなかったのに対し、比較的新しい文章ではポジティブな意味もあり得るといった具合に、テキストの意味が変化する場合があります。これ以外にも、「スイカ」といえば果物のスイカの意味だったのが、電子マネーを指すようになったりと、用法のトレンドが変化したり、新語が登場したりします。また、COVID-19の前後で人の行動様式が変化し、予測システムが意味をなさなくなったという話もあります[†5]。

このように、同じ予測モデルを使い続けていると、入力データの傾向やトレンドが変化してしまった場合、予測精度が下がったり意図しない挙動をする可能性がありま

[†4] 技術的負債とは、ドキュメントやテストコードがない、行き当たりばったりの設計が残っている、コンパイラの警告が残っているなど、リリースを優先して問題を先送りにすることです。詳細はhttps://ja.wikipedia.org/wiki/%E6%8A%80%E8%A1%93%E7%9A%84%E8%B2%A0%E5%82%B5 を参照ください。

[†5] https://techcrunch.com/2020/08/18/how-to-diagnose-and-treat-machine-learning-models-afflicted-by-covid-19/

す。これを防ぐためには、定期的に新しいデータで予測モデルを更新したり、必要に応じて特徴量の再検討をする必要があります。つまり、「予測モデルをメンテナンス」し続ける必要があります。

また、機械学習アルゴリズム内には乱数を用いた確率的な処理が含まれていることも多く、ルールベースで処理をした時のように挙動が決定論的ではありません。さらには、あらゆるデータに対する挙動をあらかじめ確認することは不可能です。それができないような大量の自動処理を期待しているので機械学習を利用しているのだと思います。そのため、思いもよらない予測結果が出力されるリスクが常に存在するという認識が必要です。以前、Googleフォトが写真に写った黒人の人々をゴリラと認識してしまい、差別的であると問題になったことがありました[†6]。このときには「ゴリラ」というタグが出力されないような後処理を追加したようですが、このように思わぬ出力がされる可能性があります。意図しない予測結果が出てしまったときに、後から介入できる仕組み（たとえば特定のラベルはブラックリストに登録してはじく）を用意しておくことが重要です。

では、どのようなビジネス上の課題に対して機械学習を利用すれば良いのでしょうか？ 私は以下の条件を満たす必要があると考えます。

- 大量のデータに対して、高速に安定して判断を求める必要がある
- 予測結果には、一定数の間違いが含まれることが許容できる

人間の判断が疲れによってぶれてしまうのと異なり、機械学習による予測は大量のデータに対しても常に同じ基準で判断し続けられます。一方で予測の精度が100%になることはまずあり得ません。そのため運用においては誤りをカバーできる仕組みがなければなりません。

条件が整った上で、まずMVP（Minimum Viable Product）を作りましょう。MVPとは、『リーン・スタートアップ』[リース12] の文脈でよく話題にされるもので、最低限の顧客価値を生み出す最小のプロダクトのことです。では、機械学習でのMVPとは何でしょうか。たとえば、男女や年齢などのユーザーの属性によるクロス集計でセグメント分けをして、そのセグメントごとにルールベースでレコメンドをしてはどうか？ Apache SolrやElasticsearchなど、既存のモジュールにあるMore Like Thisなどの機能の組み合わせではダメなのか？ といったように、集計ベースや既存のモ

ジュールの機能で簡単に実装できるものがMVPとなり得ます。もちろん、MVPの原則に則って人手で決め打ちのコンテンツを用意して、簡単なルールで振り分けるのでも十分でしょう。筆者も経験がありますが、このMVPだけで十分機能してしまうことも珍しくないのです。

　MVPを検証することで、そもそも自分が立てた仮説の筋が良いか悪いかを判断できます。こういった機械学習の問題設定から仮説検証までのサイクルは、多くの場合で一般的なコンピューターシステムのプロダクトよりも長くなるようです。そもそも狙い自体が間違っている場合には、システム構築と実験まで終えた後で、最初の問題設定まで大きく手戻りすることさえあります。本当に顧客が必要としていたものは何か、コンセプトは正しいのかを事前に検証することが、通常のプロダクトより重要になってきます。

　プロジェクトのはじめに機械学習をやろう、と始まったプロジェクトでも、必要がないのであれば機械学習を使わない方向にかじを切ることを恐れないでください。

　このように、機械学習に向いている課題であることを確認し、MVPを作って最低限のコンセプトを検証することで、システムの設計へと進みます。

1.2.4　システム設計を考える

　問題の定式化とMVPの検証が済んだら、機械学習を含めたシステムを設計しましょう。設計の上で重要なポイントは2つあります。

- 予測結果をどういう形で利用するのか
- 予測誤りをどこで吸収するのか

　1つ目は、たとえばバッチで予測処理をしてその結果をRDB（Relational Database）で配布するのか、Webサービスやアプリケーションを用いてユーザーのアクションごとに非同期で予測するのかなど、方法の違いがあります。予測結果をどう渡すかについて、詳しくは**4章**を参照してください。

　機械学習に100%正解を出力するアルゴリズムは存在しません。システム全体でどのように誤りをカバーするのか、人手による確認や修正は必要なのか、必要だとしたらどこでカバーするのかを考えることも機械学習のシステム設計に含まれます。それを理解した上で、どのようにシステム全体でリスクをコントロールするかが重要です。たとえば予測結果を人手で確認するフェーズを用意したり、予測結果が重大な悪影響を与えないとわかっていたりする場所でアプリケーションに利用するなどの方法

を用います。

　また、このフェーズを過ぎると実際に手を動かしてデータ収集や予測モデルの作成、システム構築を進めるフェーズに入るので、ここまでに目標性能と撤退ラインを決めましょう。機械学習の予測モデル開発は、往々にして「あと少し性能が良くなったら…」と、予測モデル自身を改善する泥沼にハマりこみます。そこまでに、学習データの収集や正解データの作成などといった作業をしてしまうと、一定のドメイン知識が付いてくるため、根拠のない自信で改善ができると思いこんでしまいます。場合によっては、問題設定の見直しまで戻って繰り返し改善し続ける可能性もあります。サンクコストによるバイアスがかかる前に、「2ヶ月で90%の予測性能を達成する」といった、具体的な目標性能と撤退ラインを決めておきましょう。なお、予測性能の決め方については3章で解説します。

1.2.5　特徴量、教師データとログの設計をする

　機械学習のために、どういった情報が使えるかについて設計をします。

　特徴量（Feature）[†7]とは、機械学習の予測モデルに入力をする情報のことを指します。機械学習では、入力の情報をまず数値ベクトルにします。たとえば、明日の積雪の有無を予測するために、今日の気温（1.0℃）、降水量（0.8mm）、風速（0m）、積雪量（2cm）、天気（曇り）を使うとすると、それぞれを数値化したもののリスト（例：[1.0, 0.8, 0.0, 2.0, 1]）が特徴ベクトルになります。

　ここで、「曇り」のような特徴量を**カテゴリ変数**（Categorical Variable、**カテゴリカル変数**とも言います）と言い、晴れは0、曇りは1というような数値データに変換して処理をします。このような数値データのことを**ダミー変数**（Dummy Variable）と呼びます。scikit-learnでは`LabelEncoder`クラスや`OneHotEncoder`クラスでカテゴリ変数をダミー変数に変換できます。

カテゴリ変数をダミー変数に変換する処理を**ワンホットエンコーディング**（One-Hot Encoding）とも言います。

[†7]　「feature」という単語の訳について、自然言語処理の分野では「素性（そせい）」という表現が好まれることが多いですが、ここでは特徴量と訳します。

古典的な機械学習では特徴量が肝となります[†8]。ここはビジネスドメインの知識がある人と、ユーザーの行動ログや購買履歴、工場のセンサーデータなど、機械学習の入力となる特徴量が、予測に必要な情報を含んでいることをあらかじめ確認しておきましょう。たとえば、タービンの不具合を検出するために、過去の経験を元にハンマーで叩いた音の情報を集めて不良検出をしたという事例もあります。ビジネスのドメイン知識を持った人と協力をして、何がその現象に影響を与えそうかということを確認します。後から不要なデータを削ることはできますが、必要なデータを遡って取得することはできません。

特徴量をいったん決めたら、入力データとなる正解データを用意します。**教師データ**とは、**教師あり学習**と呼ばれる複数のカテゴリを予測する問題を解く際に必要な、正解カテゴリのラベル（正解ラベル）と元となるデータのセットことです。たとえば画像を使った物体認識では、写真に写っている「車」や「犬」といったカテゴリの正解を、あらかじめ人手でつけておく必要があります。なお、こうした分類対象のカテゴリのことを機械学習では**クラス（class）**と呼びます。プログラムのクラスとは違うので注意してください。ビジネスの多くでは、教師あり学習を使い何かしらを分類することが多いです。

教師あり学習では、質の良い正解ラベルをどのように取得するかが重要になります。この正解ラベルのクオリティ次第で問題がうまく解決できるかが大きく変わります。教師データの正解ラベル収集については**5章**を参考にしてください。

また、教師データのもととなるデータは、Webアプリケーションのログなどから取得することもよく行われます。特徴量を抽出するためのログの設計については、4.3「ログ設計」で詳しく説明します。ログを設計するタイミングに合わせて、思いつく特徴量も列挙すると良いでしょう。というのも、ログの収集はいったん開始してしまうと形式を変えるコストが大きく、変えられたとしても使えないデータが増えてしまうからです。

1.2.6　実データの収集と前処理をする

前処理はタスクに依存するためここでは詳しく書きませんが、不要な情報を削ぎ落とすなどデータを機械学習に使える形にする重要なプロセスです。機械学習の入力と

[†8]　深層学習（Deep Learning）では、たとえば画像の物体認識にはRGBの値を使うなど、特徴量の設計よりもどういったネットワーク構造を使うかといったことの方が重要です。近年では、深層学習を使ったEmbeddingを利用して複雑な特徴量を作り、それを古典的な機械学習のアルゴリズムに入力するというケースがかなり多くなっています。

するデータは、特徴量のところでも説明をしましたが、RDBで表現できるような表形式のデータの形になっています。しかし、実際のWebのログなどの生データはテキスト形式だったり、すぐにそのまま使えるデータではありません。数値データも、センサーデータが一部取得できていないことによる欠損値と呼ばれるデータの処理や、異常な値を除外したり、値の取りうる幅の影響を受けないように正規化したりといった作業が必要です。テキストデータの場合には、単語に分割して頻度を数えたり、低頻度語を除去したりという調整を行います。先ほど紹介したカテゴリ変数をダミー変数にする操作もここに含まれます。こうしたデータ変換が、前処理の最初に重要なステップとなります。

いくら優れたアルゴリズムを使っても、データを適切に整形・加工することに勝るものはありません。現実の問題では多くの時間をここに取られます。

一口に前処理と言っても、多くのトピックが対象となるため、近年ではそれらを大きく扱う書籍も増えています。詳細なテクニックについては『前処理大全』[本橋18]や『Kaggleで勝つデータ分析の技術』[門脇19]、『ビッグデータ分析・活用のためのSQLレシピ』[加嵩17]を参照してください。

1.2.7 探索的データ分析とアルゴリズムを選定する

機械学習を使うときに考えなければならない、採用するアルゴリズムについて考えます。

アルゴリズムの選定の指針は**2章**も参考にしてください。

すでに論文などで過去に類似の問題がどのように解かれているかを調べていると思いますので、利用するアルゴリズムのおおよそのあたりは付けられているかと思います。

データの特性を知るために、クラスタリングなどの教師なし学習（**2章**で説明します）や散布図行列（**図1-2**）などを使って事前に可視化したり、相関のある変数を見つけるなどしてあたりをつけ、どういった方法で解けるのかを考えます。少量のサンプリングしたデータで実際にシンプルなモデルを学習して、特徴量の重要度を見ることも良いでしょう。

また、想定されるデータ量を含めてオンライン学習が良いのかバッチ学習（4.2.1

「混乱しやすい「バッチ処理」と「バッチ学習」」で説明します）でも十分なのかを見積もります。

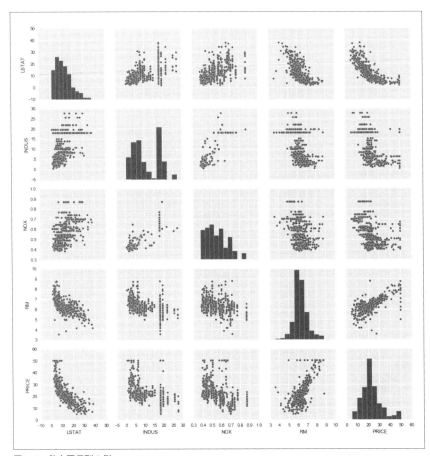

図1-2　散布図行列の例

1.2.8　学習、パラメータチューニング

いよいよ学習を行います。学習のアルゴリズムが決まっているので、機械学習のアルゴリズムを調整するパラメータを試行錯誤しながら変えてみて、より良い結果がでるパラメータを探索します。まず、人力で付与した正解やルールベースで決めた正解など、ベースラインの予測性能を決めてそれを超えることを目指します。

最初のステップとしては、ロジスティック回帰など比較的シンプルなアルゴリズムと既存のライブラリ・フレームワークを用いることで、シンプルな予測モデルを作ることをゴールとしましょう。多くの場合、一部データが正常に取れていないなどデータ自体にバグが潜んでいます。そのため問題を切り分けるために、まずはシンプルな手法で良いのでいったん予測モデルを作るようにします。

はじめての予測モデルでいきなり予測性能99.9%のように高い性能が出た場合には、何かミスがあると疑ってかかりましょう（筆者の感覚的には初めて書いたコードのテストがすべて通ってしまったときに近いものを覚えます）。多くの場合、学習時のデータに対して過剰に適合してしまい、未知のデータを適切に予測できない**過学習**（Overfitting）や、本来知り得るはずのない正解データの情報が教師データに紛れてモデルの予測性能が不当に高くなってしまう**Data Leakage**が起きています。

過学習、Data Leakage

過学習したモデルは、平たく言うと「学習に使ったデータに対してはきちんと正解できるけど、知らないデータに対しては全然当たらない」というモデルになります。これは、既知のデータに対して過剰に最適化をしてしまい、未知のデータには対応できないという状態です。昔、私がセンター試験を受けた年に、英語の出題傾向がとつぜん変わりました。塾でバッチリ対策をしていた人が「うわー、今年傾向変わって全然解けなかったー。きっと他の人も解けなかったよね」という話をしていたのですが、今思うと、これもある意味過学習かもしれません。逆に、未知のデータにも対応できるモデルを**汎化**（Generalization）性能があるモデルといいます。

Data Leakageのわかりやすい例として、Kaggleのガン予測のためのコンテストのデータに前立腺手術をしたかどうかというフラグが含まれていたことがありました。この情報を使った予測モデルは非常に高い予測性能を達成しましたが、前立腺ガンの人がガンとわかった後に手術を受けているというだけの情報で、未

知のデータに対しては意味のない予測モデルとなってしまったのです。他にも、よくある例として、時系列データの予測を行う際に学習に使うデータと検証に使うデータをランダムで分割してしまったために、未来のデータに対する予測をするモデルを作りたかったのに、未来のデータも含めて学習してしまったという話があります[†9]。

これらのポイントを意識しながら、学習とパラメータチューニングを行います。性能改善を行う場合は、誤判定をした予測結果を実際に見て、何が誤りの原因になっているか、共通項はないかとエラー分析をすることも忘れないようにしましょう。ここでうまく行かなかった場合には4に戻って、アルゴリズムの検討からやりなおします。

過学習を防ぐには

　過学習を防ぐにはいくつかの方法があります。アルゴリズムによらない方法としては以下のような方法があります。

1. **交差検証**（Cross Validation）を使ってパラメータチューニングをする
2. **正則化**（Regularization）を行う
3. **学習曲線**（Learning Curve）を見る

　交差検証とは、学習の際に学習用の**訓練データ**（Training Data）と評価用の**検証データ**（Validation Data）を分割して性能を計測することで、特定のデータによらない汎化性能のあるモデルを得る方法です。たとえば、データを10分割して9割の訓練データで学習、残り1割の検証データ評価を行う、というプロセスを10回繰り返すことで、平均的に性能の良い**ハイパーパラメータ**（Hyper-parameter: 、ニューラルネットワークの隠れ層の数やロジスティック回帰のしきい値など、モデルの性能を左右するパラメータ）を選びます（scikit-learnには`cross_val_score()`という関数や`GridSearchCV`というクラスなど交差検証を簡単に行う便利な道具があります）。

　実際には、最初にたとえば1割のデータを抜き取って最後の性能評価にのみ使うことで、ハイパーパラメータのチューニングとは独立した性能を評価でき

[†9]　https://en.wikipedia.org/wiki/Leakage_(machine_learning)

るようにします。この抜き取ったデータを**テストデータ**（Test Data）と呼び
ます。なお、本書では訓練データと検証データを合わせたデータを**開発データ**
（Development Data）と呼びます。

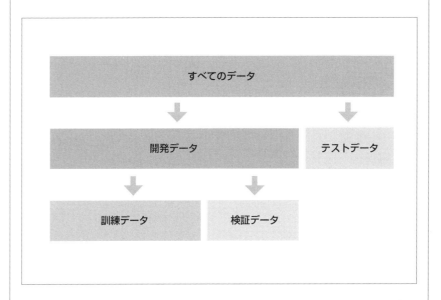

　過学習を防いで汎化性能を上げるために正則化というテクニックを用います。
簡単に言うと、2つのクラスを分離する境界を、全データ正しく分かれるように
きっちり設定するのではなく、多少違うクラスのデータが混ざって誤ってもいい
ので未知のデータに対する対応力を付けるというものです。詳細は2.2.2「ロジ
スティック回帰」で説明します。
　学習曲線とは、データサイズや学習の繰り返し回数に対して、訓練データと検
証データでの損失（あるいは精度）の推移をグラフに書いたものです。損失につ
いての詳細は**2章**を、学習曲線の詳細は筆者の記事「そのモデル、過学習してい
るの？　未学習なの？　と困ったら」[†10]を参照ください。

1.2.9 システムに組み込む

おめでとうございます、良い性能の予測モデルが得られましたね。それでは機械学習のロジックをシステムに組込みましょう。

この時気をつけたいのが、予測性能とそれにともなうビジネスインパクト（たとえば商品購入のコンバージョン率など）をモニタリングすることです。システムに組み込むことは、ビジネス的には仮説検証のための1つのステップにすぎません。予測性能のモニタリングには、あらかじめ人手で用意をしたデータと正解ラベルのセットを使って予測性能を計測します。

 このようなデータのセットを**ゴールドスタンダード**（Gold Standard）と呼びます。

予測モデルの開発に注力していると往々にして忘れがちなのがですが、本来は予測モデルを作ることで、売上目標や日ごとの有料会員増加数など何かしらビジネス上の指標、いわゆるKPIの改善をしたいというような要求があるはずです。そちらの推移を見守り、必要に応じて性能改善を続けます。

機械学習は1.2.2「機械学習をしなくて良い方法を考える」でも書いたように、長期運用をしていると入力の傾向が変わります。これにより、予測性能がじわじわと、あるいは急激に劣化する場合がよくあります。KPIが悪化した場合は、5〜7に立ち戻って改善をする必要があります。これに立ち向かうためにも「システムに組み込んで終わり」ではなく、継続してビジネスに貢献しているのかを確認し、改善し続けましょう。

また、改善を継続できる持続的な組織づくりも重要となります。KPIをきちんとトラックできるようにダッシュボードを作ったり、異常時にはアラートを飛ばすようにしたり、アクションをいつでも取れるような体制が重要です。

1.3　実システムにおける機械学習の問題点への対処方法

1.2.2「機械学習をしなくて良い方法を考える」でも書きましたが、実システムにおける機械学習の問題点には以下のようなものがあります。

1. 確率的な処理があるため自動テストがしにくい
2. 長期運用しているとトレンドの変化などで入力の傾向が変化する
3. 処理のパイプラインが複雑になる
4. データの依存関係が複雑になる
5. 実験コードやパラメータが残りやすい
6. 開発と本番の言語/フレームワークがバラバラになりやすい

　まとめると、予測性能のみを追い求めてモデルの更新が難しくなり易く、システムの複雑さが増してメンテナンス性が低下しがちであり、変化に追従しづらいと言えます。

　こうした問題に対処できるよう変化を前提とした設計をするためには、以下のポイントが重要となります（カッコ内の数字は対応している課題です）。

- 人手でゴールドスタンダードを用意して、予測性能のモニタリングをする（1、2、4）
- 予測モデルをモジュール化してアルゴリズムのA/Bテストができるようにする（2）
- モデルのバージョン管理をして、いつでも切り戻し可能にする（4、5）
- データ処理のパイプラインごと保存する（3、5）
- 開発/本番環境の言語/フレームワークを揃える（6）

以下では5つのポイントについて順番に説明をしていきます。

1.3.1　人手でゴールドスタンダードを用意して、予測性能のモニタリングをする

　ゴールドスタンダードを用意することについては、1.2.9「システムに組み込む」に書きましたのでそちらを参照してください。機械学習の予測結果は確率的な処理を含むため、個別の予測結果を決定論的に自動テストで検証するのは困難です。そのため、あらかじめ用意しておいたデータと正解に対して予測性能を測定し、その推移を監視します。このように、1の自動テストがしづらい問題を予測性能のモニタリングでカバーします。また、2の入力の傾向の変化についても、予測性能をダッシュボードでモニタリングし、閾値を設けてアラートを飛ばすことで、長期運用時に傾向の変化に気づきやすくなります。4については、たとえば予測モデルの更新と単語分割用

の処理の辞書の更新とを同時に行ったときに、本番環境で予測モデルだけを更新してしまい辞書の更新を忘れてしまうと言ったデータの不整合が起こり得ます。こうした問題も、予測性能のモニタリングによりカバーできます。

モニタリングについては6.4.1「監視・モニタリング」で詳細に説明します。

1.3.2　予測モデルをモジュール化をしてアルゴリズムのA/Bテストができるようにする

予測モデルのモジュール化について説明をします。性能向上を継続するためには、1つのアルゴリズムだけでは天井が見えてしまうことがあります。そのようなときのために、複数の予測モデルを並列に並べてA/Bテストできるようにモジュール化して、容易に交換できるような設計をしておくことが重要です。モデルの比較をしやすいシステムにしておくことで、特徴量を変更したりアルゴリズムを変更したモデルを並行させて性能を検証できるのです。そうすることで、2に挙げた「長期運用時に起きる入力傾向の変化」に対しても、現行の予測モデルを動かしながら新しい取り組みをしやすくなるのです。

また、部分的にリリースをするカナリアリリース（Canary Release）を行うことで、オンラインで評価する際にモデルの意図しないふるまいを早い段階で検知できます。

こうしたモデルのA/Bテストやカナリアリリースは予測結果のサービングを行うフレームワーク側で提供しているものも増えています。

1.3.3　モデルのバージョン管理をして、いつでも切り戻し可能にする

本番環境の予測モデルは、いつ、何の影響によって性能劣化を起こすかわかりません。入力データの形式が変化したかもしれませんし、途中の処理が変わったのかもしれません。モデルの更新が原因かどうかを切り分けるためにも、過去のモデルに切り戻せるようにしておくことが大切です。当然、ソースコードはバージョン管理をすると思いますが、可能であれば過去のモデルに切り戻ししたときにきちんと比較できるよう、データもバージョニングをしておくことが望ましいでしょう。ソースコード、モデル、データ、3つの変更が管理されていることが理想的な状態です。

モデルのバージョン管理をし、それに加えてどういうデータでモデルを生成したかをドキュメント化することで、4のデータの依存関係の問題は緩和されます。また、5の実験コードとアルゴリズムのパラメータがコード上に散逸する問題も、モデルの

バージョン管理とドキュメント化をすることで取り組みやすくなるでしょう。

1.3.4　データ処理のパイプラインごと保存する

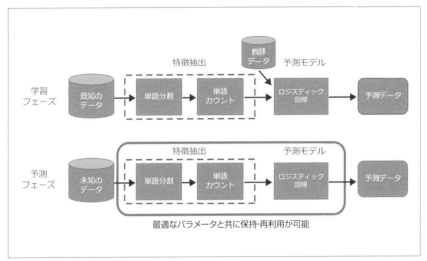

図1-3　データ処理のパイプラインを保持する

　続いて、データ処理のパイプラインの保持について説明します（**図1-3**）。予測モデルを作成する際には、予測モデル自身のハイパーパラメータもチューニングしますが、それ以前の前処理にもパラメータが含まれることがあります。たとえば、テキスト処理では単語に分割をし、その頻度を数えた後に低頻度な単語や高頻度な単語を除外することなどです。こうしたときの、低頻度であると足切りするしきい値は何が良いのか、といった点もチューニングポイントに含まれます。

　だんだんとパラメータの数が増えデータが複雑になると、開発と本番でのパラメータがずれてしまって想定していた性能が出ないという事態が発生します。これを防ぐためにも、前処理から予測モデルの構築までを含めたデータ処理のパイプライン全体を保存することが重要になります。

　データ処理をパイプラインとして扱いやすくするという点においては、scikit-learnの抽象化は良くできています。それに影響を受けて、Sparkなどの機械学習ライブラリも、パイプラインで処理の再利用ができるようになっています。

　パイプラインごと保存をすることで対応するコードがまとまるため、3の処理のパイプラインが複雑になったときにも見通しやすくなります。また、5の実験コードと

アルゴリズムのパラメータが散らかる問題も、パイプラインでまとめることで一箇所で管理しやすくなります。

1.3.5　開発/本番環境の言語/フレームワークを揃える

　最後に、開発と本番環境の言語/フレームワークはできる限り揃えましょう。たとえば、予測モデルの開発はRで行い、アプリケーション側の予測処理はJavaで再実装をすると考えます。この場合、両言語での実装が必要になるため、アルゴリズムの変更コストが跳ね上がってしまいます。せっかくRで高速なプロトタイピングをしたのに、本番に反映するのに時間がかかってしまったり、場合によっては反映そのものを断念するようなことも考えられます。

　予測モデル開発は何度も実験を繰り返しながら行われることが多く、作成されるコードも整理されていないということがよくあります。実験用のコードから本番環境のアプリケーションコードへの移行に共通のフレームワークを利用することで、移植のコストを低くでき意思疎通もより容易になるでしょう。

　6の課題についても、言語・フレームワークを揃えることがシステムの複雑性を抑える取り組みになります。

　ただし、昨今ではマイクロサービス[†11]と呼ばれる機能やサービスごとにAPIやメッセージキューを通じてやりとりをするアーキテクチャも増えてきています。このアーキテクチャは、大きな1つのアプリケーションを作るモノリシックなアーキテクチャと比較すると、システムを細かく分割しAPIなどでやりとりをするため、機械学習の処理部分を切り出しやすくなります。この考え方にのっとり、機械学習用のRESTやgRPCなどのAPIサーバーを立てたりすることも増えてきています。Dockerなどのコンテナ技術とそれをデプロイしやすいクラウドサービスの登場により、機械学習の学習や予測の機能を切り出しAPIサーバーの構築にも取り組みやすくなっています。特に、言語の選択は開発チームのスキルセットにも影響を与えてきますので、システム全体の設計やメンバーのスキルセットと照らし合わせて判断してください。

　このように、実システムの機械学習プロダクトでは変化に耐えるための工夫をすることが重要です。より詳細なベストプラクティスを知りたい場合は、「Rules of Machine Learning: Best Practices for ML Engineering」[Zinkevich] を参考にしてください。

---

†11　https://martinfowler.com/articles/microservices.html

scikit-learnはなぜ古典的機械学習のデファクトスタンダードに なったのか？

scikit-learn は、深層学習以前の古典的機械学習のデファクトスタンダードと なったと言っても過言ではないでしょう。その一番の理由は、学習には fit() 関数、予測には predict() 関数といったように統一したAPIが提供されている ことだと思います。統一したAPIのおかげで、scikit-learn では交差検証用の関 数 cross_val_score() などの補助的な関数やクラスをさまざまなアルゴリズ ムに対して実施できます。

また、複数のアルゴリズムの切り替えも容易です。昔のライブラリは、単一か 限られた数のアルゴリズムしか実装しておらず、アルゴリズムごとの性能比較を するには多くのコストが必要でした。それが、きれいに抽象化されたAPIのおか げで、前処理のしきい値のリストを作成することでパラメータ探索を簡単に実行 できたり、学習用のアルゴリズムのリストを作成することで各アルゴリズムのモ デルを一度に作成できたりと、パラメータやアルゴリズム探索の自動化も簡単 です。

更に前処理やアルゴリズムのパイプラインを作成し、性能がもっとも良い組み 合わせを保存したりできます。これにより、ベストなパイプラインを予測時に再 利用するといったことも簡単に実現できるのです。

このように、さまざまな機能を統一的に操作できる設計は、そのメリットによ り Spark など他のライブラリに採用されることも増えています。

1.4 機械学習を含めたシステムを成功させるには

機械学習を用いたシステムづくりには、ある種ギャンブルの要素があります。通常 のコンピューターシステムでは、適切な設計がされていれば、何かしら動くものはで きます（もちろん、ただ動くだけでは意味がなく、きちんとユーザーに対して価値の あるものを届けるのは困難です）。一方で、機械学習を含めたシステムの場合、数週 間から数ヶ月かけて意味のあるアウトプットが何もできないことさえあり得ます。

分類のモデルを作ったけれどランダム出力の方が良い性能となることも頻繁に起こ

ります。機械学習を含めたシステムの開発は、通常のWebシステムの開発で期待されるような1、2週間という短いサイクルでイテレーションを回すのは難しく、数ヶ月かかることも珍しくありません。

　では、機械学習を含めたプロダクトをビジネスとして成功させる上で重要になるのは、どのようなチームでしょうか？　私は以下の4者が重要だと考えます[†12]。

- プロダクトに関するドメイン知識を持った人
- 統計や機械学習に明るい人
- データ分析基盤を作れるエンジニアリング能力のある人
- 失敗しても構わないとリスクを取ってくれる責任者

　ドメイン知識を持った人はとても重要です。解くべき課題は何か？　プロダクトのどこに機械学習の手法を使えばいいのか？　を考える際に、ドメイン知識がないと全く見当違いの手法を選んでしまいかねません。また特徴量を決めたりデータを収集したりするときにも、ドメイン特有の知識が重要なカギとなります。

　機械学習の知識がある人は、おそらく読者の皆さんが目指しているポジションだと思います。実装をすることに加えて、問題設定をするために他のメンバーとのコミュニケーションを深めていくことも求められるでしょう。

　昨今ではデータエンジニアと呼ばれる、データを活用できるようにする分析基盤を作るエンジニアが重要視されてきています。こうした人達と協力しながら、機械学習の基盤はどうあるべきかを考えていきましょう。

　最後に、リスクを取ってくれる責任者が重要です。これは、機械学習がリスクの大きい投資だということを認識した上で、それでも機械学習を使わないとできない価値を生み出すことに背中を押してくれる存在です。できれば、機械学習やデータ分析の経験がある人の方が、詳細なリスク説明を省くことができ、意思決定までの時間が短くなって、現場は楽になります。そうでない場合は、プロダクトに関わる人がリスクを取る必要性を説明するしかありません。ときにはこの責任者に、強権を発してでも機械学習に投資をしてもらう必要があります。プロダクトを進める上で、強力な味方になってくれそうな人を探しましょう。

　機械学習システムはデータによってふるまいが変化していくため、変化に追従をす

[†12]　4人は別々の人格の場合もありますし、一人で複数役を行う場合もあります。ですが、一人で何でもできる人を集めると属人性が高くなり、プロジェクトの持続可能性が下がってしまうことに気をつけてください。

るための**継続的学習**（Continuous Learning）が重要になってきます。長期的に開発
を継続できる体制、チームを作るコストを恐れないでください。

 機械学習のプロダクトを作っていくでの進め方は、以下に示す2つの資料が役
に立つと思います。通常のプロジェクトマネジメントと似ている所、違う所を
含めて参考にしてください。

- https://www.slideshare.net/shakezo/mlct4
- https://www.slideshare.net/TokorotenNakayama/2016-devsumi

1.5　この章のまとめ

本章では、機械学習プロジェクトの進め方の流れとそのポイントについて説明しま
した。

- 解くべき問題の仮説を立て、MVPを作りコンセプトの検証を最優先する
- 機械学習をしないことを恐れない
- 機械学習に適している問題設定かを見極める
- 予測性能とKPIの両方のモニタリングし、継続して改善を続ける

機械学習のプロジェクトは、どういう予測結果になるか特性がわからない未知の
データに対して探索的に試行錯誤をするため、通常のプロジェクトと比較して手戻り
が発生しやすいという特性があります。ビジネスの目的を明確にし、仮説をきちんと
立てて、価値を出すためにはどうしたら良いかを考えながらプロジェクトを進めてい
きましょう。

2章
機械学習で何ができる？

　機械学習を使うと何ができるのでしょうか。本章では機械学習でできることを、分類、回帰、クラスタリング、次元削減、その他に分けて解説します。その前に、まずはさまざまな機械学習に関するアルゴリズムをどう選ぶべきかについて見てみましょう。

2.1　どのアルゴリズムを選ぶべきか？

　どのアルゴリズムを使えばいいのかを考えるには、それぞれのアルゴリズムの特徴を知っている必要があります。まずは、機械学習にどんな種類のものがあるか大まかに押さえておきましょう。

分類
　正解となる離散的なカテゴリ（クラス）と入力データの組み合わせで学習し、未知のデータからクラスを予測する

回帰
　正解となる数値と入力データの組み合わせで学習し、未知のデータから連続値を予測する

クラスタリング
　データを何かしらの基準でグルーピングする

次元削減
　高次元のデータを可視化や計算量削減などのために低次元にマッピングする

その他

- **推薦**：ユーザーが好みそうなアイテムや、閲覧しているアイテムに類似しているアイテムを提示する
- **異常検知**：不審なアクセスなど、普段とは違う挙動を検知する
- **頻出パターンマイニング**：データ中に高頻度に出現するパターンを抽出する
- **強化学習**：囲碁や将棋のような局所的には正解が不明確な環境で、取るべき行動の方針を学習する

これだけ色々あると、どれを選べばいいか悩むかもしれません。scikit-learn のチュートリアルに、便利なフローチャート[1]があるので、それをベースにしながらどのアルゴリズムを選べばいいか整理していきましょう（ただし、推薦、異常検知、頻出パターンマイニング、強化学習の場合は除きます）。**図2-1**に選択基準をまとめました。

---

[1]　https://scikit-learn.org/stable/tutorial/machine_learning_map/

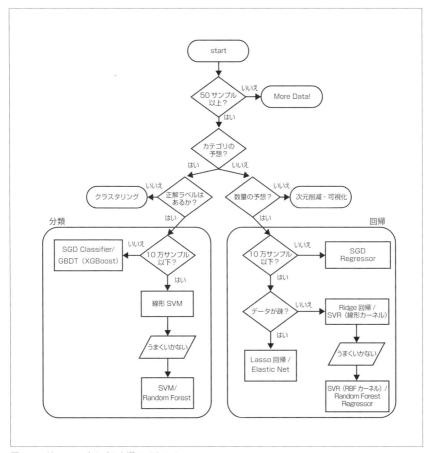

図2-1　どのアルゴリズムを選ぶべきか？

　学習に使えるデータの数、予測したい対象が離散的なカテゴリ（クラス）かどうか、正解ラベルが存在するかどうか、がポイントになります。特にデータ数が多すぎる場合は、後ほど紹介するオンライン学習のアルゴリズムを使う必要があります。

scikit-learnにあるオンライン学習アルゴリズム

　scikit-learn には分類用のクラスとして SGDClassifier が、回帰用として SGDRegressor があります。SGDClassifier、SGDRegressor は、損失関数と

正則化項を何にするかでSVMやロジスティック回帰、SVRに近い分類や回帰ができます。なお、線形分類器としてのscikit-learnのオンライン学習アルゴリズムでは、Passive AgressiveやMLPClassifierでADAMが利用できます。詳しくはscikit-learnのドキュメント "Strategies to scale computationally: bigger data" [†2]を参照してください。

2.2　分類

　分類（Classification）は、教師あり学習の1つで、予測対象はカテゴリなどの離散的な値（クラス）を予測します。たとえば、メールがスパムかどうかや、画像に映っているのがどういった物体か、といった離散値で表現できるものを予測する場合に分類のモデルを作ります。クラスの数が2の場合を二値分類または二クラス分類、3以上の場合を多値分類または多クラス分類（Multiclass Classification）といいます。この章では、便宜上二クラス分類で説明をしていますが、多クラス分類の場合も基本的には同じような考え方ができます。scikit-learnの多クラス分類の説明がわかりやすいので、詳細はそちらを参照ください [†3]。

　本節では、分類について以下のアルゴリズムを紹介します。

- パーセプトロン（Perceptron）
- ロジスティック回帰（Logistic Regression）
- SVM（Support Vector Machine、サポートベクターマシン）
- ニューラルネットワーク（Neural Network）
- k-NN（k近傍法、k-Nearest Neighbor Method）
- 決定木（Decision Tree）
- ランダムフォレスト（Random Forest）
- GBDT（Gradient Boosted Decision Tree）

　パーセプトロン、ロジスティック回帰、SVM、ニューラルネットワークの4つは、2つのクラスを分類する面を表現する関数を学習します。ここで言う関数とは面を表

---

†2　https://scikit-learn.org/stable/computing/scaling_strategies.html
†3　https://scikit-learn.org/stable/modules/multiclass.html

現している数式と思っていただいて構いません。もちろん、これらのアルゴリズムを使い二クラス分類だけでなく多クラス分類の問題も解くことができます。

 この2つのクラスを分類する面を**決定境界**（Dicision Boundary）と言います。

　k-NNは最近傍法とも呼ばれ、学習済みのデータから距離が近いデータを元に判断をします。決定木、ランダムフォレスト、GBDTは、木構造で表現されたルールの集合を学習します。

　また、本章では詳しく扱いませんが、この他にもテキスト分類などでよく使われる**ナイーブベイズ**（Naive Bayes）や、音声認識で伝統的に使われてきたHMM（Hidden Markov Model）などがあります。これらのアルゴリズムは、データの背景に隠れた確率分布を推測することで、データをモデル化する手法です。

　分類問題の多くは、後ほど詳しく説明する目的関数と決定境界を知ることで、その違いがわかりやすくなると思います。数式はできるだけ使わないように書いたので、グラフを中心に読んでいただければと思います。

　それでは、個々のアルゴリズムについて説明しましょう。

2.2.1　パーセプトロン

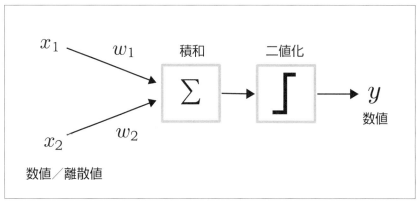

図2-2　パーセプトロン

　パーセプトロン（Perceptron、単純パーセプトロンと呼ぶこともあります）は、入

力ベクトルと学習した重みベクトルをかけあわせた値を足して、その値が0以上のときはクラス1、0未満のときはクラス2と分類するというシンプルなアルゴリズムです[4]。パーセプトロンを多層に重ねたものが、後述するニューラルネットワークになります。このシンプルなパーセプトロンを使って、どのように分類をしているのか学びましょう。

2.2.1.1　パーセプトロンの特徴

パーセプトロンには、以下のような特徴があります。

- オンライン学習で学習する
- 予測性能はそこそこで、学習は速い
- 過学習しやすい
- 線形分離可能な問題のみ解ける

見慣れない用語がいくつか出てきましたね。これらは他のアルゴリズムの説明にも出てくるので、順番に説明したいと思います。

オンライン学習（Online Learning）とその対義語の**バッチ学習（Batch Learning）**は、ひとまずここではデータを1つずつ入力して最適化をするか（オンライン学習）、全部入れて最適化をするか（バッチ学習）だと思ってください。詳しくは、4.2.1「混乱しやすい「バッチ処理」と「バッチ学習」」で紹介します。

過学習（Overfitting）した予測モデルについては前の章で説明しました。「学習に使ったデータに対してはきちんと正解できるが、知らないデータに対してはまったく正解できない」という状態になっているモデルでした。過学習は、機械学習をしている上でよく発生する現象の1つで、特徴量を減らす、後述する正則化項を導入する、いま過学習しているものよりシンプルなアルゴリズムを使うことによって避けられます。

伝統的なパーセプトロンに、過学習を抑える仕組みは組み込まれていません。

---

[4]　ここでは、パーセプトロンの活性化関数（後述）はステップ関数を設定していますが、他の関数を利用することもできます。

過学習と反対の現象を**未学習**（Underfitting）と言い、モデルに入力と出力の関係が反映されていない状況です。未学習は、ドメイン固有の特徴量が含まれていない、モデルの表現力が足りない、正則化項の影響が強すぎるなどの理由で起こります。

パーセプトロンは**線形分離可能**（Linearly Separable）な問題のみを解くことができます。線形分離可能とは、**図2-3**のように、データをある直線で2つに分けられるキリの良いデータのことを言います。この分類する直線を少し専門的な言い方で**超平面**（Hyperplane）と言います。二次元のときは直線ですが、三次元だと平面になります。高次元空間での平面ということで超平面と言います。

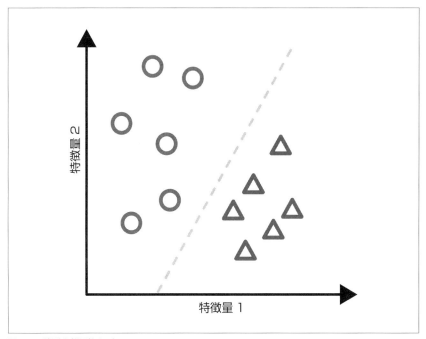

図2-3　線形分離可能なデータ

逆に**図2-4**のように、直線で分けられないデータのことを線形分離できないので線形分離不可能（あるいは非線形分離可能）なデータといいます。例としてよくあげられるのは**排他的論理和**（XOR、Exclusive or）のデータです。**図2-4**のようにXORは、原点を中心として右上（横軸と縦軸が共に正の領域）と左下（横軸と縦軸が共に負の領域）が1つのクラス、右下（横軸が正で縦軸が負の領域）と左上（横軸が負で縦軸

が正の領域）が1つのクラスになるようにデータが存在します。そのため、1本の直線を引くだけでは2つのクラスを適切に分離することはできません。この、「1本の直線を引くだけで2つのクラスを分離できない」のが線形分離不可能ということです。

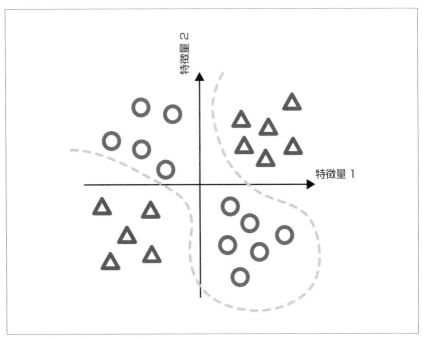

図2-4　線形分離不可能なデータ

2.2.1.2　パーセプトロンの決定境界

　パーセプトロンを実際に学習したモデルの決定境界が、**図2-5**と**図2-6**です。**図2-5**は線形分離可能なデータを生成しています（多少入り組んでいるのはノイズが乗っているためです）。**図2-6**は**図2-4**のように、原点を中心として右上と左下に●のデータが、右下と左上に▲のデータが生成されています。パーセプトロンは非線形な分離はできないので、決定境界は直線になっています。そのためXORは分離できていません。なお、この決定境界を描画するノートブックは、リポジトリの`chap02/Decision_boundary.ipynb`にあります。

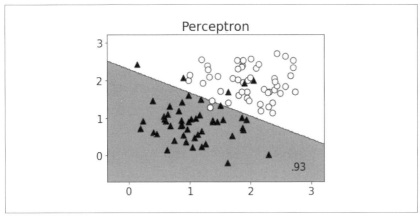

図2-5　パーセプトロンの決定境界（線形分離可能）

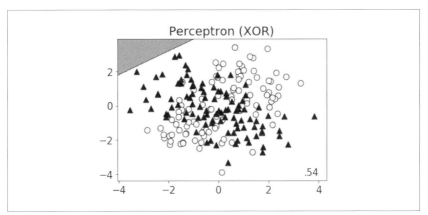

図2-6　パーセプトロンの決定境界（線形分離不可能）

2.2.1.3　パーセプトロンの仕組み

　パーセプトロンの入力データを、2種類の情報からなるリストだとします（これを2次元の特徴量と言います）。入力をリスト x、特徴量の重要度を表す重みをリスト w としてコードで書くと、パーセプトロンはまず入力と重みをかけ合わせ合計を出します。これをコードで表現すると以下のようになります。

```
sum = b + w[0] * x[0] + w[1] * x[1]
```

　この処理を数学記号で $\sum$ と表現します（**図2-2**で「積和」と表現している部分です）。なお、bはバイアス項と呼ばれ、入力とかけ合わせない特殊な重みになります。計算の簡略化のためにバイアスを無視すると、数値計算ライブラリ NumPy の numpy.dot という関数を使ってかけ合わせられます。以降はバイアスを無視して例示します。たとえば、重みベクトル w が [2, 3]、入力ベクトル x が [4, 2] だったとすると、以下のように書けます。

```python
import numpy as np
w = np.array([2, 3])
x = np.array([4, 2])
sum = np.dot(w, x)
```

　次にこの合計値 sum が、正なのか負なのかでクラスを判断します（**図2-2**で「二値化」と表現している部分）。これをコードで表現すると以下のようになります。

```python
if sum >= 0:
    return 1
else:
    return -1
```

　図2-2の前段は特徴量と重みをかけ合わせて足すところを、後段は正負を判断するところを表しています。これらをまとめると、パーセプトロンの予測コードは以下のようになります。

```python
import numpy as np
# パーセプトロンの予測
def predict(w, x):
    sum = np.dot(w, x)

    if sum >= 0:
        return 1
    else:
        return -1
```

　では、どうやって適切なパラメータ（この場合 w）を推定すればいいのでしょうか？それには真の値と予測値とのズレを表す関数を用います。この関数を**損失関数**（Loss Function）または**誤差関数**（Error Function）といいますが、本書ではこれ以降、損失関数といいます。この損失関数を使うことで、いま学習している予測モデルがどれくらい良いものなのかを測ります。

たとえば、誤差の二乗を損失関数とすると、

$$損失関数 = (真の値 - 予測値)^2$$

となります。

　パーセプトロンの損失関数は、wが重みベクトル、xが入力ベクトル、tを正解ラベル（1か−1）としたとき、max(0, -twx)という**ヒンジ損失**（Hinge Loss）を使います[5]。図2-7を見るとわかりますが、蝶つがい（ヒンジ）のように見えることからこの名前が付いています。ヒンジ損失を使うと、0以下の値を取る時、つまり誤分類されたときに損失が大きくなり、正解した時の損失は0となります。予測値が大きく間違えば間違うほど、損失も線形に増えていくのが特徴です。

　パーセプトロンのヒンジ損失関数を使い、全データに対して和を取るコードは以下のようになります。

```python
import numpy as np
def perceptron_hinge_loss(w, x, t):
    loss = 0
    for (input, label) in zip(x, t):
        v = label * np.dot(w, input)
        loss += max(0, -v)
    return loss
```

　誤分類されるデータができるだけ少なくなるような重みを見つけることで、この全データに対する損失の和を最小化します。

---

[5]　パーセプトロン規準とも呼ばれることもあります。一般的にヒンジ損失というと、SVMでよく用いられるヒンジ損失のmax(0, 1-twx)を指すことが大半です。違いは横軸との交点になります。

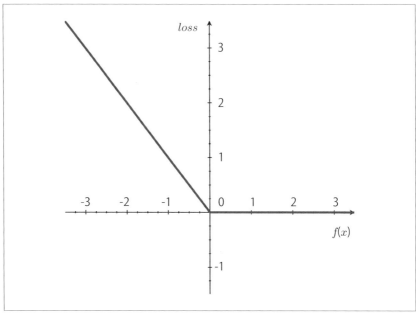

図2-7　パーセプトロンのヒンジ損失（パーセプトロン規準）

　ここで、損失関数をもう少し一般化して、どれくらいモデルがデータに合っているのかというのを表す関数を**目的関数**（Objective Function）と呼ぶことにします（目的関数は評価関数と呼ばれることもあります）。ここで、パーセプトロンの目的関数は

$$目的関数 = 損失関数の全データでの和$$

となり、目的関数を最小化することが、誤りの少ない最適な分類ができる状態になると言えます。こうなる重みベクトルwを得ることが「モデルを学習する」ということになります。

　では、どのようにパラメータである重みベクトルwを推定すれば良いのでしょうか。パラメータの最適化には**確率的勾配降下法**（Stocastic Gradient Descent、SGD）と呼ばれる方法がよく使われます。この方法では、目的関数の山の上から谷に向かって少しずつ降りることで、最適なパラメータを得られます。実際に谷の場所は直接見えない状態で、周囲の限られた範囲しか見えません。そのため**図2-8**のように、坂の傾きが大きい下り方向に向かって一歩一歩進んでいき、パラメータを修正します。そ

して、目的関数がもっとも小さいところにたどり着けば、そのパラメータが最適な値
となります（これを解が収束すると言います）。

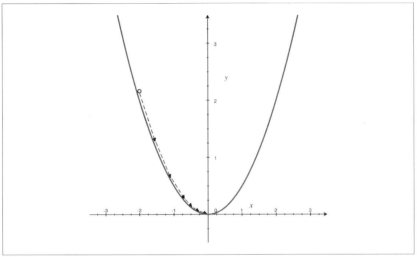

図2-8 確率的勾配法のイメージ

　ちなみに、どれくらいの幅でパラメータを修正するかを決めるハイパーパラメータ
を**学習率**（Learning Rate）と言います。修正する幅は学習率×山の傾きで決まりま
す。学習率が大きい値だと速く収束するかもしれませんが、谷を行き過ぎて最適な解
に収束しない場合もあります。学習率が小さい場合は、収束するまでに必要な繰り返
し回数が増えるため、学習時間が長くなります。シンプルな方法では学習率が固定の
まま学習しますが、後述するニューラルネットワークではこの設計が肝になってくる
こともあり、動的に変化させるさまざまな工夫が提案されています。

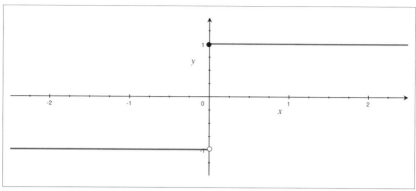

図2-9　ステップ関数

　さて、パーセプトロンの予測値は重みベクトルと入力ベクトルをかけた結果の正負で判定しましたね。これはかけあわせた結果を、**ステップ関数**（Step Function）という関数に通しているとも言えます。ステップ関数とは**図2-9**のような関数で、入力の値を $+1$ または -1 にしてくれます[†6]。特に、パーセプトロンにおけるステップ関数のような、出力値を非線形変換する関数を**活性化関数**（Activation Function）と呼びます。

　パーセプトロンは、その後のさまざまなアルゴリズムに影響を与えた、歴史的に重要なアルゴリズムです。引き続き、パーセプトロンの仲間のアルゴリズムについて学んでいきましょう。

[†6]　通常のステップ関数は0か1を出力しますが、パーセプトロンによる2クラス分類は、計算のしやすさから2つのクラスを -1、$+1$ とすることが多いです。

2.2.2　ロジスティック回帰

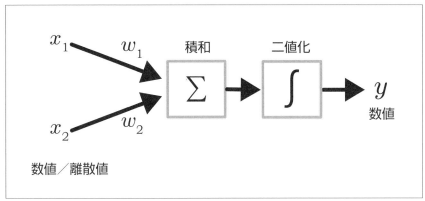

図2-10　ロジスティック回帰

　ロジスティック回帰（Logistic Regression）は、回帰という名前とは裏腹に分類の
ためのアルゴリズムです。ロジスティック回帰はシンプルな方法ながら、パラメータ
数もそれほど多くなく予測に時間がかからないこともあり、さまざまな機械学習アル
ゴリズムを比較する際のベースライン（基準となる比較対象）としてよく使われてい
ます。たとえば、Google マップでは駐車場の空き具合を推定するのに、工夫した特
徴量とロジスティック回帰を使っています[†7]。

2.2.2.1　ロジスティック回帰の特徴

　ロジスティック回帰はパーセプトロンと似ていますが、以下のような特徴があり
ます。

- 出力とは別に、その出力のクラスに所属する確率値が出せる
- 学習はオンライン学習でもバッチ学習でも可能
- 予測性能はまずまず、学習および推論は速い
- 過学習を防ぐための正則化項が加わっている

　特に出力の確率値が出せるという特徴と推論の速さにより、広告のクリック予測に
もよく使われています。

[†7]　https://research.googleblog.com/2017/02/using-machine-learning-to-predict.html

2.2.2.2 ロジスティック回帰の決定境界

ロジスティック回帰も線形分離可能な対象を分離するアルゴリズムなので、決定境界は直線になります。

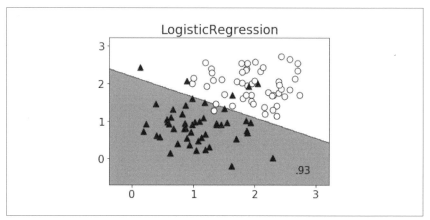

図2-11 ロジスティック回帰の決定境界（線形分離可能）

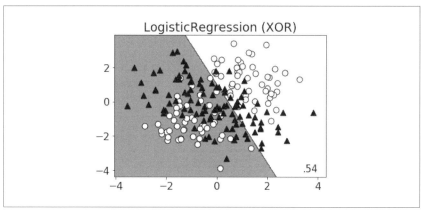

図2-12 ロジスティック回帰の決定境界（線形分離不可能）

2.2.2.3 ロジスティック回帰の仕組み

パーセプトロンとの違いは、活性化関数がシグモイド関数（Sigmoid Function）（ロジスティック・シグモイド関数（Logistic Sigmoid Funcrtion）とも言います）である

こと、損失関数が**交差エントロピー誤差関数**（Cross-entropy Error Function）と呼ばれる損失関数であること、**正則化項**（Regularization Term）（または**罰則項**（Penalty Term））が加わっているためパーセプトロンより過学習を防ぎやすいこと、オンラインでもバッチでも学習可能なことが挙げられます。

　見知らぬキーワードがいくつかでてきたので、1つずつ説明していきます。

　シグモイド関数は**図2-13**に示すような形状をしています。入力が0のときは0.5を取り、値が小さくなるほど0に、大きくなるほど1に近づく関数です。ちなみに、シグモイド関数を一般化したものはロジスティック関数と呼ばれており、ロジスティック回帰の由来となっています。このシグモイド関数を通した値があるクラスに属する確率になり、0.5以上かどうかでそのクラスに所属するかどうかを決めます。なお、この0.5というしきい値をハイパーパラメータと考え、求める性能によって調整することもあります。

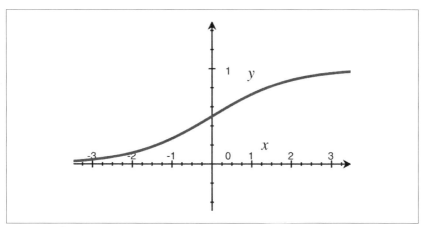

図2-13　シグモイド関数

　シグモイド関数を記述するコードは、以下の通りです。

```
def sigmoid(x):
    return 1 / (1 + np.exp(-x))
```

つまり、出力yは`y = sigmoid(np.dot(w, x))`と表すことができます。

　2値分類の時の交差エントロピー誤差関数は、N個のデータに対してyを出力、tを正解ラベル（正しい場合は1、間違っている場合は0とする）、logを底がeの自然対

数とすると、次のような数式で表すことができます。

$$E = -\sum_{n=1}^{N} t_n \log y_n + (1 - t_n) \log (1 - y_n)$$

この損失は、正解（t=1）のときは $\log y_n$ を考えれば良く、重みと入力の積和（パーセプトロンでいうところの np.dot(w, x)）が0より小さいと損失が急激に大きくなり、0より大きいと段々と小さくなっていきます。こうすることで、重みと入力の積和を大きくしようとします。不正解（t=0）のときは、$\log (1 - y_n)$ を考えれば良く、正解のときと左右反転したグラフになり、重みと入力の積和を小さくしようとします。詳しくは脚注のリンクを参考にしてください[8]。

2値分類の時の交差エントロピー誤差関数をコードで書くと以下のようになります。

```python
def cross_entropy_error(y, t, eps=1e-15):
    y_clipped = np.clip(y, eps, 1 - eps)
    return -1 * (sum(t * np.log(y_clipped) +
                     (1 - t) * np.log(1 - y_clipped)))
```

np.clip(y, eps, 1 - eps) は、yの値が0または1にならないように、eps という微小な値を足しています。これは、対数に0を渡す（np.log(0)）と $-\infty$ の値を取るので、それを避けるための操作です。numpy.array を想定した処理として np.clip() 関数を使っていますが、データが1個の場合、max(min(y, 1 - eps), eps) と同じです。交差エントロピー誤差は Log loss とも呼ばれます。

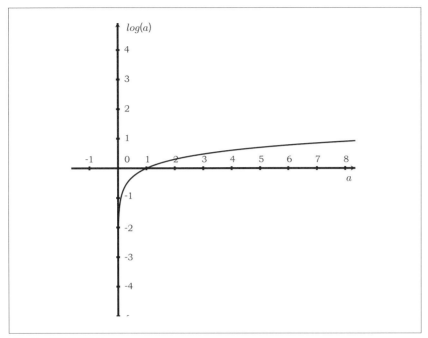

図2-14　対数のグラフ

　正則化（Regularization）は、学習時にペナルティを与えることで決定境界をなめらかにする働きを持ちます。入力データに対して最適化する際に正則化項を加えることで、既知の教師データの影響を受けすぎないようにします。言い換えると、モデルをシンプルに保つための補正項です。こうすることで過学習を抑え、汎化性能を手に入れられます。回帰分析の例になりますが、**図2-15**に正則化のイメージを示します。駅からの距離と家賃の関係を表すモデルを得るときに、正則化が弱すぎると右の図のように学習データに対して必要以上にフィットした線になってしまいます。それに対して、正則化が強すぎると今度は学習データの特性を大雑把にしか獲得できていません。

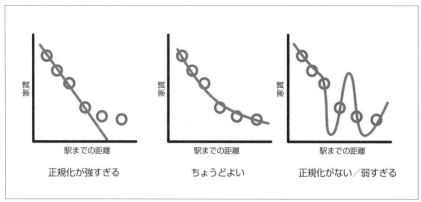

図2-15　正則化のイメージ

正則化項を加えると目的関数は以下のように表現できます。

$$目的関数 = 損失関数の全データでの和 + 正則化項$$

この目的関数を最小化するパラメータを推定することで、ロジスティック回帰を学習できます。パーセプトロンと同じく確率的勾配降下法を使うことで最適化できます。

数式で説明する正則化

ある学習手法による決定境界が $f(\boldsymbol{x}) = \boldsymbol{w}\boldsymbol{x} = \sum_{i=i}^{m} w_i x_i$ という式だとします。

ただし、$\boldsymbol{x}$ はm次元の入力データの特徴ベクトル、$\boldsymbol{w}$ は学習した重みとします。この時、正則化項はたとえば $\lambda \sum_{i=1}^{m} w_i^2$ と書けます。これをL2正則化と言います。重みパラメータの2乗をペナルティとして損失関数に加えます。λ はペナルティの影響度をコントロールするための正則化パラメータです。

ここで、目的関数を改めて書くと

$$目的関数 = 損失関数の全データでの和 + \lambda \sum_{i=1}^{m} w_i^2$$

となり、損失関数を最小化する際に、大きすぎる重みパラメータに対してペナル

ティを加えることになります。λにどの値が良いかは、交差検証を用いて決定します。

また、正則化項には、$\lambda \sum_{i=1}^{m} |w_i|$という絶対値の形で表現する正則化もあります。これをL1正則化と呼びます。L1正則化を用いると、重みw_iが多くのiで0となるため、特徴選択の効果があることが知られています。

なお、Lasso回帰は正則化項としてL1正則化を用いた線形回帰、Ridge回帰はL2正則化を用いた線形回帰、Elastic Netはその両方を混ぜ合わせたものです。

2.2.3 SVM

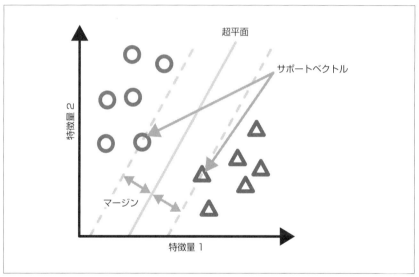

図2-16 SVM

SVM（Support Vector Machine）は、分類問題を解くときによく使われるアルゴリズムです。パーセプトロンを拡張したアルゴリズムと考えることができ、線形分離可能な問題だけでなく非線形な分離が必要な問題にも適用できます。さまざまなアルゴリズムやライブラリが開発されており、高速な学習ができます。ただ、特に後述する線形カーネル以外のSVMは教師データの数が増えると計算時間がかかるので[9]、大

---

[9] https://scikit-learn.org/stable/modules/generated/sklearn.svm.SVC.html

規模データに対してはあまり使われなくなっています。

2.2.3.1　SVMの特徴

SVMには、以下のような特徴があります。

- **マージン最大化**をすることで、なめらかな超平面を学習できる
- **カーネル（Kernel）**と呼ばれる方法を使い、非線形なデータを分離できる
- 線形カーネルなら次元数の多い疎なデータも学習可能
- バッチ学習でもオンライン学習でも可能

　見慣れない言葉が多くありますが、後ほど詳しく説明します。まずは、どういった決定境界を取るか見てみましょう。

2.2.3.2　SVMの決定境界

　SVMでは、後述するカーネルと呼ばれる方法を使うことで、線形分離可能な問題にも非線形分離可能な問題にも適用できます。SVMでよく使われる線形カーネルとRBFカーネルの決定境界を見てみましょう（それぞれのカーネルについては後ほど説明します）。

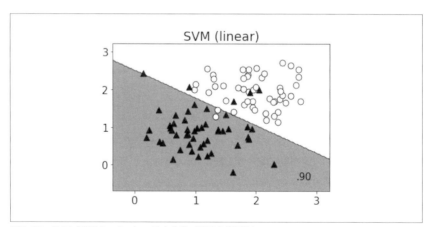

図2-17　SVM（線形カーネル）の決定境界（線形分離可能）

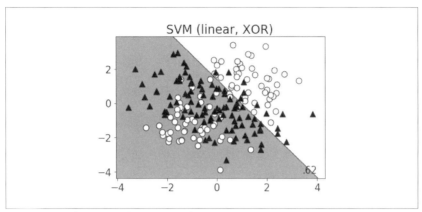

図2-18　SVM（線形カーネル）の決定境界（線形分離不可能）

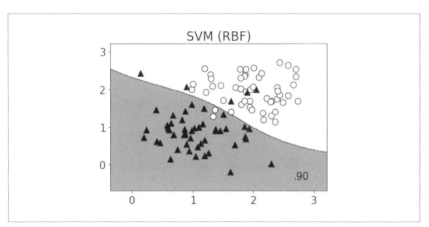

図2-19　SVM（RBF カーネル）の決定境界（線形分離可能）

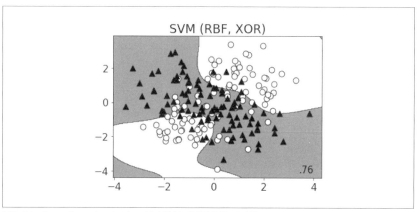

図2-20　SVM（RBFカーネル）の決定境界（線形分離不可能）

　線形カーネルは直線で分離をし、RBFカーネルは非線形に分離していることがわかります。

2.2.3.3　SVMの仕組み

　損失関数はパーセプトロンと同じく、ヒンジ損失を使います（**図2-21**）。厳密にいえばパーセプトロンとは横軸との交点の場所が違います。この交点の違いにより、決定境界ギリギリで正解をしているデータにも弱いペナルティを与え、決定境界に対してマージンを持たせられるようになります。

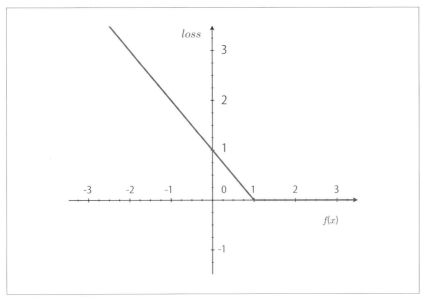

図2-21　SVMのヒンジ損失

　SVMの特徴は大きく2つあります。

　1つ目の特徴は**マージン最大化**を行うことで、正則化項と同様に過学習を抑えられます。マージン最大化は、**図2-16**のように超平面をどのように引けば、2クラスそれぞれもっとも近いデータ（これをサポートベクターと言います）までの距離が最大化できるかを考えます。超平面は2クラスを分離する平面のことでしたね。マージン最大化とはつまり図中のマージンが最大になるような超平面の引き方を決めることで、既知のデータに対してあそびが生まれます。このあそびのおかげで、既知のデータに特化し過ぎない余裕のある決定境界が得られます。すなわち、過学習を抑えられるのです。最適化手法にはさまざまな種類があり詳細は割愛しますが、バッチ学習のためのアルゴリズムもオンライン学習のためのものも両方あります。

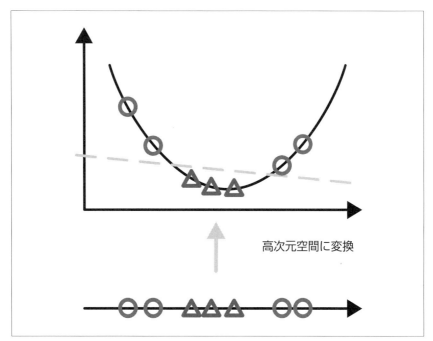

図2-22　カーネルを使った決定境界の例

　2つ目の特徴は、**カーネル**と呼ばれるテクニックです。これは線形分離不可能な
データでも、カーネルと呼ばれる関数を使って特徴量を擬似的に追加してデータをよ
り高次元のベクトルにすることで、線形分離可能にするという方法です。**図2-22**の
ようなイメージで、1次元では線形分離できなかったのが、2次元に変換をすること
で、線形分離可能になっています。

　カーネルには、**線形カーネル**（Linear Kernel）、**多項式カーネル**（Polynomial
Kernel）、**RBFカーネル**（Radial Basis Function Kernel、動的基底関数カーネル）
などがあります。**図2-17**から**図2-20**に、線形カーネルとRBFカーネルの時の決定境
界を示します。特に、**図2-18**と**図2-20**を見比べるとわかるように、RBFカーネルの
方がXORに対して適切に分離できているのがわかります。線形カーネルは処理の速
さから主にテキストなどの高次元で疎なベクトルのデータに、RBFカーネルは画像や
音声信号などの密なデータによく使われます。

　この「疎なベクトル」とは入力ベクトルのほとんどが0でたまに値が入っているベ
クトルのことです。テキストデータは、たとえば単語の頻度を入力ベクトルにすると

単語の種類数だけ入力の次元が増え、10,000次元以上の入力ベクトルになることも頻繁にあります。反対に、入力ベクトルのほとんどの要素が0以外の値が入っている場合、密なベクトルと言います。画像のベクトルは、たとえば16×16のサイズにまで画像をリサイズし、256次元の0がほとんどないベクトルを使うなど、密なベクトルになることが多いです。

2.2.4 ニューラルネットワーク

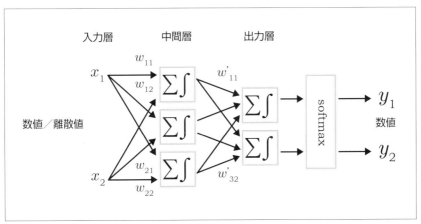

図2-23 ニューラルネットワーク

　ニューラルネットワーク（Neural Network）は多層パーセプトロンとも呼ばれ、パーセプトロンを1つのノードとして階層上に重ねたもののことです。脳の神経細胞（ニューロン）がシナプスで結合をし、電気信号で情報伝達をする神経回路から着想を得たため、この名前で呼ばれています。

2.2.4.1 ニューラルネットワークの特徴

　ニューラルネットワークには以下のような特徴があります。

- 非線形なデータを分離できる
- 学習に時間がかかる
- パラメータの数が多いので、過学習しやすい
- 重みの初期値に依存して、局所最適解にはまりやすい

　パーセプトロンと比較しての大きな特徴として、非線形なデータを分離できるという点が挙げられます。また、ニューラルネットワークの計算は層が深くなると計算に時間がかかるという問題がありました。しかし近年、GPUを活用することで学習に時間がかかる問題を高速化できることがわかったため、深い層のニューラルネットワークが実時間で計算可能となりました。また、多くのフレームワークがGPU対応したニューラルネットワークの計算を取り入れて、ニューラルネットワークが普及したのです。ニューラルネットワークはパラメータ数も多くなりがちなので、データ量はほかの手法と比較しても十分に用意した方が良いでしょう。

2.2.4.2　ニューラルネットワークの決定境界

　ニューラルネットワークの場合は層を多段に重ねるため、パーセプトロンとは異なり直線でない決定境界を取ることもできます。

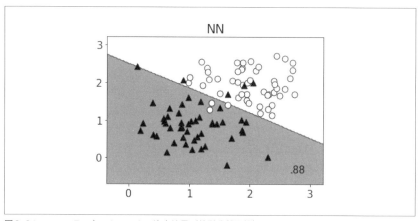

図2-24　ニューラルネットワークの決定境界（線形分離可能）

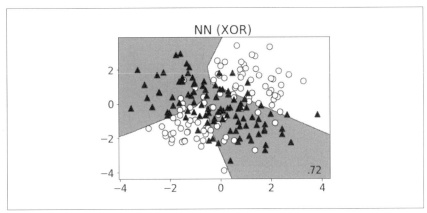

図2-25　ニューラルネットワークの決定境界（線形分離不可能）

2.2.4.3　ニューラルネットワークの仕組み

　ニューラルネットワークには色々な形状がありますが、一番基本的な3階層の
フィードフォワード型ニューラルネットワークを考えます[†10]。入力層、中間層、出
力層という順番に入力と重みをかけあわせて計算していき、出力層に分類したいク
ラスだけノードを用意します。多くの場合、最後に出力層の計算した値をsoftmax関
数と呼ばれる方法で正規化を行い、確率とみなせるようにします。softmax関数は、
もっとも数値が大きかったクラスを答えのクラスと考えます。入力層、出力層の数に
応じて中間層（隠れ層とも言います）の数を用意します。

　活性化関数には、最初期はステップ関数が、その後シグモイド関数がよく利用され
てきました。深層学習の発展と共にReLU（Rectified Linear Unit）を始め、新しい活
性化関数が日々開発されています（図2-26）。

---

†10　流儀によってはこれを2層と呼ぶ場合もあります。

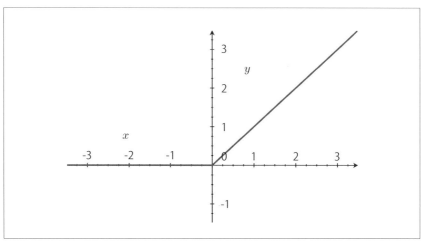

図2-26　ReLU

　フィードフォワード型のニューラルネットワークは、**誤差逆伝播法（バックプロパ
ゲーション、Backpropagation）**と呼ばれる方法で学習します。ランダムに初期化し
た重みの値を使って出力値をネットワークの順方向に計算し、計算した値と正解とな
る値との誤差をネットワークの逆方向に計算して重みを修正します。そして重みの修
正量が規定値以下になるか、決められたループ回数を繰り返したところで学習を打ち
切ります。

　単純にニューラルネットワークの中間層の層数を増やすと、誤差逆伝播法では学習
ができない問題があります。さまざまな工夫をすることで、それを解決して深いネッ
トワークも学習できるようにしたのが深層学習です。

　なお、scikit-learn には 0.18.0 から多層パーセプトロンの実装が入りました。他に
も TensorFlow や PyTorch、MXNet、CNTK など各種ディープラーニング向けのフ
レームワークも人気です。

2.2.5 k-NN

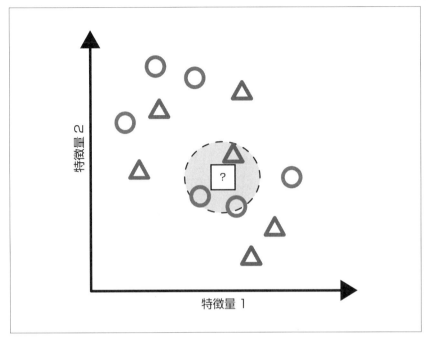

図2-27　k-NN

　k-NN（k近傍法、k-Nearest Neighbor Method）は、未知の1個のデータが入力され
た時、そのデータのクラスを近くのk個の既知データの所属するクラスの多数決で決
めるという、最近傍探索のアルゴリズムの1つです。シンプルな発想のため、単純な
分類器として直接使うだけでなく、k-NN的なアプローチで類似アイテムを探索する
といった使い方も可能です。

2.2.5.1　k-NNの特徴

k-NNには以下のような特徴があります。

- データを1つずつ逐次学習する
- 基本的に全データとの距離計算をする必要があるため、予測計算に時間が掛
  かる
- kの数によるがそこそこの予測性能

　ただし、たとえば特徴量Aより特徴量Bが平均して10倍大きいなど、データの軸ごとのスケールが大きく違うとうまく学習できないので、特徴量間のスケールを揃えるために正規化を忘れないようにしましょう。

2.2.5.2　k-NNの決定境界

　近傍k個の既知データのうち、もっとも数が多いクラスを予測したクラスとするというアルゴリズムの性質上、kというハイパーパラメータに応じて決定境界が変わります。kの値が増えるほど決定境界が滑らかになりますが、処理時間が増加することに注意してください。

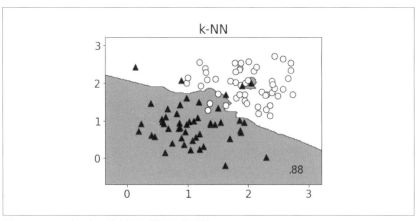

図2-28　k-NN（k=3）の決定境界（線形分離可能）

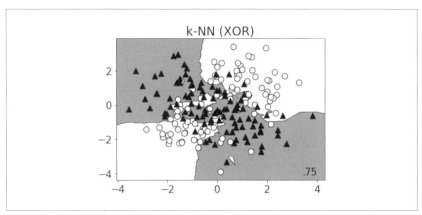

図2-29　k-NN（k=3）の決定境界（線形分離不可能）

2.2.5.3　k-NNの仕組み

　kは投票する個数のことを意味し、$k = 3$のときはデータにもっとも近い3点のうち、得票数が多いクラスに所属しているとみなします。図2-27の例を見てみましょう。新しいデータである■が、●と▲のどちらのクラスかということを考えます。■の周囲3つのデータを見ると●になることがわかります。もちろん、kの数を変えると所属するクラスは容易に変わります。

　kの数は交差検証で決めます。この時、どのデータが「近い」のかというのを決めるためには、「距離」を定義する必要があります。多く用いられるのは2つの点を結んだ直線の長さである**ユークリッド距離**（Euclidean Distance）ですが、あるクラスのデータ群の平均からの近さだけでなく、データの散らばる方向（分散）を考慮できる**マハラノビス距離**（Mahalanobis Distance）と呼ばれる距離が用いられることもあります。ユークリッド距離は、点の座標を表すベクトルaとベクトルbがあったとき、以下のコードで求められます[11]。

```python
def euclidean_distance(a, b):
    return np.sqrt(sum(x - y)**2 for (x, y) in zip(a, b))
```

　自然言語処理など、高次元で疎なデータの場合は予測性能がでないことが多いです。こうしたときには、次元削減手法で次元圧縮をすると性能が改善することが知られています。

　k-NNはシンプルな手法のため、気軽に試すには良い方法です。また、距離さえ定義できれば応用が効くので、たとえばElasticsearchのような全文検索エンジンのスコアを距離とみなしてk-NNを使うようなこともできます。計算時間がかかる問題については、近似的に近傍探索をするなどいくつかの手法が提案されています。

2.2.6　決定木、ランダムフォレスト、GBDT

　本項では、ツリー型のアルゴリズムの代表である**決定木**（Decision Tree）およびその発展形である、**ランダムフォレスト**（Random Forest）と Gradient Boosted Decision Tree（GBDT）について紹介します。

　ツリー型のアルゴリズムは、今まで紹介した分類のアルゴリズムとは少し違いますので、仕組みと傾向を知っておくと良いでしょう。

---

[11]　実際には、NumPyを使って np.linalg.norm(a - b) で求めた方が高速です。

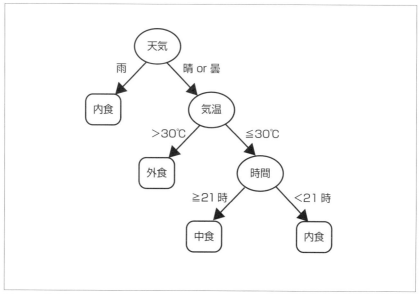

図2-30　決定木

2.2.6.1　決定木の特徴

決定木の特徴をまとめると、以下のようになります。

- 学習したモデルを人間が見て解釈しやすい
- 入力データの正規化がいらない
- カテゴリ変数やその欠損値（計測漏れなどで値が存在しない）などを入力しても内部で処理してくれる
- 特定の条件下では過学習しやすい傾向にある
- 非線形分離可能だが、線形分離可能な問題は不得意
- クラスごとのデータ数に偏りのあるデータは不得意
- データの小さな変化に対して結果が大きく変わりやすい
- 予測性能はまずまず
- バッチ学習でしか学習できない

決定木の大きな特徴は、学習したモデルを可視化して解釈しやすいという点があげられます。これは、学習結果としてIF-THENルールが得られるため、たとえば工場

のセンサー値から製品の故障を予測したい場合に、どのセンサーが異常の原因なのかといった、特定の分類結果に至った条件が必要とされるシーンで有効でしょう。パーセプトロンやロジスティック回帰とは異なり、線形分離不可能なデータも分類できます。一方で線形分離可能な問題はそこまで得意ではありません。また、データを条件分岐で分けていくという性質上、木の深さが深くなると学習に使えるデータ数が少なくなるため、過学習しやすくなる傾向にあります（**図2-31**）。これについては、木の深さを少なくしたり**枝刈り**（**剪定**、**Pruning**）したりすることである程度防げるようになります。

 scikit-learnでもバージョン0.22から枝刈りが実装されました[†12]。

　また、特徴の数が多いときも過学習しやすくなるため、事前に次元削減や特徴選択をしておくと良いでしょう。

2.2.6.2　決定木の決定境界

　決定木の決定境界は、直線にはなりません。これは、領域の分割を繰り返していく方法で決定境界を作っていくためです。ですので、線形分離可能な問題に使うよりは不可能な問題に利用した方が良いでしょう。

[†12] https://scikit-learn.org/stable/auto_examples/tree/plot_cost_complexity_pruning.html

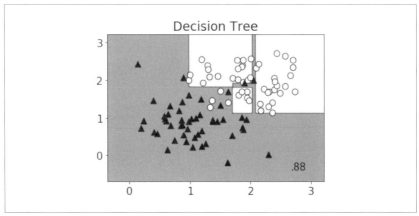

図2-31　決定木の決定境界（線形分離可能）

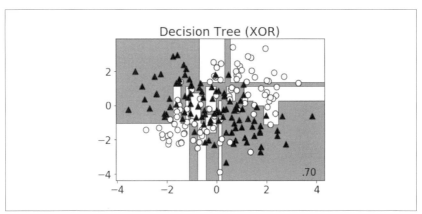

図2-32　決定木の決定境界（線形分離不可能）

2.2.6.3　決定木の仕組み

　決定木は、教師データから条件式を作り、予測の際には木の根（root node、条件式の一番上）から順番に条件分岐をたどっていき、葉（leaf node、条件式の末端）に到達すると予測結果を返すアルゴリズムです。**不純度**（Impurity）と呼ばれる基準を使って、できる限り同じクラスがまとまるように条件分岐を学習していきます。具体的には**情報ゲイン**（Information Gain）や**ジニ係数**（Gini Coefficient）などの基準を不純度として使い、不純度が下がるようにデータを分割します。決定木を使うことで、データからうまく分類できるような IF-THEN ルールのツリーを、**図2-30**のように得

られるのです。

2.2.6.4 決定木から派生したアルゴリズム

決定木を応用した手法に、ランダムフォレスト（Random Forest）や Gradient Boosted Decision Tree（GBDT）があります。

ランダムフォレストは、利用する標本をランダムに選択（ブートストラップ標本)[†13]し、利用する特徴量をランダムに選択して複数の決定木を作ります。そして回帰ではそれぞれの決定木の結果を平均化し、分類では多数決を取ります。これにより、決定境界が滑らかになり、決定木単体よりも高い性能が見込めます。また、決定木の枝刈りをしないため木の数、深さと調整すべきパラメータも少なく、過学習しやすい傾向にあります。予測性能は決定木より高く、パラメータ数が少ないためチューニングも比較的簡単で手頃です。図2-33の決定境界を見てもわかるように、決定木ベースのアルゴリズムのため傾向は似ています。

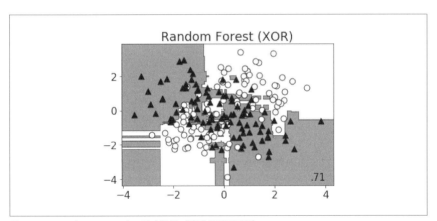

図2-33 ランダムフォレストの決定境界（線形分離不可能）

ランダムフォレストが並列的に学習して予測結果を利用するのに対して、GBDTはサンプリングしたデータに対して直列的に浅い木を学習していく**勾配ブースティング法**（Gradient Boosting）を使うアルゴリズムです [Friedman02][小林10]。予測した

[†13] ブートストラップ法ではデータを、ランダムに決められた数だけ重複を許して抽出（復元抽出）をします。つまりランダムフォレストでは、同じ訓練データから決められた数のデータのサブセット（標本）をいくつも作り、それを元に決定木を学習するのです。ブートストラップ法について詳しくは奥村先生のこちらの説明を参考にしてください。https://oku.edu.mie-u.ac.jp/~okumura/stat/bootstrap.html

値と実際の値のズレを目的変数として考慮することで、弱点を補強しながら複数の学習器を学習させます。直列で学習するため時間がかかりますし、ランダムフォレストと比べてパラメータが多いためチューニングのコストも大きくなりますが、ランダムフォレストよりも高い予測性能を得られます。XGBoost[Chen16] や LightGBM[†14]という高速なライブラリが登場したこともあり大規模なデータも処理しやすく、機械学習コンペティションサイトの Kaggle[†15]でも人気です。特にXGBoostは確率的な最適化をしているため大規模データであっても高速に処理できますし、LightGBM はXGBoost より処理が速いとうたわれています。俗にテーブルデータと呼ばれる CSVや Pandas の DataFrame で表現できる表形式のデータでは、GBDT系が使われることがかなり増えてきました。特に LightGBM は、ハイパーパラメータチューニングのための OSS である Optuna[†16]の拡張機能である LightGBM Tuner[†17]を使うと、より手軽に試せるでしょう。

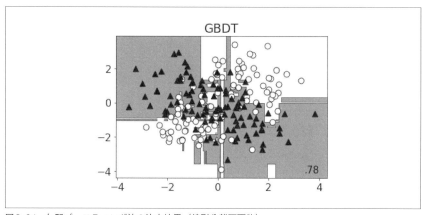

図2-34　勾配ブースティング法の決定境界（線形分離不可能）

　ランダムフォレストやGBDTのように、複数の学習結果を組み合わせる手法をアンサンブル学習（Ensemble Learning）といいます[†18]。単純な決定木ではデータを追

---

†14　https://github.com/Microsoft/LightGBM/

†15　https://kaggle.com/

†16　https://github.com/optuna/optuna

†17　https://tech.preferred.jp/ja/blog/hyperparameter-tuning-with-optuna-integration-lightgbm-tuner/

†18　アンサンブル学習は通常、ロジスティック回帰やルールが1つだけの決定木などのシンプルな学習器（弱学習器（Week Learner）といいます）を複数組み合わせて学習をします。

加すると学習結果が大きく変わるのに対して、ランダムフォレストでは学習結果が比較的安定しているといったメリットがあります。また、予測性能もアンサンブルをした方がより良くなることが知られています。アンサンブル学習は、「三人寄れば文殊の知恵」ということわざのように、それぞれの予測モデルが弱点を補い合っていると考えると良いでしょう。

　決定木系のアルゴリズムでは、特徴量の重要度の指標であるFeature Importanceが利用できるため重宝されています。

深層学習が発展してより一般的になってきましたが、手早いPoCやモデルの説明性を求める場合、予測時間をできる限り短くしたい場合など、さまざまな理由で古典的な機械学習の手法は未だに使われています。また、深層学習でEmbeddingをすることで特徴量を作り、それを古典的な手法で学習すると言ったハイブリッドなアプローチも増えています。

2.3　回帰

　回帰は、教師あり学習の1つで、ある入力データから連続値を予測します。たとえば、都市の電力消費量やWebサイトのアクセス数など、連続値で表現できる値を予測したい場合にモデルを学習します。

　回帰について各アルゴリズムのおおよその傾向について説明します。

- 線形回帰（Linear Regression）、多項式回帰（Polynomial Regression）
- Lasso回帰（ラッソ回帰、Lasso Regression）、Ridge回帰（リッジ回帰、Ridge Regression）、Elastic Net（エラスティックネット）
- 回帰木（Regression Tree）
- SVR（Support Vector Regression）

それぞれの概要は以下の通りです。

- 線形回帰はデータを直線で、多項式回帰は曲線で近似したもの
- Ridge回帰は学習した重みの2乗を正則化項（L2正則化）に、Lasso回帰は学習した重みの絶対値を正則化項（L1正則化）に、Elastic Netはその両方を正則化項として線形回帰に追加したもの

- Lasso回帰やElastic Netは、L1正則化によりいくつかの重みが0になり、特徴を絞り込む性質がある
- 回帰木は決定木ベースの回帰で、非線形なデータに対してフィッティングできる
- SVRはSVMベースの回帰で、非線形なデータに対してもフィッティングできる

回帰木やSVRは、それぞれ分類器としての決定木やSVMに似た性質を持っています。線形なデータだとわかっているときには、線形回帰やそれに正則化項を追加したLasso回帰、Ridge回帰、Elastic Netなどを用い、それでうまくいかない場合は回帰木やSVRなど非線形な回帰を用いるのが良いでしょう。

2.3.1　線形回帰の仕組み

回帰の中でも、一番シンプルな線形回帰について紹介します。

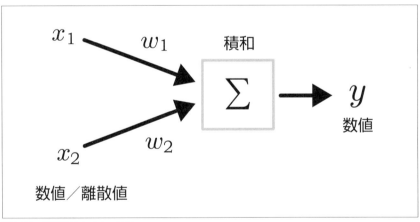

図2-35　線形回帰のイメージ図

線形回帰のイメージは**図2-35**のようになります。これは、パーセプトロン（**図2-2**）の二値化の部分がなくなり、数値を直接出力するものと同じです。

線形回帰の目的関数は、

$$目的関数 = 損失関数の全データでの和$$

となっており、損失関数には二乗誤差が用いられます。

　つまり入力データを、二乗誤差を最小とするような直線で近似し、その係数をパラメータとして得るのが線形回帰です。例を見ながら説明しましょう。

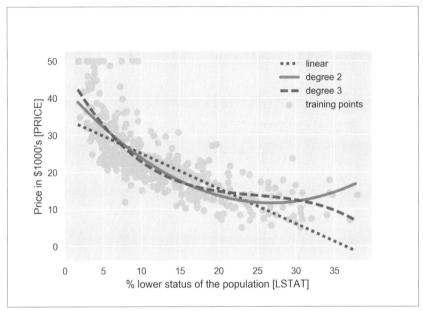

図2-36　線形回帰と多項式回帰の例

　図2-36に、アメリカの家賃データに対する線形回帰および多項式回帰の例を示します。このように、直線でざっくりとデータを表現してしまうのが線形回帰、2次曲線や3次曲線の多項式を使った曲線でデータを近似して表現するのが多項式回帰です。横軸の値を入れると直線や曲線で推定した家賃の値が帰ってくるという形になります。たとえば、線形回帰で家賃と平均年収との関係性を学習するときに、家賃＝$a \times$平均年収＋bという直線の式を考えます。この時、aとbという係数（これが線形回帰のパラメータです）を、できるだけいい感じになるように学習します。つまり、線形回帰や多項式回帰のモデルを学習して得られるのは、各変数にかけ合わせる重みになります。

2.4 クラスタリング・次元削減

本節では、クラスタリングと次元削減について説明します。これ以外の教師なし学習の手法については、『見て試してわかる機械学習アルゴリズムの仕組み 機械学習図鑑』[秋庭19]の第3章がわかりやすくまとまっているためそちらを参照してください。

2.4.1 クラスタリング

クラスタリング（Clustering）とは、教師なし学習の1つの方法で、主にデータの傾向をつかむために使われます。似ている組み合わせを順番にまとめていく**階層的クラスタリング**（Hierarchical Clustering）や、距離の近いもの同士をk個のグループに分割する**k-means**などがあります。

k-meansはクラスタリングを行う上でシンプルなのでデータの傾向を見るのによく使われます。**図2-37**にk-meansのイメージを示します。データ（●）の重心（▲）を見つけて、k個のクラスタ（かたまり）に分割します。

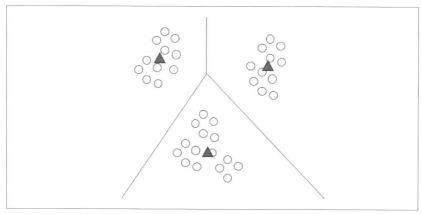

図2-37　k-meansのイメージ図（k=3）

この他のクラスタリング手法については、scikit-learnのドキュメントにそれぞれの手法の傾向がまとめられているので参照してください[19]。

---

[19] https://scikit-learn.org/stable/auto_examples/cluster/plot_cluster_comparison.html

2.4.2 次元削減

次元削減（Dimension Reduction）とは、高次元のデータからできるだけ情報を保存するように低次元のデータに変換することです。たとえば、100次元のデータがあったときに、人間はそれを直接見ることはできませんが、できるだけ元の特徴を損なわないように2次元に表現できれば、何かデータの特徴が見えてくるかもしれません。前述のクラスタリングをした結果も、その傾向をつかむために次元削減をして可視化をすることで、データ同士の関係性を図示したりします。次元削減は、可視化だけではなく疎なデータから密なデータに変換し圧縮することもできます。また、次元削減をしたデータを更に教師あり学習の教師データにして学習をすることもあります。

手法としては**主成分分析**（PCA、Principal Component Analysis）が有名ですが、最近ではt-SNE[Maaten08] も人気です。t-SNE は特に可視化のために用いられることが多く、PCA よりわかりやすく関係性が可視化できることで Kaggle でも人気です。

2.5 その他

ここまで登場しませんでしたが、機械学習やデータマイニング関連のタスクとしてよく取り組まれるトピックについて紹介します。以下の4つは手法ではなく、分類や回帰などと同じように機械学習でできることだと考えると良いでしょう。

- 推薦（Recommendation）
- 異常検知（Anomaly Detection）
- 頻出パターンマイニング（Frequent Pattern Mining）
- 強化学習（Reinforcement Learning）

2.5.1 推薦

推薦は、ユーザーが好みそうなアイテムや、閲覧しているアイテムに類似しているアイテムを提示します。EC サイトの「この商品を買った人はこれも買っています」や音楽の「このアーティストに関連するアーティスト」のように、関連するおすすめアイテムの提示がそれにあたります。ユーザーの行動履歴やアイテムの閲覧傾向を元に、似たユーザー同士や似たアイテム同士を利用します。

2.5.2　異常検知

　異常検知は、クレジットカードの不正な決済や DoS 攻撃による不正検知など、異常を検出するためのデータマイニング手法です。**外れ値検知**（Outlier Detection）とも言います。多くの場合、異常のデータの件数はとても少ないため、単純に分類モデルを用いて学習しようとすると、常に「正常」の値を出力してしまいます。**3章**で詳しく説明をしますが、偏りのあるクラスを学習する場合、たとえば0.5%しか異常値が得られない場合にその特徴を掴みきれず、すべて「正常」と出力してしまうことが珍しくありません（こうした問題を、**不均衡データ**、Imbalanced Data と言います）。そして、すべて「正常」と出力するモデルにおいて、評価にも注意を払わないと、単純に正解率を計算すると99.5%の「正常」のデータに対しては正解していることになってしまいます。データに極端な偏りがあるという特徴から、多くの場合で異常検知には教師なし学習が使われます。非常に幅広い内容のため詳細は他の書籍 [井出 15a][井出 15b] に譲りますが、データ点がよく集まっている部分から離れた部分を異常値として検出するイメージです[20]。scikit-learn を使う場合は SVM ベースの **One Class SVM** などで異常検知ができます。

2.5.3　頻出パターンマイニング

　頻出パターンマイニングは、データ中に高頻度に出現するパターンを抽出する手法です。俗にいう「ビールと紙おむつがよく買われる」というたとえ話のように、購買情報から頻出するパターンを抽出します。有名な方法として、**相関ルール**（Association Rule）と呼ばれるものがあり、**Apriori** アルゴリズムを使って解くことができます。残念ながら scikit-learn には頻出パターンマイニングの実装はありませんが、SPMF[21] などのツールを使うことで試すことができます。

　また、時系列の分析を行うときは、**ARIMA**（**自己回帰移動平均モデル**）といったアルゴリズムがよく使われます。

2.5.4　強化学習

　強化学習は、経験を元に試行錯誤をし、ある目的のためにこの場合こうすれば良いといったような最適な行動の方針を獲得する方法です。他の学習とは異なり、たとえ

---

[20]　単純な方法としては、データの分布から正規分布を当てはめてあげたときに、2 σ の外を異常とするといった方法が考えられます。

[21]　http://www.philippe-fournier-viger.com/spmf/

ば囲碁や将棋のように「ゲームに勝つ」というメタな目的に向かって何かしらの行動を取り、その行動結果の良し悪しを元に次の手を決めていきます。

よく使われる例としては、赤ちゃんが試行錯誤を繰り返すことで歩く方法を獲得するように、目的のために大量の試行を繰り返しながら最適化をしていきます。

強化学習は、自動運転やゲーム AI などの分野で非常に注目を集めており重要な機械学習の1ジャンルですが、本書では強化学習は対象としないため、興味がある人は[牧野 16] などを参考にしてください。

2.6　この章のまとめ

本章では、教師あり学習として分類と回帰を、教師なし学習としてクラスタリング、次元削減、さらにその他のアルゴリズムについて説明しました。

教師あり学習では、決定境界を表現する関数を学習するもの、距離ベースで判断するもの、木構造のルールを学習するものを学びました。教師なし学習として、データの隠れたカテゴリを見つけ出すクラスタリングとデータの可視化を支援する次元削減について学びました。

どのアルゴリズムを選ぶかは、機械学習をする上で1つの腕の見せ所です。データの傾向を見ながらできるだけ色々なアルゴリズムを試してみることが、遠回りに見えますが成功への近道となるでしょう。

3章
学習結果を評価するには

　システムに機械学習を組み込んだときに、最初から満足できる結果が得られることはまれです。では、満足できる結果かどうかはどのように測るのでしょうか？ 本章では、機械学習の結果を評価する方法について解説します。

3.1　分類の評価

　本節では、スパム分類の例を考えながら以下の4つの指標について紹介します。

- 正解率（Accuracy）
- 適合率（Precision）
- 再現率（Recall）
- F値（F-measure）

また、これらを考えていく上で重要な以下の概念についても説明します。

- 混同行列（Confusion Matrix）
- マイクロ平均（Micro-average）、マクロ平均（Macro-average）

3.1.1　正解率を使えば良いのか？

　分類のタスクでは、正しく分類されたか否かで分類器の性能を見極めます。まずは一番シンプルな**正解率（Accuracy）**について考えてみましょう。
　正解率は

$$正解率 = \frac{正解した数}{予測した全データ数}$$

として求めます。

例として迷惑メール（スパム）と普通のメール（非スパム）を分類する、メールのスパム分類について考えます。2値分類の例ですね。

届いたメール100件を人の手で確認した所、スパムの数が60件で普通のメールが40件でした。もし、すべてをスパムとする分類器があったとすると、正解率は60%です。

分類問題の場合、一般的にはランダムで出力した結果が性能の最低水準となります。2値分類の場合は2クラスがランダムに出力されるので正解率は50%に、3値分類の場合は3クラスがランダムに出力されるため平均的に正解すると正解率は33.3%になります[†1]。この60%という正解率はランダムに2クラスを予測するモデルより良い数字に見えます。でも、すべてスパムと予測しているためか、適切に評価されている気がしません。現実の問題では、分類したいクラスにはそれぞれ偏りがあることが多く、偏りがあるデータに対して単純な正解率はあまり意味を成さないことがほとんどです。

3.1.2　データ数の偏りを考慮する適合率と再現率

では、何に注目すれば良いのでしょうか。ここでは、**適合率**（Precision）と**再現率**（Recall）という考え方を使います。

適合率は精度とも呼ばれ、出力した結果がどの程度正解していたのかを表す指標です。再現率は、出力した結果が実際の正解全体のうち、どのくらいの割合をカバーしていたかを表す指標です。

スパム分類の例で言うと、適合率はスパムと予測したメールのうち、本当にスパムだったメールの割合です。スパムと予測したメールが80件で、実際のスパムメールが55件だった場合、適合率は次のようになります。

$$適合率 = \frac{55}{80} = 0.6875 ≒ 0.69$$

ランダムの0.5よりは良い値ですが、あまり高いとはいえませんね。

再現率はどうでしょうか。再現率は、全データに含まれるスパムの数（今回の例で

[†1]　このように、等確率で各クラスをランダムに出力する関数を予測器として見立ててsanity checkを行います。

は60件）のうち、スパムであると予測した正解（今の例だと55件）がいくつ含まれ
ているかの割合です。

つまり、再現率は

$$再現率 = \frac{55}{60} = 0.916... \fallingdotseq 0.92$$

となり、こちらは比較的高い数字になっています。このような場合、再現率の方が1
に近い値であることから、分類は「再現率重視」であると評価します。では、この再
現率重視とはどういうことでしょうか？

適合率と再現率はトレードオフの関係となっており、問題設定によってどちらを重
視するかは異なります。

見逃しが多くてもより正確な予測をしたい場合には、適合率を重視します。メール
のスパム判定で言えば、重要なメールがスパムと誤判定をされて見逃されるよりは、
たまにスパムがすり抜けても構わない。つまりスパムと予測したものが確実にスパム
である方が安心できます。

一方、誤りが多少多くても抜け漏れを少なくしたいという場合には、再現率を重視
します。再現率重視は、後から全データを眺めたときにどのくらい漏れが少ないかを
重視する方法だとも言えます。たとえば発生する件数の少ない病気の検診で、病気で
あると誤判定するケースが多少あっても、再検査をすればそれで良いという考え方
です。

今回のスパム判定の場合、再現率重視はあまり嬉しくなさそうです。

3.1.3　F値でバランスの良い性能を見る

こうしたトレードオフがあることを踏まえた上で、実際に分類器の比較をするのに
使われるのが**F値**（F-measure）と呼ばれる、適合率と再現率の調和平均です。

F値は次のように計算します。

$$F値 = \frac{2}{\frac{1}{適合率} + \frac{1}{再現率}} = \frac{2}{\frac{1}{0.69} + \frac{1}{0.92}} \fallingdotseq 0.79$$

再現率と適合率のバランスが良ければF値が高くなります。つまり、F値が高いと
は、2つの指標がバランス良く高いことを意味しています。

3.1.4　混同行列を知る

　続いて混同行列（Confusion Matrix）について解説します。分類のタスクではこの表を元に考えることが多いので、知っておくと良いでしょう。

　図3-1に混同行列を示します。混同行列には2つの軸があります。1つ目の予測結果の軸では、何かしらの分類モデルが予測した結果が、陽性（Positive、スパム判定の例ではスパム）か陰性（Negative、スパム判定の例では非スパム）かということを考えます。2つ目の実際の結果の軸では、人の手で本当にスパムかどうかを確認した結果、実際の結果が陽性か陰性を考えます。

　これら2つの軸を元に、表にまとめたものが混同行列です。

		予測結果	
		Positive （スパム）	Negative （非スパム）
実際の結果	Positive （スパム）	真陽性 （True Positive、TP）	偽陰性 （False Negative、FN）
	Negative （非スパム）	偽陽性 （False Positive、FP）	真陰性 （True Negative、TN）

図3-1　混同行列の表

　「真陽性」などの言葉は、字を見てもらえばわかるように、実際の結果に対する正誤で一文字目の真偽（True/False）が、予測結果によって二文字目の陽性／陰性が変わってきます。

　先程のスパムの例を混同行列にしてみましょう。もう一度条件を確認しておくと「100件のメールのうち、実際のスパムは60件。ある分類器がスパムと予測したメールが80件、本当にスパムだったメールが55件」という条件でした。この条件を元に混同行列を作ってみましょう。

　まず、スパムと予測した80件のうち、本当にスパムだったメールは55件でした。これが真陽性（TP）の件数となります。

		予測結果が	
		Positive （スパム）	Negative （非スパム）
実際の結果が	Positive （スパム）	55	
	Negative （非スパム）		

図3-2 　混同行列の例：Step 1 真陽性の件数がわかった

　次に、スパムと予測した80件のうち、非スパムなのに間違えてスパムと予測したメールは 80−55 = 25件だったことになります。これが、偽陽性（FP）の数になります。

		予測結果が	
		Positive （スパム）	Negative （非スパム）
実際の結果が	Positive （スパム）	55	
	Negative （非スパム）	25	

図3-3 　混同行列の例：Step 2 偽陽性の数がわかった

　続いて、全メール100件中、人手で確認したスパムの数は60件でした。スパムと予測して正解した数が55件だったので、間違えてスパムと予測した非スパムは 60−55 = 5件あることがわかります。これが偽陰性（FN）の数になります。

	予測結果が	
	Positive (スパム)	Negative (非スパム)
実際の結果が　Positive (スパム)	55	5
実際の結果が　Negative (非スパム)	25	

図3-4　混同行列の例：Step 3 偽陰性の数がわかった

　最後に、非スパムと予測したのは100−80 = 20件ですが、本当に非スパムだったのは、間違えてスパムと予測した5件を引いた20−5 = 15件です。

	予測結果が	
	Positive (スパム)	Negative (非スパム)
実際の結果が　Positive (スパム)	55	5
実際の結果が　Negative (非スパム)	25	15

図3-5　混同行列の例：Step 4 真陰性を入れて完成

　ここで、この混同行列を元にして適合率、再現率を再び計算してみましょう。適合率は予測結果がどのくらい正しく正解しているか、再現率は本当にスパムと確認されたメールのうちどのくらいをカバーできているかを示す値でした。

$$適合率 = \frac{TP}{TP + FP} = \frac{55}{55 + 25} \fallingdotseq 0.69$$

$$再現率 = \frac{TP}{TP + FN} = \frac{55}{55 + 5} \fallingdotseq 0.92$$

比較のために、正解率を計算してみましょう。正解率は以下のようになり、これは両方のクラスをまとめて見ているため、かなりざっくりとした指標でしかないことが改めてわかると思います。

$$正解率 = \frac{TP + TN}{TP + FP + TN + FN} = \frac{55 + 15}{55 + 5 + 25 + 15} = 0.7$$

なお、scikit-learnには、混同行列を計算する`confusion_matrix`という関数が用意されています。混同行列を計算するコードの一例を下記に示します。`print(cm)`で出力された行列は、先ほどの表と同じ順番で混同行列の値が出力されています。

```python
from sklearn.model_selection import train_test_split
from sklearn.metrics import confusion_matrix

# データと正解ラベルを学習用とテスト用に分割する
data_train, data_test, label_train, label_test = \
    train_test_split(data, label)

# 何かしらの予測をする。例として線形SVMで予測している
classifier = svm.SVC(kernel='linear')
label_pred = classifier.fit(
    data_train, label_train).predict(data_test)

# 混同行列を計算する
cm = confusion_matrix(label_test, label_pred)
print(cm)
# [[55  5]
#  [25 15]]
```

実際に混同行列を作るときは、`confusion_matrix`関数を使い交差検証を行います。これは、訓練データで予測モデルを構築し、教師ラベル付きの検証データも元に混同行列を作ることで、モデルの比較・評価が自動でできるのです。

3.1.5　多クラス分類の平均の取り方: マイクロ平均、マクロ平均

なお、多クラス分類の場合は、クラス全体の平均を取る方法が2種類あります。

1つ目のマイクロ平均は、すべてのクラスの結果をフラットに評価します。たとえば3クラス分類における適合率の**マイクロ平均**（Micro-average）は、それぞれのクラスの真陽性・偽陽性の数を $TP_1, FP_1, TP_2, FP_2, TP_3, FP_3$ とすると、以下のように求めます。

$$適合率_{マイクロ平均} = \frac{TP_1 + TP_2 + TP_3}{TP_1 + TP_2 + TP_3 + FP_1 + FP_2 + FP_3}$$

　これに対し、もう1つの**マクロ平均**（Macro-average）はクラスごとに適合率を計算し、最終的な評価値は適合率の合計をクラス数で割るという方法で算出します。

　例として3クラス分類のマクロ平均を考えてみましょう。各クラス1、2、3に対してそれぞれクラス1か否かといった分類結果の混同行列を作り、適合率をそれぞれ計算します。計算した適合率はクラスごとに適合率$_1$、適合率$_2$、適合率$_3$だったとすると、適合率のマクロ平均は以下のようになります。

$$適合率_{マクロ平均} = \frac{適合率_1 + 適合率_2 + 適合率_3}{3}$$

　マイクロ平均はクラスをまたいだ全体のパフォーマンスの概要を知るのに向いています。クラスごとにデータ数の偏りがある場合は、マクロ平均を用いた方が偏りの影響を考慮した評価ができるでしょう。

3.1.6　ROC曲線とAUC

　F値以外の評価指標として**ROC曲線**（Receiver Operating Characteristic Curve）やそれに基づく**AUC**（Area Under the Curve）などの評価値が使われることもあります。

　AUCは、ROC曲線と呼ばれるグラフの線の下側の面積を求めたスコアです。AUCのスコアは0から1までの間の値を取り、ランダムな予測器で0.5、すべてを正解する予測器で1.0を取ります。

　では、ROC曲線はどのように描くのでしょうか。

　ある模擬試験を受けた受験生の得点の割合を考えてみましょう。模試の総合得点うち何%獲得できたかと、本番の試験で合格をしたかを書いたのが以下の表になります。**表3-1**ではわかりやすさのために得点割合でソートしています。

表3-1　ある模試での得点割合と本番の合否

模試の得点割合（%）	本番の合格（T/F）
10	F
20	F
40	F
45	T
50	F
65	F
70	T
80	F
85	T
95	T

　この模試の得点割合のどこをしきい値に「合格圏」だとするかを考えるときに、真陽性率（TPR、True Positive Rate）と縦軸、偽陽性率（FPR、False Positive Rate）を横軸にプロットしたのがROC曲線です。

　真陽性率は、

$$真陽性率 = \frac{TP}{TP + FN}$$

と表すことができ、偽陽性率は

$$偽陽性率 = \frac{FP}{FP + TN}$$

と計算できます。

真陽性率は高い方が良く、偽陽性率は低い方が良いです。

　scikit-learnのroc_curveを使うことで、しきい値以上の値を合格としたときの真陽性率、偽陽性率が得られます。

　次のコードでは、roc_curve関数を使い、先程の表の得点率を小数にし、合格を1、不合格を0と表現したときのしきい値ごとの真陽性率と偽陽性率を計算します。

```
from sklearn.metrics import roc_curve

y_pass = [0, 0, 0, 1, 0, 0, 1, 0, 1, 1]
y_score = [0.1, 0.2, 0.4, 0.45, 0.5, 0.65, 0.7, 0.8, 0.85, 0.95]

fpr, tpr, thresholds = roc_curve(y_pass, y_score)

print(fpr)
# [0.         0.         0.         0.16666667 0.16666667 0.5
# 0.5        1.         ]
print(tpr)
# [0.   0.25 0.5  0.5  0.75 0.75 1.   1.  ]
print(thresholds)
# [1.95 0.95 0.85 0.8  0.7  0.5  0.45 0.1 ]
```

　この計算結果を先程の表に書き戻したのが以下の表になります。真陽性率、偽陽性率はその得点割合以上を合格としたときの値となります。

表3-2　ある模試での得点割合と本番の合否、真陽性率、偽陽性率

模試の得点割合(%)	本番の合格(T/F)	真陽性率	偽陽性率
10	F	1.0	1.0
20	F	1.0	0.5
40	F	1.0	0.5
45	T	1.0	0.5
50	F	0.75	0.5
65	F	0.75	0.1667
70	T	0.75	0.1667
80	F	0.5	0.1667
85	T	0.5	0.0
95	T	0.25	0.0

　得点割合45%以上を合格圏とすれば、すべての真の合格者を合格と見つけられる代わりに多くの不合格なのに合格圏に判定される偽陽性が現れます。一方で、得点割合85%以上を合格圏とすると、偽陽性率は0となりますが、真の合格者を半分しか拾えません。健康診断などでは偽陽性を許容して拾えるようにするなど、どこをしきい値にするかは問題によって変わってくるでしょう。

　この例では模試の得点割合を使っていますが、ロジスティック回帰のように予測値とともに確率などのスコアを出力する予測器に対してこの考え方は利用できます。

　これを元に、matplotlibを使ってROC曲線を描画してみましょう。

```
import matplotlib.pyplot as plt

plt.plot(fpr, tpr, marker='o')
plt.xlabel('FPR: False Positive Rate')
plt.ylabel('TPR: True Positive Rate')
plt.grid()
plt.show()
```

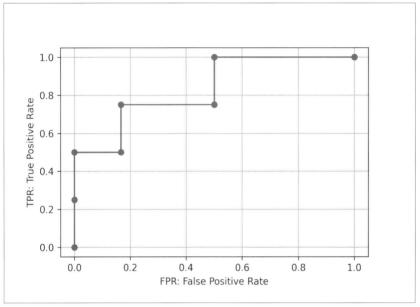

図3-6　ROC曲線

　左下の点が95%より大きい値を合格とした場合の値、右上の点は10%より大きい値を合格とした場合の真陽性率と偽陽性率になります。

　なお、ROC曲線の形状は、スコアの順位によって決定され実際のスコアには影響されません。つまり、スコアの小さい順にソートしたときにy_pass = [0, 0, 0, 1, 0, 0, 1, 0, 1, 1]と合格者が並べば良いのです。

　この図で描画された実線の下側の面積を計算したものがAUCとなります。

　scikit-learnでは、ROC曲線を描画した場合はfprとtprをauc関数に入力することで、またROC曲線を描画していない場合も真の合格者の系列y_passとそのスコアの系列y_scoreをroc_auc_scoreに入力することで求められます。

```
from sklearn.metrics import auc, roc_auc_score

print(f"AUC (auc func): {auc(fpr, tpr)}")
# AUC (auc func): 0.8333333333333333
print(f"AUC (roc_auc_score): {roc_auc_score(y_pass, y_score)}")
# AUC (roc_auc_score): 0.8333333333333333
```

　では、あるしきい値以上を合格とすればきれいに合格と言えるケースはどうでしょうか。得点割合が50%以上で合格となるケースを考えてみましょう。この場合のROC曲線は左下から左上への直線と左上から右上の直線の二本の直線を結んだものとなり、この曲線の下の面積であるAUCも1となります。

```
y_perfect = [0, 0, 0, 0, 1, 1, 1, 1, 1, 1]
y_score_perfect = [0.1, 0.2, 0.3, 0.4, 0.5, 0.6, 0.7, 0.8, 0.9]

fpr, tpr, _ = roc_curve(y_perfect, y_score)

plt.plot(fpr, tpr, marker='o')
plt.xlabel('FPR: False Positive Rate')
plt.ylabel('TPR: True Positive Rate')
plt.grid()
plt.show()

print(f"AUC (perfect): {roc_auc_score(y_perfect, y_score)}")
# AUC (perfect): 1.0
```

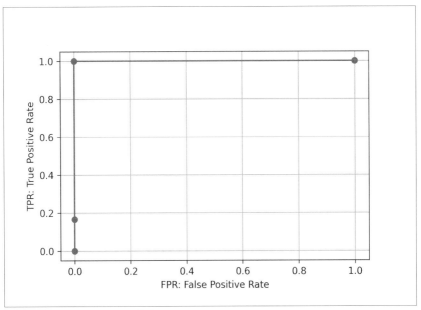

図3-7　AUCが1の場合のROC曲線

　スコアと合格者の関係がランダムの場合は、左下から右上まで引かれた直線に近い
曲線になり、曲線の下部は三角形の形となり面積であるAUCは0.5へと近づきます。
　ROC曲線を元にしたAUCの他にも、Precision-Recall曲線と呼ばれる曲線を元に
したAUCもあります。

3.1.7　分類モデルを比較する

　モデル同士の性能を比較する場合、多くの場合でデータに偏りがあることを想定
し、F値を基準に比較をしています。実問題を解くときには、適合率を重視するのか
再現率を重視するのかを考えて、最低限保証したい方の値を決めてからチューニング
する方法が望ましいでしょう。
　誤りが許されない問題の場合、たとえば「適合率が0.9以上にならないモデルは採
用しない」という最低ラインを決めて、その上でF値が高くなるようにパラメータ
チューニングをして、モデルを選択すると良いでしょう。
　また、複数の分類用モデルを比較するのにAUCもよく使われます。
　分類の性能は、あくまでもビジネスに応用する上での品質を保つための最低基準だ

と考えましょう。筆者もたまに陥ることなのですが、性能のチューニングにどっぷりとハマっていると、つい、それ自身を目的としてしまいがちです。学習モデルの性能が高いこととビジネスゴールを満たすことは別の問題なので、そのモデルで何が実現したかったのかを考える癖をつけるようにしましょう。

　そのためには、プロダクトをリリースするために必要な性能を決めた後も、最終的なゴールとしての数値を満たせるかどうかを観測し、継続的に改善できる仕組みを導入しましょう。

3.2　回帰の評価
3.2.1　平均二乗誤差

　回帰は電力消費量や価格など、連続する数値を予測する問題でした。回帰の評価では主に**平均二乗誤差**（Root Mean Squared Error、RMSE）を使います。

　数式で書くと以下のようになります。

$$RMSE = \sqrt{\frac{\sum_i (予測値_i - 実測値_i)^2}{N}}$$

　予測した値と実測の値の2つの配列について、各要素の差を2乗した値を総和し、それを配列の要素数で割った値の平方根を取ります。

　コードで書くと次のようになります。

```python
from math import sqrt

sum = 0

for predict, actual in zip(predicts, actuals):
  sum += (predict - actual) ** 2

sqrt(sum / len(predicts))
```

　実際には、scikit-learnに `mean_squared_error` という関数が用意されているのでそれを使えば良いでしょう。

```python
from sklearn.metrics import mean_squared_error
from math import sqrt

rms = sqrt(mean_squared_error(y_actual, y_predicted))
```

　実は回帰分析で全データの平均値を出力する予測モデルを考えたとき、その平均二乗誤差はデータのばらつき具合を表す**標準偏差**（Standard Deviation）となるのです。

　そのため予測モデルの出力する値の平均二乗誤差を比較し、最低限のベースライン（分類問題で言うところのランダム出力をする予測モデル）として標準偏差と比較することで、予測モデルの良し悪しを検討できます。

そのfor文、本当に必要？

　先ほどの平均二乗誤差の計算の説明のときに、for文を使って誤差の計算をしました。上の例では、actuals、predictsのデータ量が少なければ大きな問題はありませんが、データが大きくなればなるほど計算に時間がかかるようになります。

　Pythonなどの処理系では直接for文を使って自分で実装するのではなく、それに特化したNumPyやSciPyといった計算用のライブラリを使った方がはるかに高速に計算できます。こういった計算用ライブラリがどうして速いかというと、型を指定した配列を作成したり、Pythonのコードの裏側で行列を高速に計算するCやFortranで最適化された処理として実行されているためです。つまり数値計算を実行するときには、できるだけNumPyなどのライブラリに計算を委譲することが高い速度を保つ上で重要だともいえます。

　この点の分析は、「Pythonのfor文は遅い？」という記事[2]が参考になります。

　ちなみに、Pythonと同じように統計解析によく使われるR言語も、for文を使った表現が非常に遅くなることが知られています。これはNumPy、SciPyと同じように数値計算を裏側のライブラリに任せているためです。

3.2.2　決定係数

　平均二乗誤差は別に、回帰した方程式の当てはまりの良さを表現する**決定係数**（Coefficient of Determination）という評価指標もあります。決定係数は、数式ではR^2と表現されます。一般的には以下のような数式で表現されます。

---

[2]　https://atsuoishimoto.hatenablog.com/entry/2018/01/06/195649

$$決定係数\,(R^2) = 1 - \frac{\sum_i (実測値_i - 予測値_i)^2}{\sum_i (実測値_i - 実測値の平均値)^2}$$

これは、平均二乗誤差の分子の二乗を平均値と予測値の差の二乗の総和で割った値を、1から引いたものです。決定係数は、常に平均値を出力する予測モデルに比べて、相対的にどのくらい性能が良いのかを表します。決定係数の値が1に近ければ近いほど良い性能であることを示し、0に近ければあまり良くない性能であることを示します。

scikit-learnにはr2_scoreという関数があるので、それを使って簡単に計算できます。

```
from sklearn.linear_model import LinearRegression
lr = LinearRegression()
lr.fit(x, y)

from sklearn.metrics import r2_score
r2 = r2_score(y, lr.predict(x))
```

また、回帰モデルの場合はlr.score(x, y)を使って決定係数を得られます。

3.3　機械学習を組み込んだシステムのA/Bテスト

通常の機械学習で得られたモデルの評価より少し範囲の広い話ですが、Webサービスでは**A/Bテスト**と呼ばれるテストをよく行います[†3]。たとえば、サービスの登録ボタンの色や文言を少しずつ変えて比較して、良かったパターンを採用するというようなテストです。

A/Bテストを行うメリットは、一定数のユーザーにパターンを出し分けることで、同一期間内に比較ができることです。

期間をずらして比較をすると、季節などの影響が大きく意味を成さないことがあります。たとえば、おもちゃを販売するサイトでクリスマスには購入ボタンを赤くするのが良かったとして、クリスマス以降もそのボタンが有効でしょうか？ 一年中赤いボタンにするのは、季節性の要素を無視しており意味がなさそうに思えます。

デザインや文言だけでなく機械学習のモデルを検証する際にも、こうしたA/Bテストは有効です。多くの場合、オフラインで評価できるのは適合率や再現率などの指

---

†3　A/Bテストと言いますが別に2パターンだけでなく、複数パターン行うことが多いです。

標であり、実際に購入や登録などのコンバージョンに至ったかどうかという、ビジネス的なKPIは別途追いかける必要があります。また、想定していなかったトレンドの変化など、事前に考慮していない要因が大きく影響をあたえる場合もあります。そこでオンラインでの評価として、モデルを適用しない場合のパフォーマンスや、複数のモデルによる予測結果を使った場合のパフォーマンスを比較することで、より最適なモデルを選択できるようになります。

　また、A/Bテストできるようなシステム構成にしておくことで、副次的に新しいモデルの段階的なリリースや切り戻しも可能となります。これにより検証のイテレーションサイクルを素早く回せるようになりますし、機会損失も抑えられるようになるでしょう。

　オフラインで複数のアルゴリズムやパラメータチューニングを行ったモデルを用意し、A/Bテストで選別をし、更に良いモデルを作成しオフラインで検証し、A/Bテストに投入する、という検証のサイクルを回していくのが良いでしょう。詳しくは、**7章**を参照してください。

3.4　この章のまとめ

　本章では学習結果の評価方法について学びました。

　分類の指標として、正解率や適合率、再現率、F値について学びました。実際には混同行列を見ながら、どのクラスがどれくらいの性能であれば良いかを考えることが重要です。

　回帰の評価指標として、平均二乗誤差と決定係数について学びました。どちらの指標を用いても良いのですが、何を基準とするかという点について常に気をつけましょう。

　また、機械学習におけるA/Bテストの重要性も学びました。特に、機械学習の評価指標の良し悪しと、ビジネス上のゴールとしてのKPIの良し悪しとは別のものです。この2つの違いを常に意識することで、予測モデルの評価指標のみを追いかけてしまわないように気をつけましょう。オフラインで評価指標の目標を達成することは、機械学習を使ったビジネスのスタートラインに立つための最低条件です。

　　　機械学習の評価指標とKPIの関係については、**7章**や**12章**でも紹介します。

4章
システムに機械学習を組み込む

　機械学習をシステムに組み込むにはどうすれば良いでしょうか。本章では、機械学習を組み込むシステムの構成とそれに深く関わる教師データを獲得するためのログ収集方法について説明します。

4.1　システムに機械学習を含める流れ

　1.2「機械学習プロジェクトの流れ」でも書きましたが、システムに実際に機械学習を適用する際には、以下のような流れで進めていきます。

1. ビジネス課題を機械学習の課題に定式化する
2. 類似の課題を、論文を中心にサーベイする
3. 機械学習をしないで良い方法を考える
4. システム設計を考える
5. 特徴量、教師データとログの設計をする
6. 実データの収集と前処理をする
7. 探索的データ分析とアルゴリズムを選定する
8. 学習・パラメータチューニング
9. システムに組み込む
10. 予測精度、ビジネス指標をモニタリングする

　本章では、この中でも「システム設計」「ログ設計」について説明をしていきます。

4.2　システム設計

　機械学習にはいくつかの種類がありますが、ここではもっとも活用の機会が多い教師あり学習について、システムに組み込む場合の構成を説明します。

　分類や回帰などの教師あり学習の場合、学習と予測の2つのフェーズがあります。更に学習のタイミングによって、バッチ処理での学習とリアルタイム処理での学習という二種類のタイミングがあります。

　本節で、それぞれの場合のシステム構成とそのポイントについて学びますが、まずその前に重要でありながら混乱しがちな用語について整理しておきましょう。

4.2.1　混乱しやすい「バッチ処理」と「バッチ学習」

　機械学習において、「バッチ」という言葉は特別な意味を持ちます。いわゆるバッチ処理と語源は同じですが、多くの場合、機械学習の文脈で「バッチ」というと「バッチ学習」のことを指します。ここでは「バッチ学習」と一般的な「バッチ処理」との違いについて説明します。

　本章では、バッチ処理の対義語をリアルタイム処理と呼ぶことにします。バッチ処理は一括で何かを処理すること、またその処理そのものを指します。対してリアルタイム処理は、刻々と流れてくるセンサーデータやログデータに対して逐次処理をすること、と本書では定義します[†1]。

　なお、本章では「バッチ処理」との混同を避けるために、これ以降はバッチ学習を**一括学習**、オンライン学習を**逐次学習**と表現します。

　一括学習と逐次学習とでは、モデル学習時のデータの保持の仕方が異なります。一括学習では、重みの計算のためにすべての教師データを必要とし、全データを用いて最適な重みを計算します。一般的に一括学習の場合、教師データが増えると必要とするメモリー量はその分増加していきます。たとえば、求める重みw_targetがすべての重みの平均だったとします。重みがw_1からw_100まで100個ある時の平均を一括学習で求めるには以下のように計算します。

```
sum = w_1 + w_2 + w_3 + ... + w_100
w_target = sum / 100
```

　一方、逐次学習では教師データを1つ与えて、そのつど重みを計算します。たとえ

---

†1　「リアルタイム処理」というと、「何msで処理ができるの？」と思われる方もいるかもしれませんが、本書では便宜上速度に関係なく逐次的な処理をすることをリアルタイム処理と呼んでいます。

ば、次のような平均を求める処理の場合、メモリーに保持されるデータはその時の
データと、計算された重みのみになります。ある時点での重みがw_tmpとしたとき、
平均を計算するのに必要なのは総和sumと、要素の数cntだけです。コードで表現す
ると以下のようになります。

```
sum = 0
cnt = 0
while has_weight():
  w_tmp = get_weight()
  sum += w_temp
  cnt += 1

w_target = sum / cnt
```

　繰り返しになりますが、一括学習と逐次学習の違いは学習時に必要とするデータの
塊の大きさです。つまり、学習時の最適化の方針が違うだけなのです[†2]。
　では、バッチ処理は何を処理するのでしょうか？　実は「バッチ処理」というだけで
は、特に規定されていません。機械学習の文脈では学習をすることもあるし、予測を
することもあります。リアルタイム処理も同様に、学習をすることもありますし予測
をすることもあります。
　ここで問題です。以下の組み合わせの中で、取りうる処理と学習の組み合わせはど
れでしょうか？

1.　バッチ処理で一括学習
2.　バッチ処理で逐次学習
3.　リアルタイム処理で一括学習
4.　リアルタイム処理で逐次学習

　よくある誤解は「一括学習はバッチ処理でしかできず、逐次学習はリアルタイム処
理でしかできない」というものです。実は3以外はすべてあり得ます。1と4につい
て、特に違和感はないかもしれません。では、2の「バッチ処理で逐次学習」とはど
のようなものでしょうか？　逐次学習は、最適化時にデータを1レコードずつ処理する

最適化方針だと説明しました。つまりバッチ処理でまとまったデータを一括処理する
けれど、最適化方針は逐次学習するということもあり得るのです。

　予測フェーズについては、学習フェーズでの最適化の方針や処理方法にかかわらず
バッチ処理での予測もリアルタイム処理での予測も共に存在します。

　実際に学習をする際は、データを保持できない場合を除いて学習フェーズはバッチ
処理するのが試行錯誤しやすくて良いでしょう。

　ここからは、バッチ処理で学習を行う3つの予測パターンとリアルタイム処理のパ
ターンについて構成を見ていきましょう。以下にパターンを列挙します。

- バッチ処理で学習、予測、予測結果をDB経由でサービングする
- バッチ処理で学習、リアルタイム処理で予測、予測結果をAPI経由でサービン
  グする
- バッチ処理で学習、エッジのリアルタイム処理で予測する
- リアルタイム処理で学習、予測、サービングする

4.2.2　バッチ処理で学習、予測、予測結果をDB経由で サービングする

　Webアプリケーションで使い勝手の良いのはこのパターンです。一番はじめに試
すパターンとしてはこの方法が無難でしょう。

　分類問題などについて教師あり学習のモデルを一括学習し、そのモデルを使った予
測をバッチ処理で行い、その予測結果をDBに格納するという方法です。

　このパターンは、予測バッチとアプリケーションの間でDBを介してやりとりを
するため、Webアプリケーションと機械学習の学習・予測を行う言語がそれぞれ異
なっていても良いことが大きなメリットです。また、先述のAPIパターンとは異な
り、予測の処理に多少時間がかかる場合でもアプリケーションのレスポンスに影響し
ません。

　このパターンの特徴は、以下の通りです。

- 予測に必要な情報は予測バッチ実行時に存在する
- イベント（例：ユーザーのWebページ訪問）をトリガーとして即時に予測結果
  を返す必要がない

　具体的には、商品説明など変化しにくいコンテンツを6時間ごとのバッチで分類す

る、ある日のユーザー閲覧履歴からどのユーザークラスターに所属するかを日次バッチで処理する、といったように、予測の頻度がおよそ1日1回以上（短くても数時間に1回）程度で問題のない対象や結果に向いています。たとえば、ユーザーのアクセスログからメールマガジンで送付する内容をパーソナライズする、などがこれに該当します。

　このパターンのシステム構成は**図4-1**のようになります。Webアプリケーションと機械学習を行うバッチシステムとのやりとりはDBのみを介して行うため、両者のシステムに言語的な依存関係は特に発生しません。つまりWebアプリケーションでRuby on Railsを使っていたとしても、特に気にすることなくPythonやRでバッチを書けるため、アルゴリズムの選定や特徴選択など機械学習の試行錯誤のサイクルがより高速に回せます。

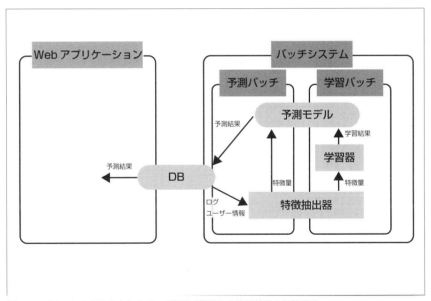

図4-1　パターン1: DBを介してバッチ処理で学習した予測結果を取得する

　学習フェーズ（**図4-2**）では、ログやユーザー情報から特徴を抽出してモデルを一括学習します。ここで構築した学習済みモデルは、シリアライズしてストレージに保持し予測フェーズで使用します。

　学習バッチの実行間隔は予測の間隔よりも広く取ります。再学習を行う間隔は、予

測対象がどの程度変化するかに依存します。定期的に再学習する場合は、1.2.9「システムに組み込む」で紹介した、ゴールドスタンダードを利用するなど、学習し直した後に精度が低下していないことを確認する工夫が必要です。

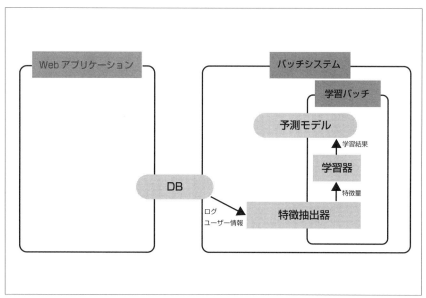

図4-2　パターン1: 学習フェーズ

　予測フェーズ（**図4-3**）では、学習バッチで作成したモデルを用いて予測を行います。学習バッチと同様の特徴抽出器を用いて、DB中のデータから特徴量を抽出し、予測します。予測結果はWebアプリケーションが利用できる形にしてDBへ格納します。

　このパターンは他のパターンに比べ、予測にかけられる時間に余裕があるのが特徴ですが、予測対象となるコンテンツが増えていくと、それに比例して処理時間も増えていきます。そのため、毎回すべてのコンテンツについて予測し直すようなバッチ処理の組み方をすると、データ量の増加に対して処理時間が予想以上に膨らんでしまい、日次のジョブで1日を超えるなど予定した時間内に処理が終わらないようなことも起きるので注意が必要です。

　特に、モデルを頻繁に再学習したり、使用する特徴量やアルゴリズムを変えて複数のモデルを作成したりする場合は予測にかかる時間に十分注意する必要があります。

もし、データの特性がそこまで大きく変化しないことが保証されているのであれば、新規で登録された差分のコンテンツのみ予測を行うという戦略を取ることもできます。すべてのデータに対して予測し直す必要がある場合は、並列数を増やして予測処理を行うか、Apache Sparkなど並列分散処理が可能な環境で予測するのが良いでしょう。

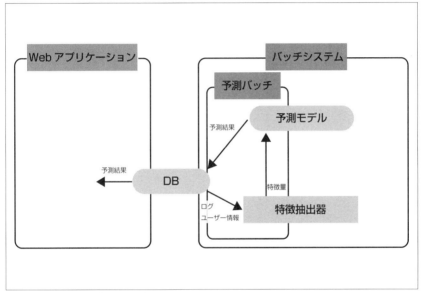

図4-3　パターン1: 予測フェーズ

4.2.3　バッチ処理で学習、リアルタイム処理で予測、予測結果をAPI経由でサービングする

Webアプリケーションとは別に、予測処理を薄くラップしたAPIサーバーを用意するのがこのパターンです（**図4-4**）。このパターンでは、バッチ処理で学習を行う点は他のパターンと変わりませんが、Webアプリケーションなどのクライアントから予測結果を利用する場合にはAPI経由のリアルタイム処理で予測を行います。HTTPやRPCのリクエストに対して、予測結果をレスポンスとして返すAPIサーバーを用意するのが特徴です。

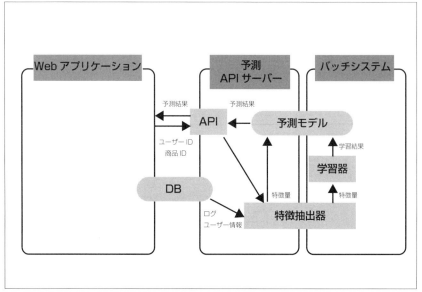

図4-4　パターン2: APIを介してバッチ処理で学習した予測結果を取得する

このパターンの特徴は、

- Webアプリケーションなどのクライアントと機械学習に使うプログラミング言語を分けられる
- Webアプリケーションなどのクライアント側のイベントに対してリアルタイム処理で予測できる

というものです。

　機械学習環境を自由に選べるためプロトタイピングを高速に回せる反面、APIサーバーの開発、運用などシステム開発の規模が大きく難度も上がるなるため、リアルタイム処理での予測が重要でない場合には選択しづらい構成です。scikit-learnなどのライブラリを使って構築するには自前でAPIサーバーを実装し、予測サーバーの前にロードバランサを配置し、負荷に応じて予測サーバーを増減できるようにするといった、Webアプリケーションとしてスケールするような工夫が必要です。もし、手軽に試してみたい場合は、Google AI Platform PredictionやAzure Machine Learning、

Amazon Machine Learning などの機械学習サービスや、BentoML[†3]や Cortex[†4]など予測結果のサービングのためのフレームワークを利用するという方法もあります。最近では AWS Lambda や Cloud Run を使った予測 API を作ることで、サーバーを自前管理することなくイベント駆動でスケールしやすい予測も容易に行えるようになってきました。また、API サーバーの Docker イメージを作成することで、Amazon Elastic Container Service や Google Kubernetes Engine を使ったコンテナベースのスケールしやすい構成も組みやすくなっています。

このパターンを採用すると、予測したいクライアントとの結合が疎になることから、学習に使うアルゴリズムや特徴量を変えた複数のモデルによる A/B テストを行う場合に、モデル間の比較がしやすいといったメリットもあります。

ただし、API サーバーと予測結果を利用するクライアントの間で通信が発生する分、予測のリクエストからレスポンスを得るまでのレイテンシーが大きくなることに注意してください。そのため、レイテンシーをより小さくしたい場合は、予測結果や特徴量などをキャッシュするといった工夫が必要でしょう。また、予測が重い処理の場合、HTTP や RPC などのリクエストを投げる部分を非同期処理にして、予測処理の結果を待つ間に他の処理を並行で進めるなどのアプローチもあります。リアルタイム予測でのレイテンシーの最小化については Google Cloud の記事[†5]がわかりやすくまとまっています。

このパターンの派生形として、特徴量の計算が重い場合は事前に特徴ベクトルを作成し RDB などにキャッシュするといった方法もあります。たとえば、EC サービスを提供する BASE では、商品の類似画像検索に近傍探索を用いており、類似画像のインデックス作成を事前に作成し、そのインデックスを基に API サーバーを提供しています[†6]。ただし、事前に特徴ベクトルを作成しキャッシュすることで、複雑性が増します。この問題点と解決のためのアプローチについては "Why We Need DevOps for ML Data"[†7]という記事に良くまとまっています。また、特徴量のキャッシュをするための仕組みの Feature Store については 6.3.3「学習、予測共通の処理のパイプライン化」でも紹介します。

---

†3 https://docs.bentoml.org/en/latest/
†4 https://www.cortex.dev/
†5 https://cloud.google.com/solutions/machine-learning/minimizing-predictive-serving-latency-in-machine-learning?hl=ja
†6 https://speakerdeck.com/bokeneko/aws-ml-at-loft-number-11-base-lei-si-shang-pin-apifalseli-ce
†7 https://www.tecton.ai/blog/devops-ml-data/

4.2.4　バッチ処理で学習、エッジのリアルタイム処理で予測する

　サーバーサイドでバッチ処理にて学習したモデルを使い、iOSやAndroidなどのスマートフォン上や、ブラウザのJavaScript、組み込み機器などのエッジ環境で予測するのがこのパターンです（**図4-5**）。このパターンでは、学習をする環境と予測をする環境が大きく異なり、予測を実行する環境の制約が強いことが特徴です。

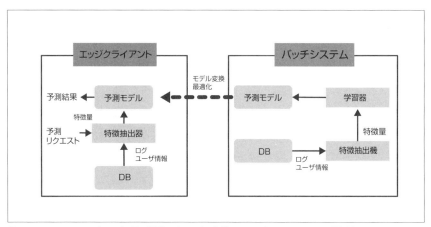

図4-5　パターン3: バッチ処理で学習したモデルを使いエッジクライアントで予測する

　このパターンの特徴は、以下の通りです。

● 学習したモデルをクライアントで利用できるサイズまで最適化をし、変換する
● クライアントで完結して予測を行えるので、予測時に通信のレイテンシーを省ける

　モバイルの予測について、TensorFlowはPythonのAPIも備えたフレームワークですが、TensorFlow Liteの形式にモデルを変換することでiOSやAndroidでも学習済みのモデルを使うことができます[†8]。またAppleは、iOS 11からCore MLと呼ばれるiOS向けのフレームワークを用意しています。特筆すべきは、scikit-learnやXGBoost、Kerasなどさまざまな機械学習フレームワークで学習したモデルをiOS向

[†8]　https://www.tensorflow.org/mobile/

けに変換できることです[†9]。これにより学習したモデルをiOS用に変換、量子化など
でモデルサイズの削減をし、深層学習用チップでの高速な予測が期待できます。

　IoT機器向けの予測でもTensorFlow Liteが使われるほか、さまざまなハードウェ
アアクセラレータや独自開発のチップを利用した高速な推論が取り組まれています。

　ブラウザでの予測にTensorFlow.js[†10]を用いることで、JavaScript上でモデルの転
移学習や予測が可能となります。また、昨今ではWebAssemblyを使った予測の高速
化も取り組まれています[†11][†12][†13]。

　ただ、どの環境での予測に関しても、モデルを変換しクライアントの環境へデプロ
イする仕組みを作る必要があり、モデルの管理や配信の難しさがつきまといます。

4.2.5　リアルタイム処理で学習をする

　4.2.1「混乱しやすい「バッチ処理」と「バッチ学習」」では、リアルタイム処理で
の学習はないと言いましたが、実は全くないわけではありません。リアルタイム処理
で学習が必要な場合とは、どのような場合でしょうか。

　バンディットアルゴリズムなど一部のアルゴリズムやリアルタイムレコメンドで
は、リアルタイム処理を使って即時にパラメータの更新が必要となる場合がありま
す。その場合、メッセージキューなどを使って入出力のデータをやりとりするなど構
成がより複雑になります。しかし分類や回帰などで、そこまで即時にモデルを更新す
る必要がある場合は多くないでしょう。

　もし、ある程度短い間隔でモデルを更新する必要がある場合は、1時間おきなど任
意のタイミングで蓄えたデータに対してバッチ処理で学習をし、最適化方針は追加学
習のできるミニバッチ学習を採用するという方法が良いでしょう。

4.2.6　各パターンのまとめ

　各パターンの特徴を**表4-1**にまとめます。

[†9]　https://coremltools.readme.io/docs 日本語のドキュメントは https://developer.apple.com/jp/docum
　　　entation/coreml/converting_trained_models_to_core_ml/ を参照。

[†10]　https://www.tensorflow.org/js?hl=ja

[†11]　https://blog.tensorflow.org/2020/03/introducing-webassembly-backend-for-tensorflow-js.html

[†12]　https://tkat0.github.io/posts/deploy-ml-as-wasm/

[†13]　https://vaaaaaanquish.hatenablog.com/entry/2020/12/26/120837

表4-1　システム構成のパターンのまとめ

パターン	一括学習＋DB	一括学習＋API	一括学習＋エッジ	リアルタイム
予測	バッチ	リクエスト時	リクエスト時	リクエスト時
予測結果の提供	共有DB経由	REST/gRPC API経由	プロセス内API経由	MQ経由
予測リクエストから結果までのレイテンシー	◎	○	◎	◎
新規データ取得から予測結果を渡すまでの時間	長	短	短	短
一件の予測処理にかけられる時間	長	短	短	短

　選択の際には、特にWebアプリケーションと独立した機械学習のライブラリが充実した言語での開発と、データ取得から予測結果を返すまでのサイクルの時間のトレードオフが重要になってきます。

　開発のスピードと処理速度のトレードオフを考え、適切なパターンを選んでください。

Pythonで学習したモデルをPython以外で利用する

豊富なアルゴリズムやユーザーの多さから、いまや古典的機械学習のデファクトスタンダードとなっているscikit-learnですが、scikit-learnで学習をしたモデルを別の言語で扱えるようにするという事例もあるようです。筆者が知る範囲では、SwiftやJavaScriptでモデルを扱えるようにしたという事例があります。

後者については実装した人に直接聞いたところ、Webアプリケーション側のコードがNode.jsだったため、決定木やロジスティック回帰といったアルゴリズムをNode.jsで再実装しているそうです[†14]。機械学習のライブラリを実装するのは普通のプログラミングよりバグの検証が困難で、なかなか厳しい道だと思います。

こうした問題を解決するため、PMML[†15]やONNX[†16]といった、言語やフレームワークをまたいでモデルをインポート／エクスポートするための規格もあります。特にONNXは深層学習のフレームワークのPyTorchを中心に利用されており、さまざまな方法で予測サーバーを立てられます[†17]。ただし、すべてのオペレータや機能がサポートされているわけではないので注意が必要です。

4.3 教師データを取得するためのログ設計

本節では、機械学習システムの教師データを取得するためのログの設計と、特徴量について説明します。

機械学習、特に教師あり学習を行う場合、Webサーバーのアプリケーションログや、どこをどうクリックしたかなどのユーザーの行動ログなどを集めて、そこから特徴量を抽出します。

---

† 14 https://www.slideshare.net/TokorotenNakayama/mlct
† 15 http://dmg.org/pmml/v4-3/GeneralStructure.html
† 16 https://onnx.ai
† 17 https://github.com/onnx/tutorials#serving

機械学習の入力となる教師データはシステムのログから作成するのが一般的です。

　ログには、DBなどのデータと異なりスキーマがない、記録してないデータを後から改めて取得するのが困難、といった特徴があり、システムに組み込むにあたってはさまざまなコツがあります。ログ設計は特徴量を決めるための重要なポイントです。たとえば、複数の自社で展開するWebサービスごとにユーザーIDが異なる場合、CookieなどにUUIDを仕込んでIDの名寄せを試みるといった方策を考える必要があります。しかし、UUIDを記録していなければユーザーIDもマッピングできないため、複数のサービスをまたいだ特徴量を得られません。特徴量エンジニアリング（Feature Engineering）という言葉があるように、特徴量を決めるには試行錯誤が必要なものですが、ログにない情報を作る工夫をするよりはログにあらかじめ仕込めるのであれば、そちらの方が簡単です。考えうる必要なログを取得するためにも、どういった情報が必要かを考えましょう。

　本節では、どこにあるどういった情報を利用し、教師データに活用するかについての概要を説明します。なお、具体的な教師データの詳細な収集方法は**5章**にて、本番環境での運用後のフィードバックループを考慮した評価に関しては**6.4.2**「定期的なテスト」にて説明します。

4.3.1　特徴量や教師データに使いうる情報

　特徴量や教師データに使えそうな情報としては、大きく以下の3つがあります。

- ユーザー情報
- コンテンツ情報
- ユーザー行動ログ

ユーザー情報は、ユーザーに登録してもらうときに設定してもらう、たとえば性別のようなユーザーの属性情報のことです。**コンテンツ情報**は、ブログサービスにおけるブログ記事や商品などのコンテンツ自身の情報です。これらは一般的には、MySQLを中心とした**OLTP**（Online Transaction Processing）向けのRDBMSに保持されています。**ユーザー行動ログ**は、ユーザーがどのページにアクセスしたか（アクセスログ）やユーザーが商品の購入などイベントを起こしたことのログです。特に

ユーザー行動ログは、広告のクリックイベントや商品の購買などコンバージョンに繋がる情報を持つことが多く、教師データになりやすいので、適切に収集できるようにしましょう。ユーザー行動ログはデータ量が多くなるので、オブジェクトストレージや分散RDBMS、Hadoop上のストレージなどに保存することが多いです。

4.3.2　ログを保持する場所

　ユーザー行動ログはデータ量が多くなるので、保存場所には気をつける必要があります。MySQLやPostgreSQLなどRDBMSに格納すると、後々全データの傾向を見たりして当たりをつけることが難しくなります。こうしたデータは、機械学習用途だけでなく、レポーティングやダッシュボードなど、集計処理を経て可視化されることも多くあります。機械学習の前に対話的な分析をすることを踏まえると、以下のようなデータの保持方法が考えられます。

1.　分散RDBMS、データウェアハウス（DWH）に格納する
2.　分散処理基盤Hadoopクラスターの HDFS に格納する
3.　クラウドのオブジェクトストレージに格納する

　これらの保持方法に共通しておすすめなのは、SQLでデータにアクセスできるようにすることです。都度データの前処理をすることなくSQLでデータにアクセスできるようにしておくと、他のプログラミング言語を書かなくてもさまざまな分析ができます。データの中の必要な情報を選別した上で転送をするといった操作が容易になるので、データの転送コストが下がります。近年では、Amazonの **Amazon Redshift** や Google の **Google BigQuery** などのフルマネージドなクラウド型の分散DBサービスが展開されており、いわゆるデータウェアハウスを手軽に用意できるようになりました。

　オンプレミスの制約が強い場合は、Apache Hadoop を用いた分散ファイルシステム **HDFS**（Hadoop Distributed File System）に格納するのも良いでしょう。**Apache Hive**、**Apache Impala**、**Presto** など Hadoop と組み合わせて動く SQLクエリエンジンを用いることで、SQLを使ったデータアクセスが容易になります。SQLと合わせて **Apache Spark** を用いた DataFrame API による手続き的な処理も選択肢となるでしょう。

　2つ目と似ていますが、クラウドストレージに直接格納するのも選択肢の1つです。その場合は、**AWS Glue** や Google Cloud の **Dataproc**、**Azure HDInsight** などマネージ

ドな分散処理サービスを使うことで、SQLやMapReduceだけでなくApache Spark を使った複雑な処理も可能です。特に近年では、Amazon S3のようなオブジェクトス トレージにデータを格納して、そこに対してImpalaやHive、PrestoやAWS Athena でクエリを直接実行するといったスタイルも増えてきました。しかし、こうした場合 でも最終的にはデータウェアハウスなどに格納してSQLでアクセスできるようにす るのが良いでしょう。生データのままでは探索的なデータ分析もままなりません。

これらのデータからSQLを使って集計処理などをした後、機械学習用のデータセッ トとして利用します。

既にWebアプリケーションを運用している場合、クラウドストレージや分散データ ベースにアクセスログなどのログデータを保管していると思います。下記のようなマ ネージドのクラウドサービスを利用することで、管理コストが低減されるでしょう。

- クラウドストレージ
  - Amazon S3
  - Google Cloud の Cloud Storage
  - Microsoft Azure BLOB Storage
- マネージドDWH・分散DB
  - Amazon Redshift
  - Google BigQuery
  - Treasure Data
  - Snowflake

こうしたログは、WebアプリケーションサーバーにFluentdやApache Flume、 Logstashといったログ収集ソフトウェアを入れて、保管先に転送します。また、最 近ではEmbulkのようなバッチでデータを転送するソフトウェアや、分散メッセー ジングシステムApache Kafkaを活用してスケーラブルなログ収集基盤を作ったり、 Google Cloud の Cloud Logging のようなマネージドなログ管理のサービスを使う、 というように選択肢が増えています。

4.3.3　ログを設計する上での注意点

機械学習を含んだシステムの開発を進めるとき、特徴量を抽出するためにほとんど の場合で試行錯誤を繰り返しており、最初から有効な特徴量を見つけるのは困難で す。つまり、必要そうなユーザー情報、コンテンツ情報についてはサービス設計時に

あらかじめ想定しておく必要があります。

　KPIの設計時にはできるだけ少ない指標にする方が良いのですが、機械学習に使える情報はできる限り多い方が望ましいのです。後から必要に応じて特徴選択のロジックを加えたり次元圧縮をしたりすることは可能ですが、保存していない情報を増やすのは困難です。たとえばあるユーザーが広告をクリックするかを予測する際に、性別や午前中／夕方に訪問した、掲出する広告のカテゴリなど、予測に関する情報の多様性を確保する必要があります。

　また、現在取得しているログで教師データを作れるか、という視点も必要です。実際にあった例としては「広告をクリックしたログ」は保存していたが「広告を表示したログ」はデータ量が多すぎるため破棄していた、ということがありました。この場合「広告が表示されたがクリックされなかった」というログが存在しないことになるため、教師データがうまく作れず、クリック予測が行えませんでした。

　このほかにも、マスターデータの変更履歴を保存していなかった、という事例もありました。商品の説明文と売れ行きの関係を調査してほしいという依頼があり、購買ログと商品マスターを受け取りました。しかし、商品の説明文の変更は、商品マスターを直接書き換えて運用しており、いつからいつまでどのような説明文で販売していたのか、という情報が欠落していました。そのため、十分な調査を行うことができませんでした。

　このように、システム開発・運用をする人と分析をする人が分かれていると、検証に必要なコンバージョンしなかったなどのネガティブなデータや、マスターデータの変更履歴など重要なデータを捨ててしまうことがあるので注意が必要です。

　もう1つ気をつけて欲しいのが、ログ形式の変化についてです。機械学習をするにはデータ量が多い方が満足のいく性能に達する可能性が上がります。長い期間のデータを集める上で、サービスの機能追加や仕様変更により、ログの形式が変化し取得する情報が変わる場合があります。この場合、いくつかの取りうる選択肢があります。

1. データ量を多く使いたいので古い特徴量のモデルを使い続ける
2. できる限り過去の特徴量を計算するバックフィルを行い、新しい特徴量のモデルを利用する
3. 1と2でそれぞれ学習したモデルをアンサンブルする

　精度的に良いモデルを得られる可能性が高まるのはアンサンブル学習をする方法ですが、その分複雑なモデルを管理する必要がでてきます。実際には、長期間のデータ

を使い続けると、過去のトレンドの変化も含んだモデルになり精度が伸び悩む場合もあります。ある程度の期間でウィンドウを切って学習することも検討してください。データ量が十分であれば、新しい特徴量のモデルに切り替えるという選択肢も選べるでしょう。いずれにせよ、実験をして比較するしかありません。

大規模データの転送コスト

大規模データの機械学習におけるもっとも大きなボトルネックは、データの転送時間です。筆者の経験では、1GB を超えたログの生データを一括でダウンロードしてオンメモリーで処理をするのは、やめた方が良いです。

scikit-learn を使った学習をする場合に、どうしても機械学習のバッチ処理を行うサーバーにデータを転送しなければならないのですが、その時間を抑えるためには、分散RDBMSを利用したデータウェアハウスにMySQLなどのOLTPサーバーのデータを同期し、できる限り分散RDBMS上でSQLを使って前処理できるようにするのが望ましいでしょう。

大規模なデータに対して、複雑な前処理を定期的に実行する必要がある場合は、たとえばAmazon S3 に置いたデータを AWS Glue で加工するなど、できる限りローカルマシンにダウンロードしない工夫をすることが必要です。

4.4　この章のまとめ

本章では、機械学習を情報システムに組み込むための設計と、ログ設計について説明しました。

一括学習をして得られたモデルから、予測結果をどのように呼び出すかによって4つのパターンがあります。

1. バッチ処理で学習 + 予測結果を Web アプリケーションで直接算出する（リアルタイム処理で予測）
2. バッチ処理で学習 + 予測結果を DB 経由で利用する（バッチ処理で予測）
3. バッチ処理で学習 + 予測結果を API 経由で利用する（リアルタイム処理で予測）
4. リアルタイム処理で学習

　ログ設計に合わせて特徴量や教師データをすることが重要になってきます。これらを考えるときは、できるだけ手戻りが少なくなるように設計しましょう。

　より詳細なアーキテクチャのパターンについては、メルカリの機械学習エンジニアによって書かれた「機械学習システム デザインパターン」[18]が参考になります。特に、アンチパターンは実際の失敗からの学びがまとめられているため、一読をおすすめします。

---

†18　https://mercari.github.io/ml-system-design-pattern/README_ja.html

5章
学習のためのリソースを収集する

　ビジネスにおける知見を得るためには教師なし学習を用いますが、分類や回帰など
の教師あり学習や推薦システムなどの性能を上げるためには、ラベル付きのデータや
コーパス、辞書などより多くの良質なリソースが必要です。本章では、教師あり学習
を行うために必要な、学習のためのリソースを収集する方法について解説します。

　本番環境で使うための機械学習の教師データとして世の中に公開されている既存の
データセットを使おうとしても、自分たちと問題設定が異なるなどの理由で不十分な
ことがほとんどです。この章では、少し泥臭いですが重要な教師データの作り方につ
いて学びます。

5.1　学習のためのリソースの取得方法

　教師あり学習に欠かせない教師データですが、そもそも教師データには何が含まれ
ているのでしょうか。教師あり学習の教師データに含まれる情報には、大きく以下の
2つがあります。

- 入力：アクセスログなどから抽出した特徴量
- 出力：分類ラベルや予測値

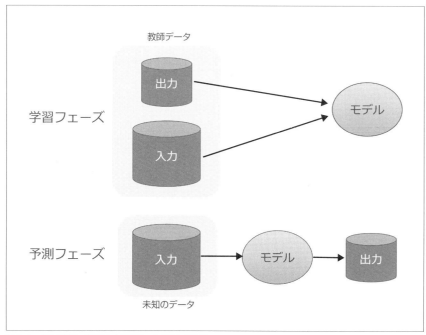

図5-1　機械学習（教師あり学習）の概要（再掲）

　特徴量についての試行錯誤については前章に書きましたが、ヒューリスティックに判断をして追加する形になります。出力のラベルや値は以下のような方法で付与できます。

- サービスの中にログ取得の仕組みを用意してそこから抽出する（完全に自動）
- コンテンツなどを人が見て付与する（人力で行う）
- 機械的に情報を付与して、人手で確認する（自動＋人力）

本章では、教師データを作るのは誰かという観点から説明を進めていきます。

- 公開されたデータセットやモデルを活用する
- 開発者自身が教師データを作る
- 同僚や友人などにデータ入力してもらう
- クラウドソーシングを活用する

- サービスに組み込み、ユーザーに入力してもらう

5.2 公開されたデータセットやモデルを活用する

既に世の中に存在する学習済みモデルや、コンペティション用に用意されたデータセットを使ってベースラインを学習し、それを転用していく手法です。本節ではこうしたリソースについての収集方法を説明します。

有名なところでは、UCI Machine Learning Repository[†1]や、機械学習コンペティションサイトのKaggle[†2]の各種コンペティションおよび一般の人が共有したデータセットがあります。画像認識の世界では一般物体認識用のImageNet[†3]などタグ付きの画像を公開しているところもあります。また、直接の学習用データではありませんが、深層学習用のライブラリでは事前学習済み pre-trained モデルを TensorFlow Hub[†4]や、PyTorch Hub[†5]などで公開しています。

日本語のテキストデータとしてよく使われるのが、Wikipediaのダンプデータや有償の新聞コーパスです。この方法の例としては、Wikipediaを形態素解析の辞書のリソースとして使ったハッカドール[†6]があります。Wikipediaのデータは Wiki-40B[†7]という前処理済みのデータが存在するのでそちらを使うのが手軽でしょう。

しかし、本節で紹介した方法には、いくつか気にするべき問題点があります。

- モデルやデータセットは商用利用可能なライセンスか？
- 学習済みモデルやデータセットを自分のドメイン（自分たちが運用するシステム・サービス）に適用できるか？

1つ目について、特にラベル付きのデータは大学などが科研費を使って作成していることが多く、ライセンスが研究目的に限定されていることがよくあります。これらのリソースのライセンスは多くの場合、ソフトウェアのOSSライセンスのように定型化されていません。そのためWebに公開しているリソースであっても、問い合わ

---

†1 http://archive.ics.uci.edu/ml/
†2 https://www.kaggle.com/
†3 http://www.image-net.org/
†4 https://tfhub.dev/
†5 https://pytorch.org/hub/
†6 https://www.slideshare.net/mosa_siru/ss-40136577
†7 https://www.tensorflow.org/datasets/catalog/wiki40b

せてみると商用利用できないといったケースもあります。モデルやデータセットが商用利用可能かどうかは必ず確認しましょう。また、リソースを利用して作成したモデルなどを再配布する際にも、元のリソースの制限を受ける場合があります。再配布をするしないにかかわらず、参照元が明確になるように管理するのが良いでしょう。

　2つ目については、配布されているデータのドメインが実際に使うものと違う場合は、何かしら自分のドメインに適用するための工夫が必要となることも多くあります。詳細は触れませんが、興味がある読者は**半教師あり学習**（Semi-Supervised Learning）や**転移学習**（Transfer Learning）［神嶌10］、**ファインチューニング**（Fine-tuning）[8]について調べると良いでしょう。特に、画像の物体認識を行うタスクでは、転移学習を用い、既存の学習モデルに自分の解きたい画像の正解データセットを追加することで、少ない追加コストで目的の画像を認識するモデルを学習できることが知られています。この転移学習のアプローチで、ドラマ "Silicon Valley" で使われたホットドッグ判定器も作られました[9]。

　また、最近では深層学習を用いた学習済みモデルを使いEmbeddingを行うというアプローチも増えており、BERTを使った分類モデルをファインチューニングして学習するといった方法もHuggingfaceのtransformers[10][11]などのOSSを使い簡単に実装できます。

　実務では既存のデータセットだけで解ける問題は限定的なので、続いて自分でデータセットを作る方法を考えてみましょう。

5.3　開発者自身が教師データを作る

　既存のリソースをあてにできないときは、最初に開発者が自ら教師データを作ります。特にどのデータを特徴量にするかが性能に直結することも多いので、自分の手を動かして教師データを作るのはとても重要なことです。

　はじめに、解きたい問題から分類をするべきなのか、回帰をするべきなのかを考えます。

　たとえば、ソーシャルブックマークサービスのカテゴリを予測する問題を考えてみ

---

[8]　https://keras.io/guides/transfer_learning/
[9]　https://aws.amazon.com/jp/blogs/startups/building-a-hotdog-detecting-app-on-aws-yes-really/
[10]　https://github.com/huggingface/transformers
[11]　https://huggingface.co/transformers/pretrained_models.html

ましょう[†12]。ソーシャルブックマークは、オンラインでお気に入りのWebサイトを共有できるサービスで、整理しやすくするためにカテゴリを自動付与しています。

まず「政治」「芸能」「テクノロジー」「生活」などのカテゴリと、その定義を決めます。この問題は、決まった数のカテゴリを予測する問題なので、分類問題ということになります。

試しに各カテゴリに所属するコンテンツを1000件程度ずつ収集して、人の手で分類します。「収集」と言っても色々な方法があると思いますが、たとえば既存のコンテンツがある場合、特定のキーワードが含まれるコンテンツを正解データとする方法があります。このように何かしらの基準でコンテンツを正解のカテゴリに分類していきます。これが最初の開発データ作りです。

なお、「1000件程度」と書いたのはあくまで目安です。実際にはもう少し少なくても解ける問題もありますが、ひとまず1カテゴリでこれくらいのデータ量があれば最初のステップとしては十分でしょう。

機械学習で解ける問題は、およそ人間が見てわかることがほとんどです。人間がどんな情報を使ってカテゴリを分けているのかということを、教師データを作成しながら注意深く洞察します。

データを眺めていると、人間が見ても曖昧なデータが存在することに気づくはずです。たとえば「アイドルが大臣と選挙応援のイベントを行った」という内容のニュース記事があったとすると、これは「芸能」にも「政治」にも入りそうです。この時、この分類問題は排他的なカテゴリの分類をするのか、それとも1つのコンテンツが複数のカテゴリに存在するのか、といったことを考えるでしょう。それに応じて採用すべきアルゴリズムや予測の方法が変わってきます。データを見る前に決めたカテゴリはそのままで良いのか、分類の定義を更新した方が良いのかどうかも考えて分類を進めます。

あわせて、データを見ながら人手で分類をしていると、たとえば「記事のタイトルに含まれる単語がカテゴリを分けるのに必要そうだぞ」というような重要な情報がわかってきます。「必要そう」と思った情報を特徴量に含めると、性能が改善することがあります。こうした「何が重要か」といったものがいわゆる「ドメイン知識」と呼ばれ、良いラベルを作成し高い精度のモデルを学習するためにも重要になります。

こうしてブラッシュアップしながら、すべてのデータに対してカテゴリを付与する

[†12] https://ja.wikipedia.org/wiki/%E3%82%BD%E3%83%BC%E3%82%B7%E3%83%A3%E3%83%AB%E3%83%96%E3%83%83%E3%82%AF%E3%83%9E%E3%83%BC%E3%82%AF

頃には、他の人にも説明できるような分類の定義ができあがっているはずです。できあがった基準や分類に困ったコンテンツについては、判断基準と実例を残しておくと良いでしょう。ソースコードと同じで、一ヶ月後の自分は他人だと思って、言葉で説明できる基準を整理します。

この方法は、学習のためのデータセット作りの第一歩としては良いですが、カテゴリを付与したいコンテンツの量が増えたりすると、たちまち行き詰まるようになります。また一人の感覚で分類をしていると、思い込みによる偏りが発生し、ユーザーの感覚とズレが生じてしまうことも多くあります。

では次に、これらの問題を解決するために、一人では取り組まない方法を考えてみましょう。

5.4　同僚や友人などにデータ入力してもらう

多くのデータが必要になった場合の解決法にはいくつかありますが、そのうち一番取り組みやすいのが同僚や友人などに協力を募る方法です。もちろん、外注に依頼する場合もありますが、おそらく予算を使わずにできる方法が最初に取り組みやすいでしょう。

もっともシンプルな方法として、スプレッドシートに判断対象のデータを列挙してラベルを付与してもらう方法があります。Google スプレッドシートなどブラウザで共有できるアプリケーションであれば、簡単に取り組めて作業の重複も起こりにくいので最初の一歩には向いているでしょう。

もちろん、可能であればラベル付与を支援するツールを作成し、作業してもらうのが理想です。作業の重複や作業者同士の干渉といった問題を気にする必要が少なくなります。そもそも、画像の領域選択などスプレッドシートだけでは完結できない問題の場合は、はじめからアノテーションツールを作るか、既にある専用のツールを利用するしかありません。

複数名に作業を依頼する場合は、事前にデータの内容を言葉で表現できるようにしておき、作業内容や判断基準についてきちんと説明しておくことが重要です。これは、一人で作業しているときには自分の中に暗黙の基準があるはずですが、複数人で作業する際に自分の基準を人に期待しても、たいていの場合でその基準がぶれてしまうからです。特に分類問題は、できる限り対象をクリアに表現するデータを用意することが質の高いデータの獲得に重要であるため、暗黙の基準を文書化しておくことが望ましいでしょう。

　複数名で作業をするときに、同一のデータに対して複数名に正解を付与してもらうことも重要です。正解ラベルの方向性が揃うように基準を用意しても、人によって判断がぶれてしまう課題もあります。たとえば「人間の声色だけで喜怒哀楽を判断する」といったように、そもそも人間でも判断の難しい課題が存在するからです。複数名で作業をするときには、付与された正解データが作業者間でどれくらい一致しているかを把握することも重要です。単純に作業者間の一致率を見ることで、課題の難易度も把握できます。人間同士でも5割一致しないタスクは、そのデータを使って機械学習をしても解けない可能性が非常に高いです。また、偶然に一致する可能性を考慮した基準である**κ係数**（カッパ係数、Kappa Coefficient）を使って課題の難易度を判断することもあります。

　複数人で作業をするときには、他の作業者の正解データを見せないようにする必要があります。作業者同士が互いの作成したデータを見てしまうと、それがバイアスとなって偏ったモデルが学習されてしまう恐れがあるからです。

5.5　クラウドソーシングを活用する

　データの量を集めるために使う別の方法として、**クラウドソーシング**（Crowd Sourcing）を使う方法があります。日本でクラウドソーシングと聞くと、一昔前まではランサーズ[†13]やクラウドワークスなど[†14]でよく目にするコンペ型の作業を思い浮かべる方が多かったかもしれません。クラウドソーシングにはコンペ型以外にも、Amazon Mechanical Turk[†15]やYahoo!クラウドソーシング[†16]などに見られるマイクロタスク型と呼ばれる、データ入力など短時間でできる単純な作業を依頼する形態があります。マイクロタスク型の特徴は、多数の一般の人が集まり作業をしてくれるという点であり、ここがコンペ型との大きな違いです。

　特に機械学習の教師データ作成と、マイクロタスクとしてのクラウドソーシングはとても相性が良く、クラウドソーシングと機械学習の研究も国内外にたくさんあります。また、企業でクラウドソーシングを使って教師データを付与するケースも増えてきています。

[†13]　https://www.lancers.jp/
[†14]　https://crowdworks.jp/
[†15]　https://www.mturk.com/mturk/welcome
[†16]　https://crowdsourcing.yahoo.co.jp/

　これらに加えて、昨今ではGoogle Cloud AI Platfrom Data Labeling Service[†17]や
Amazon SageMaker Ground Truth[†18]のように、機械学習のクラウドサービスの一
部としてラベルの付与をクラウドソースできるものもあります。

　クラウドソーシングを使ったデータ作成のメリットには以下のようなものがあり
ます。

- 専門の作業者を雇うより作業がとても速く、金額も専門家への依頼より比較的
  安い
- 作業が速く終わるため、試行錯誤しやすい
- 作業コストが低いことから、複数人に同一タスクを依頼するなど冗長性を持っ
  たデータ作成が可能

　特に、少量の適切な難易度の課題であれば1、2時間程度で終わることも多く、より
良いデータが獲得できる方法について試行錯誤を繰り返せるのが魅力です。

　一方で、以下のような注意すべき点があります。

- 作業者が短時間で解けるようにする必要があり、タスクの設計が難しい
- 高い専門性が求められる作業は、手順の分割、詳細化などが必要
- 作業結果の質を担保するために、結果を利用する際の工夫が必要

　特に結果の質を担保するために、その部分での試行錯誤やノウハウが必要になりま
す。同じタスクを複数人に出して多数決を取るなど冗長性をもたせたタスク設計にし
たり、事前に練習問題を解いてもらったりアンケートをするなどして作業者をスク
リーニングするといった工夫をすれば、質を担保したまま大量のデータを手に入れら
れるでしょう。

　また、そもそもすべてのデータをチェックすることが不可能なので、データを得た
後に質をどう評価するかについてもあらかじめ考えておく必要があります。たとえば
分類用のデータの場合、「カテゴリごとにサンプリングをして適切なカテゴリが付与
されているかをチェックする」というように、少量のサンプルに対してチェックをす
る方法がよく取られます。

---

†17　https://cloud.google.com/ai-platform/data-labeling/docs
†18　https://aws.amazon.com/jp/sagemaker/groundtruth/

5.6　サービスに組み込み、ユーザーに入力してもらう

　教師データの収集を、必ずしも自分たちで行う必要はありません。正解データをサービスのユーザーに付与してもらうこともあります。この方法は、広い意味ではクラウドソーシングの1つと言えなくもないですが、自社サービスを展開している場合に、サービスをよく知っているユーザーに協力してもらえるのは大きな魅力です。

　BtoCのサービスの場合に取り組みやすい方法としては、たとえば直接的に簡単なアンケートを取る、コンテンツのタグをユーザーに付与してもらう、コンテンツのカテゴリを申請してもらう、検索結果や推薦結果の中の不適切なコンテンツを報告してもらうなど、データ収集の仕組みをサービスの中に埋め込んでしまう方法があります。ある程度の規模のユーザーがいることが前提になってしまいますが、その行為が何かしらのユーザーメリットがあるようにインセンティブを設計し、得られたデータを正解データとして利用します。この方法の例としては、たとえば人間かどうかを判別するために画像中の文字を読ませるreCAPTCHA[19]があります。また、Amazonでは古くから検索結果のフィードバックをユーザーから報告してもらうフォームを設置し、積極的にユーザーのフィードバックを活用しています。

　このような仕組みが作れると、新規コンテンツに対しても継続的に正解データを増やし続けられるようになるため、変化に追従しやすくなるといった副次的なメリットもあります。

5.7　この章のまとめ

　本章では、教師あり学習のための学習リソースを収集する方法について説明をしました。具体的には、公開されたデータセットやモデルを活用する、開発者自身が教師データを作る、同僚や友人などにデータを入力してもらう、クラウドソーシングを活用する、サービスに組み込みユーザーに入力してもらうといった5つの方法について説明をしました。

　十分な量の良質なデータの収集が、機械学習にとって重要なポイントになります。プロジェクトに適切な方法を採用しましょう。

---

†19　https://ja.wikipedia.org/wiki/ReCAPTCHA

## 6章

継続的トレーニングを
するための機械学習基盤

　4章では、機械学習をシステムに組み込む方法についての基本的な設計方針を学び
ました。本章では、さらに長期的にシステムを運用するためにはどのようなポイント
を抑えて機械学習基盤を構築していけば良いのかを説明します。

6.1　機械学習システム特有の難しさ

　1.3「実システムにおける機械学習の問題点への対処方法」でも実システムにおける
機械学習の問題点を書きましたが、大きな機械学習システムには、従来のソフトウェ
アシステムではあまり問題視されることがなかった課題があります。ここでは、従来
のソフトウェアシステムと比較をした機械学習システムの課題を明らかにしきましょ
う。具体的には、次の3つが大きな機械学習システム特有の課題だといえます。

1. データサイエンティスト vs ソフトウェアエンジニア
2. 同一の予測結果を得る難しさ
3. 継続的トレーニングとサービングの必要性

6.1.1　データサイエンティスト vs ソフトウェアエンジニア

　図6-1に、機械学習の予測モデル開発の典型的なワークフローの例を示します。

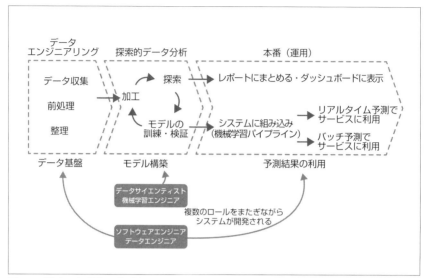

図6-1　予測モデル開発の典型的なワークフロー

　図6-1の流れを要約すると、まずデータ基盤へのデータ収集があり、必要なデータの加工や可視化などの探索的データ分析（EDA、Exploratory Data Analysis）を実施し、学習したモデルまたは予測結果を本番環境へとデプロイしています。

　このワークフローにおいて、いわゆるデータサイエンティストや機械学習エンジニアと呼ばれる人々は、真ん中の探索的なモデル開発の部分を担当することになります。一方、最初および最後の部分の開発や運用を担当することになるのは、ソフトウェアエンジニアやデータエンジニアと呼ばれる人々です。つまり、この図に代表される機械学習のワークフローには、複数のロールにまたがってシステム開発を進めることが多いという特徴があります。

　このような特徴を持つ機械学習のワークフローでは、データサイエンティストなどと呼ばれる人々とソフトウェアエンジニアなどと呼ばれる人々との間で、共同作業が必要となります。しかし、ここで大きな問題が1つあります。それは、データサイエンティストと呼ばれる人々の多くがアナリストや研究者出身であり、多くの場合、ソフトウェア開発に関する知識や経験は比較的少ないという点です。データサイエンティストの多くはPythonやRなどのスクリプト言語を好み、Gitによるバージョン管理やユニットテストを書いたことがないという人も少なくありません。これは、筆者が見聞きする限り、日本国内だけでなく海外でもその傾向が強いです。つまり機械学

習の予測モデル開発のプロセスにおいて、ソフトウェアエンジニアと呼ばれる人々は、ソフトウェア開発者であれば備えているであろう基本的なスキルセットを持たず、メンタルモデルが異なる人々と共同で作業をしなければならないのです。

データサイエンティストと呼ばれる人々は多くの場合、分析結果から導き出される次のアクションや、精度の良い予測モデルによる売上改善などが主たる KPI としています。そのため、使い慣れている道具を自由に使い最短で結果を出すこと、すなわち速いイテレーションで実験を試行錯誤することを重要視する反面、メンテナンス性や再利用性の高いコードを書くことに対する優先順位は下がってしまいます。

一方、ソフトウェアエンジニアと呼ばれる人々にとっては、システムが本番環境での運用開発を見据えたものであることが重要となります。そのため、データサイエンティストが作った予測モデルから安定的に予測結果をサービングし、システムを壊さないようにすることが重視されます。機械学習の開発フローではモデルなど生成される中間データが多く、こうしたものを安全にデプロイし続けるためには複雑なパイプラインの管理や学習されたモデルの検証などが必要です。そもそも、一度作った予測モデルが 100% の精度で安定的に予測結果を返すことはあり得ません。そのため、システムにはどうしても人の介在が必要になります。ソフトウェアエンジニアには、プラットフォーム上で動く予測モデルの挙動を人が確認してモニタリングしやすいような設計を実現することも求められるでしょう。

このように、スクリプト言語などオーバーラップする領域はあるものの、それぞれが指向する方向の異なる専門家同士のチームを作り、まとめていくことが、機械学習システムを実現する上で難しいポイントの1つです。

6.1.2 同一の予測結果を得る難しさ

機械学習システムには、扱う対象が予測モデルであることに起因する困難もあります。すなわち、機械学習システムでは、ある1つの実験結果を決定的に再現し続けるのは難しいことなのです。機械学習の予測モデルのふるまいは、与えられたデータに依存して決まります。そして、そのデータ自身は変化しうるのです。そのため機械学習システムでは、何かを少しでも（良い方向にでも悪い方向にでも）変更すると、システム全体のふるまいが変わってしまうという特性が知られています。この特性は、CACE（Change Anything, Change Everything）の原則と呼ばれることもあります。

機械学習システムにおいて、予測時に学習時と同一のふるまいを得ることには、具体的には次のような困難があります。

- ユーザー情報のようなマスターデータが変化するなど、大規模データにおいて過去のある時点でのデータを常に同一の形で用意することが難しい
- 異なる実行環境で、ライブラリやそのバージョン、ハードウェアなどの依存関係を再現するのが難しい
- 実験時と本番環境でのパイプラインに使われる言語やコードが異なる
- 入力データの分布や仮定が、学習時と本番環境とで異なる

上記に加えて、以下のような点から、学習モデルを再度獲得するのが困難な場合もあります。

- ハイパーパラメータなどの設定が記録に残されていない
- 学習にかかる時間やコストがとても大きく、経済的な理由で再実験が難しい。Jupyter Notebook の登場により、近年では以前に比べると同一実験を再現しやすくはなってきているが、同一のデータを用意することや、ライブラリの依存関係や環境を再現するのが難しく、大幅な手直しをしなければ最新の環境で再実験できない場合も少なくない

これらは、予測モデルの開発というプロセスが実験的な性質を強く持つため、開発したコードとそこから得られたモデル、そして予測結果を再現すること自体が、ソースコードを共有すれば容易に得られる普通のソフトウェア開発と比べても難しいことが明らかです。

6.1.3　継続的トレーニングとサービングの必要性

機械学習の予測モデルは、入力データによりふるまいが決まります。学習済みのモデルを使い続けるということは、暗黙のうちに以下の仮定を置いているということでもあります。

- 入力データの分布は学習時と予測時とで大きく変わらない
- 入力データの使える特徴量も学習時と予測時とで一致し、しかも十分にある

長期的に利用する機械学習システムでは、これらの仮定が満たされないことも珍しくありません。そのため、定期的に新しいデータを用いて予測モデルを更新する必要があります。

　たとえば、連続値を予測する回帰モデルでは、過去に得られた情報から電力消費量やアクセス数、売上などの値を予測します。しかし、米国における年末商戦の開始日であった「ブラックフライデー」が日本でも意識されるようになったように、前年まで存在しなかった新しい商習慣が登場する場合もあります。こうなると前年までのモデルで正確に予測するのは難しくなります。他にも、COVID-19により人々の行動様式が大きく変化してしまい、それまでに学習した予測モデルが変化に追従できず予測が役に立たなくなったなど、同様の話は枚挙にいとまがありません。

　予測モデルの更新にあたっては、新しいデータを用意するだけでは十分ではありません。データが大規模になるとスクラッチからの予測モデルの学習に非常に時間がかかってしまうため、計算時間を低減する取り組みも必要となってきます。

　長期的にシステムを維持するためには、自動的にモデルを再学習して提供する予測モデルの**継続的トレーニング**（**Contiunous Training**）が重要だと言えるでしょう。

6.2　継続的トレーニングとML Ops

　では、どうすれば継続的トレーニングを実現する機械学習システムが実現できるでしょうか。予測だけではなく学習を続ける仕組み、そしてそれを支える機械学習基盤が必要になってきます。

　機械学習基盤というと、たとえば分散学習のためのGPUクラスターのようなものを思い浮かべる人もいるでしょう。しかし、それだけで継続的トレーニングを実現するのは困難です。では、継続的トレーニングを実現するためには、どういった基盤が必要なのでしょうか。

6.2.1　リリースのアジリティを上げるための機械学習基盤

　Jupyter Notebookで学習したモデルを高頻度で本番環境にデプロイするのは、データサイエンティストにとっては非常に困難です。試行錯誤をした結果得られた高精度な学習済みのモデルを、本番環境で実際に使えるようにしなければ、ビジネス的な価値を出すのは難しいでしょう。

　データサイエンティストにも本番環境に学習済みモデルを容易にデプロイできるような仕組みを用意することで、高速に試行錯誤する実験のサイクルに本番環境でのリリースのサイクルを近づけ、投資した機械学習システムを腐らせずビジネス価値を継続的にアウトプットできるのです。

6.2.2　ML Ops：機械学習基盤におけるCI/CD/CTを目指す取り組み

DevOpsという開発（Dev）と運用（Ops）を融合していく取り組みになぞらえて、ML Opsという単語が生まれました。DevOpsは開発部門と運用部門が自動テストやコードでインフラを管理するなどの自動化を進め部門を超えて協力・融合していく取り組みです。ML Opsの定義自体は色々と揺れている単語ですが[1]、ここではGoogleの記事[2]に書かれた定義がわかりやすいため引用します。

> MLOpsは、MLシステム開発（Dev）とMLシステム運用（Ops）の統合を目的とするMLエンジニアリングの文化と手法です。MLOpsを実践すると、統合、テスト、リリース、デプロイ、インフラストラクチャ管理など、MLシステム構築のすべてのステップで自動化とモニタリングを推進できます。

つまり、ML OpsとはDevOpsで行う

- ソース管理、単体テスト、統合テストの継続的インテグレーション（CI）
- ソフトウェアモジュールまたはパッケージの継続的デリバリー（CD）

に加えて、前述した

- モデルの継続的トレーニング（CT）

を行うための取り組みと言えます。

6.3　機械学習基盤のステップ

残念ながら、どの組織にも当てはまる万能の機械学習基盤のようなものはありません。これは、データサイエンティストや研究者とソフトウェアエンジニアなどがどのような組織体制でチームを作っているかという組織境界や、チームの採用し

---

[1]　この定義の揺れが採用の際に混乱を招きがちです。応募をする際は、ジョブディスクリプションをよく読みましょう。

[2]　https://cloud.google.com/solutions/machine-learning/mlops-continuous-delivery-and-automation-pipelines-in-machine-learning

ている技術的なスタックやクラウド／オンプレミスなどの環境、メンバーのスキルセットでも選ぶことができるデザインが変わってきます。本書でもML Opsの整理にはGoogleの記事を参考にしている部分は大きいですが、Googleの記事にもまた「Google Cloudで基盤を構築する」という大きな制約があります。複雑性をどこに押し込めるのかという意味でも、組織の数だけ機械学習基盤が存在するでしょう。

継続的トレーニングを可能な状態にするために、データサイエンティストや機械学習エンジニア、ソフトウェアエンジニアなど多くのステークホルダーが協力しながら進められる基盤を作っていくにはどうしたら良いだろうか、という観点から機械学習基盤を段階的に整えていく手順について説明していきます。

ここでは、Google CloudのML Opsのレベル別の構成[†2]を参考に、シンプルにした機械学習基盤のステップ別のコンポーネントを以下のようにまとめました。

1. 共通の実験環境
2. 予測結果のサービング
3. 学習、予測共通の処理のパイプライン化
4. モデルの継続的トレーニング・デプロイ

本節では、機械学習基盤のステップと書いていますが、必ずしもこの順番で進める必要はなく、「こういった共通コンポーネントが取りうる」というポイントを中心に読んでいただければと思います。

6.3.1 共通の実験環境

試行錯誤のアジリティを上げて生産性を向上させるために重要なのが、共通の実験環境の整備です。機械学習をチームで取り組むときに大規模データ処理基盤があれば十分という話ではありません。なぜなら機械学習プロジェクトはドメイン知識のモデルに対する知識、コーディングスキルの違いなどで属人性が高くなりがちで、退職などで人の入れ替わりやチームの統廃合などが起こったときに、通常のソフトウェアプロジェクトよりも引き継ぎが難しいからです。

たとえば、こういった問題に直面することがあるでしょう。

- Pythonパッケージのバージョンなど、実験環境を再現する方法が共有されていない
- ソースコードを読み解くのが難しく、コラボレーションが起こりにくかった

り、後から読み解けない
- 学習時のデータのスナップショットが存在せず、同じモデルを再度学習できない

こうした問題が続いて、引き継ぎなどを経ることで実験環境や予測結果を再現できなくなったために、プロジェクトごと潰されてしまったというケースもあります。

学習時のデータのスナップショットの問題は少しハードルが高いのですが、こうした問題にアプローチするために、まずは以下のような取り組みをすると良いでしょう。

- 共通の実験用Dockerなどのイメージを作成し、バージョニングをして実験環境を再現しやすくする
- 共用のJupyterLabやクラウドサービスがホストするJupyter環境を利用して、実験の内容を共有、再実行による確認やレビューをしやすくする
- MLflow[†3]などの実験管理のためのツールを活用して、同じモデルを学習するための情報や実験結果の共有をしやすくする

共通のDockerなどのコンテナイメージの作成は、シンプルですが非常に効果的です。実験時に利用したDockerイメージとそのタグがあれば、再度学習することのハードルはぐっと下がります。もちろん、GPUやTPUなどを分散して学習するなどの基盤がある場合はDockerイメージだけでは難しいですが、少なくともPythonパッケージのバージョンやPythonのバージョンなどを揃えることで、用意した実験のコードを再度実行するのは簡単になります。もしデータサイエンティストにとって、Dockerなどのイメージを作成するハードルが高いという場合は、cookiecutter[†4]やcookiecutter-docker-science[†5]というツールを使いDockerイメージ作成のテンプレートを作成するのが良いでしょう。

JupyterLab[†6]はJupyter Notebookの次世代のインターフェースで、さまざまなプラグインを利用することでdiffの表示やGitとの連携をしやすくしたりすることもできます。個人のラップトップなどの環境でJupyter Notebookを利用するのも良いですが、ノートブックを共有しやすい状況にするのがコラボレーションを生むために

---

†3　https://github.com/mlflow/mlflow
†4　https://github.com/cookiecutter/cookiecutter
†5　https://github.com/docker-science/cookiecutter-docker-science
†6　https://jupyterlab.readthedocs.io/en/latest/

も良いでしょう。JupyterLab のクラウド上のホストされたサービスとして Amazon
SageMaker[†7]や Google Cloud AI Platform Notebooks[†8]を使うことでこうした共
有はより簡単に実現できるでしょう。

　ノートブックの共有ができるようになったら、実験自体の管理や共有をしやすくす
るための仕組みも導入するのが良いでしょう。実験管理ツールを使うと、実験のコー
ドにパラメータやメトリクス、モデルファイルなどのアーティファクトを送信する
コードを追加するだけで、GUI などで実験結果を可視化できるようになります。さま
ざまな AI スタートアップが実験管理のための OSS を開発していますが、2021 年 2 月
の時点では Apache Spark の開発で知られる Databricks 社が開発している MLflow の
人気が高いです。ノートブックでは過去の実験結果を上書きしてしまいがちですが、
Excel などで自前管理するのではなくこうしたツールを使うことで、より実験の再現
性を高めコラボレーションをしやすくなります（**図6-2**、**図6-3**）。また、合わせて
Hydra[†9]を使うなどして各種パラメータを設定ファイルとして管理しておくと、より
再現しやすくなるでしょう。Hydra のような設定管理を容易にするツールを使うこと
で、実験を重ねていくに従って学習時のコマンドのパラメータ数が肥大化し、管理が
難しくなる問題を緩和します。

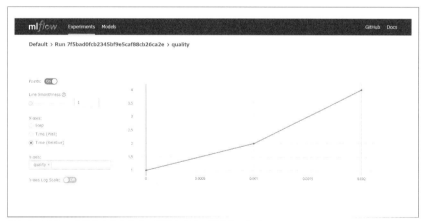

図6-2　MLflow を使うと精度などの指標を容易に可視化できる

†7　https://aws.amazon.com/jp/sagemaker/

†8　https://cloud.google.com/ai-platform/notebooks/docs?hl=ja

†9　https://hydra.cc/

図6-3　MLflowを使ってパラメータ探索を可視化した様子

　共通の実験環境を用意することは、再現性やコラボレーションを通じて生産性を高めるだけでなく、プロジェクトの属人性を下げる効果が期待できます。

6.3.2　予測結果のサービング

　予測結果のサービングは、学習した予測モデルを本番環境にデプロイし、予測APIサーバーで結果を返す取り組みです。データサイエンティストにとっては本番環境へのデプロイと予測APIサーバーを実装する部分がボトルネックになりがちなポイントです。素朴な方法としては学習したモデルに対してflaskなどで簡単なWebアプリケーションを書くことで実現できます。しかし、アプリケーションサーバーのパフォーマンスを気にしたり、メンテナンスしやすい形でアプリケーションを書く、安定的に運用するなどということは、通常データサイエンティストの興味や責務の範囲からは外れます。

　そこで、データサイエンティストが得意な部分に集中できるよう、アドホックな予測サーバーをそのつど書くのではなく、簡単に予測結果をサービングするための仕組

みを用意しましょう。チーム内でサービングのための方法を標準化し本番環境へのデプロイをしやすくすることで、データサイエンティストが自分でアプリケーションサーバーを書いたり他のメンバーに依頼したりすることなく、最新のモデルにもとづいた予測結果をサービングできるようにします。

　クラウドサービスを利用するのであればGoogle Cloud AI Platform Prediction[†10]やAmazon SageMakerのホスティングサービス[†11]を使ったり、OSSを使い自前で用意する場合は特定のフレームワークに特化したサービングであればTensorFlow Serving[†12]やTorchServe[†13]、複数のフレームワークに対応したサービングであればSeldon Core[†14]やBentoML[†15]、Cortex[†16]を利用するのも良いでしょう。

　また、このタイミングでモデルのバージョン管理もすることをおすすめします。モデルのバージョンを管理することで、間違えたモデルをデプロイしてしまった場合の切り戻しを容易にしますし、障害時の問題の切り分けもしやすくなります。MLflow Model Registryを使ったり、Amazon SageMakerやGoogle Cloud AI Platform Predictionのモデル管理機能を利用することで、モデルのバージョン管理と予測結果のサービングとの連携がしやすくなります。

　このとき、合わせて基本的なウェブアプリケーションとしての監視も入れておきましょう。監視するメトリクスについては6.4節で後述します。

　こうした仕組みを用意することで、予測APIに適用するモデルの更新のイテレーションを増やしながら、安定した運用を進められるようになります。

組織の切れ目がAPIの切れ目？

　研究開発を行う組織が別の会社の場合に「研究開発部門の作ったソフトウェアは資産計上しないので捨てる」という話を聞いたことがあります。これは、学習したモデルや予測のコードがPoCとして作ったソフトウェアなので商用利用することができず破棄し、事業部門は仕様書などのノウハウも元にゼロから開発をするという話でした。

---

†10　https://cloud.google.com/ai-platform/prediction/docs?hl=ja
†11　https://docs.aws.amazon.com/sagemaker/latest/dg/how-it-works-deployment.html
†12　https://www.tensorflow.org/tfx/guide/serving
†13　https://github.com/pytorch/serve
†14　https://github.com/SeldonIO/seldon-core
†15　https://docs.bentoml.org/en/latest/
†16　https://www.cortex.dev/

　このように、機械学習基盤は組織の構造や場合によっては税制の制約を受けて、どのようなアーキテクチャに設計するかが大きく変わってきます。しかし、このようなケースの場合、直接的な開発ができないとはいえ研究開発部門が予測APIを提供するのは長期的な運用も要求されるためなかなか難しいでしょう。組織の都合を基盤のどこで吸収するかは悩ましい問題です。

6.3.3　学習、予測共通の処理のパイプライン化

　素朴な学習の処理として、学習のタスクを前処理とともに1タスクとして実行するという方法がまず考えられます。特にJupyter Notebookで実装している場合は、こうした方法の方が簡単に記述できるでしょう。また、長時間かかる重めの学習も、Google Cloud AI Platform Trainingなどを使うことで、処理をすることはできます。

　一方で、前処理など共通処理の再利用性を考えたときには、この方法ではいくつかの問題が発生します。たとえば、学習と予測のときの前処理が異なることで予測結果が意図しないものになってしまったり、前処理が何かしらの問題により途中で失敗した場合、全体の処理がやり直しになってしまいます。前処理や学習に長時間かかる場合に0からのやり直しは大きな痛手となります。また、1つのノートブックにまとめられたコードは、さまざまな処理が密結合をして見通しが悪くなりがちです。タスクが複雑な依存関係を持つとき、それを自前で管理するのはとても困難になります。そのためにメンテナンスコストはあがり、改善のイテレーションが回しにくくなります。

　こうした問題に対するアプローチの1つとして、前処理など共通の処理を分割し、ワークフローエンジンを活用して処理するという方法があります。ワークフローエンジンを使うことで、共通なタスクの適切な分割とタスクの依存関係の管理がしやすくなり、失敗した処理からのやり直しや過去の日付の計算していない特徴量などのデータを埋めるバックフィルも容易になります。

　ワークフローエンジンはApache Airflow[17]やPrefect[18]といった汎用のものを利用しても良いですし、Google Cloud ComposerやWorkflows、Amazon Managed Workflows for Apache Airflowなどクラウドサービスが提供しているものでも良い

---

[17]　https://airflow.apache.org/
[18]　https://www.prefect.io/

でしょう。また、機械学習向けに作られたものとして、Metaflow[†19]や Kubeflow
Pipelines[†20]、Kedro[†21]などさまざまなあります。

　前処理の共通化という意味では **Feature Store** というコンポーネントもあります。
Feature Store は特徴量を事前計算して中央に集約することで、キャッシュを活用し
て予測の際の前処理のレイテンシーを抑えたり、ストリーミング処理でも共通の前処
理をしやすくしたりするものです。クラウドサービスとしては Amazon SageMaker
Feature Store や OSS の Feast[†22]、Hopsworks[†23]などもありますが、2021年2月の
時点では特定のクラウドサービスや Spark などに依存するなど既存の仕組みをそのま
まに導入できるものではなく、これから発展するコンポーネントだと言えます。複数
のチームにまたがって特徴量を再利用したり、特徴量の計算がストリーミング処理の
中でも必要ということでもなければ、計算した特徴量を分析 DB や KVS などに事前計
算してキャッシュするといったシンプルに始める方が良いでしょう。

Feature Store について、詳しくはこちらの記事がわかりやすいでしょう。
https://www.tecton.ai/blog/what-is-a-feature-store/

ワークフローの自動テストはどうするのが良いのか

　機械学習の処理をする際、複雑なワークフローで前処理するタスクを組むこと
も多いと思います。こうしたワークフローを本番環境で実行する前にミスに気
づくためにはどうするのが良いでしょうか？ 前処理の際に外部のデータストア
にある大規模なデータを、SQL や Spark などで処理をすることもあるでしょう。
Airflow や Prefect などの Python でワークフローを書くことができるエンジンで
は、pytest などを使いユニットテストを書くことができると思いますが、データ
の規模が大きくて処理が長時間かかってしまったり、予期せぬ文字列でエラーを

---

†19　https://github.com/Netflix/metaflow
†20　https://www.kubeflow.org/docs/pipelines/overview/pipelines-overview/
†21　https://github.com/quantumblacklabs/kedro
†22　https://github.com/feast-dev/feast
†23　https://github.com/logicalclocks/hopsworks

起こすなど実データでしか起こらない問題もあると思います[†24]。

　タスクの入出力のユニットテストやS3などに置かれたモデルファイルなどのアーティファクトの検証を自動テストする、BigQueryにおけるASSERT文[†25]を利用するなど、地道な方法で自動テストを積み重ねていくしか今のところはなさそうです。

6.3.4　モデルの継続的学習・デプロイ

　ここまでの仕組みに加えて学習したモデルや特徴量計算のパイプライン、予測APIサーバーのCI/CDの仕組みを作り、継続的トレーニングを実現します。新しいモデルの再学習とデプロイを自動化するために、以下のような取り組みをすることとなります。

- 特徴量エンジニアリングのロジックのユニットテスト
- 学習時の損失が収束するテスト
- パイプラインがモデルなどのアーティファクトを生成するテスト
- 予測の秒間クエリ数
- 予測の精度がしきい値を超えているかの確認
- ステージング環境への Pull Request のマージなどをトリガーとしたモデルなどのデプロイ
- ステージング環境でのパイプラインの動作検証

　通常のウェブアプリケーションと同様に、モデルと予測システムの開発でも、開発環境、ステージング環境、本番環境のように複数のステップを経て開発をすることとなります。次の環境へデプロイをすすめる際に、できる限り手動でのオペレーションを避けることはモデル開発のCI/CDを行う上で重要になってきます。Pull Requestの承認や特定ブランチへのマージなどをすれば次の環境へのデプロイを自動的に行えるようにするなど、人手での承認とデプロイなどの処理の自動化を組み合わせて、アジリティとガバナンスの担保とを両立していくのが望ましいです。

[†24] https://docs.google.com/presentation/d/1hvF29KsE3WmIfoC98EONJjZKovqUFYlHNIKOSZIX_GU/edit#slide=id.p

[†25] https://cloud.google.com/bigquery/docs/reference/standard-sql/debugging-statements

　これらの仕組みは、一度にすべてを実装する必要はありません。考え方として組織に必要なフェーズに必要なものを取り入れるという方法ですすめるのが良いでしょう。

6.4　予測結果のサービングを継続し続けるために

　通常のWebアプリケーションのようにシステムがダウンする、というような観測しやすい障害だけとは限らないのが機械学習システムの難しいところです。では、予測結果のサービングが正常に行われているかどうかを、どのように監視すれば良いでしょうか。

　本節では、リアルタイム性をともなうモニタリングと、日次バッチで検証をする定期的なテストに分けて説明をします。

6.4.1　監視・モニタリング

　機械学習のサービングにおけるモニタリングで重要になってくるのが、モデルの予測のパフォーマンスに関するメトリクスです。モデルパフォーマンスのモニタリングには、以下のような難しさがあるためです。

- HTTPのステータスコードの404（Not Found）や500（Internal Server Error）のような明確なエラーコードがない
- 確率的なふるまいが前提なので、KPIが自明ではない
- 修正のためのアクションが自明ではない

　特に「修正のためのアクション」については、たとえばモデルのパフォーマンスが劣化したときに通常のウェブアプリケーションでの「CPU処理が重いのでコアを足す」というような、わかりやすいアクションがすぐに見つかることは稀です。

　では、何をメトリクスとして追いかけるのが良いのでしょうか。

- 予測結果のサービング時のメトリクス
- 学習時のメトリクス

に分けて考えたいと思います。

　予測結果のサービング時のメトリクスには、以下のようなものがあるでしょう。

- メモリー/CPUなどのハードウェアリソースの使用量
- 予測のレスポンスタイム
- 予測値のあるwindowでの平均、メディアン、最大値、最小値、標準偏差などの統計値や分布
- 入力値の統計値、特に欠損値やNaNの頻度

最初2つの指標に関しては、一般的なWebアプリケーションサーバーでのモニタリングと大きく変わりません。ですが予測のレスポンスタイムは、予測のサービングのレイテンシーに直結します。機械学習エンジニアやデータサイエンティストは、ともすると予測精度の高いモデルを使いたがりますが、予測のための処理が重いモデルを使うことによってコンバージョン率が低下するというリスクがあるため注意が必要です。KDD 2019でBooking.comが発表した論文[Bernardi19]では、予測のレイテンシーが30%上がると離脱するユーザーが減りコンバージョン率が0.5%下がったという気付きから、さまざまな高速化の手法を検討しています。

機械学習システムの予測に関するレイテンシーについては、こちらのGoogle Cloudの記事に良くまとまっています。
https://cloud.google.com/solutions/machine-learning/minimizing-predictive-serving-latency-in-machine-learning?hl=ja

　入力値や予測値の統計値は、予測結果が想定範囲内のものになっているのかを検証するという意味合いが強いです。実験時の予測値と本番データのそれとで著しく異なる標準偏差や分散の場合にアラートを上げるなどの工夫が必要でしょう。
　このように、実験時の予測結果の分布を見ておくのは、予測結果の成否を判定するまでに遅延がある場合にも重要になってきます。たとえば、Booking.comの論文では、予約時のデータを元にレビューを投稿するかどうかを予測するなど、実際の正解ラベルが購入などのアクションから数日、数週間から数カ月後にしか得られない問題に対して、予測結果のヒストグラムが双峰性になっていれば2クラス分類がうまくいっているなど、ヒューリスティクスを元にして低品質な予測結果をチェックしています。新規の予測結果の正解ラベルが得られる前に、ヒューリスティクスで検証できるようにするのが大事です。
　学習時以外に取得できるメトリクスには、以下の2つがあります。

- モデルの学習時からの日数（鮮度）
- 学習時の予測精度や学習時間

　モデルの鮮度は、古すぎるモデルは新しいデータに適応できない可能性が高いという仮説を持ち、学習からの日数をモニタリングするという考えです。予測精度などをしきい値で監視していても長期に渡るダウントレンドには気づけないといったことも起こり得ます。そうした場合に、モデルの学習からの日数は見直しをするための良い指標となるでしょう。

　学習時の予測精度は言うまでもありませんが、学習時間が長いということはモデルの更新についても大きなコストがかかることを意味しており、将来のモデル更新のハードルが上がります。これにより、継続的トレーニングを実現するコストを大きくするのです。

　これらリアルタイム性の高いメトリクスとして追いきれないものについては、日次などの定期的なバッチを用いたテストで検証できるでしょう。その詳細については次で議論していきます。

広告配信サービスにおけるメトリクス監視の例

　予測モデルの継続的な訓練・デプロイを行っている現場で実際にどのメトリクスを取得しているか紹介します。図6-4は筆者（西林）が広告配信システムで運用している広告のクリック率予測モデルのモニタリングダッシュボードの一部です。広告メニューごとにモデルがあり、2時間ごとに新しい配信ログを訓練データに追加して訓練を行っています。

- 予測精度のメトリクス
    - AUC・Log loss・Relative Information Gain・相対誤差
- 訓練データのメトリクス
    - 訓練データ件数・目的変数の平均値E[Y]・訓練データの新しい部分と古い部分のE[Y]の差
- システムのメトリクス
    - データのダウンロード・前処理・訓練にかかった時間
    - 配布モデルのファイルサイズ

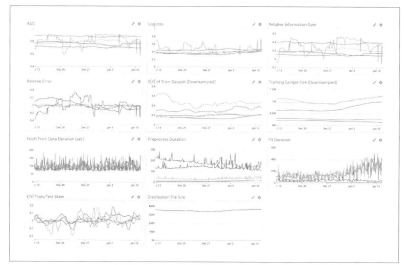

図6-4　予測モデルのモニタリングダッシュボードの例

　広告配信においては予測対象の統計的な性質が常に変化し続けるため、予測精
度のメトリクスも同様に変化し続けます。ここでAUCやLog lossの変化だけを
追っていてもつかみどころがなく、どのような対応が可能か判断できません。筆
者が注目するポイントは**予測の難しさが変化している**かどうかです。まず利用
できる訓練データサイズが減っていればそれだけ予測性能は落ちますし、目的変
数の時間変化が激しい場合も過去のデータが役に立たなくなるので性能は落ち
ます。Log lossは同じモデルでも評価データセットが違えば大きく変化するた
め、時系列で比較はできません。そのため予測対象の予測の難しさを反映できる
Relative Information Gain（RIG）[26]をみます。RIGは単に平均値を使って予測
したときにゼロになります。筆者のシステムにおいては確率を正確に予測する
のが重要であるため確率の相対誤差をモニタリングしています。これはAUCや
Log lossではどれぐらい予測対象を過大評価もしくは過少評価してしまったのか
把握できないためです。予測性能のメトリクスは時系列での比較が可能なもの、
ビジネスへの影響がわかりやすい値を採用すると良いでしょう。また筆者の現
場ではビジネスKPIそのものも別途監視しています。これは**1章**でも書いたよう
に、予測の精度が高いからと言ってビジネスKPIが達成されるとは限らないから
です。

処理時間に関するメトリクスでは前処理にかかった時間が気づかない間に伸びていることがあります。たとえばカテゴリ特徴量のユニーク値が増えて、エンコーディングの処理時間が増えているときなどです。

6.4.2 定期的なテスト

リアルタイム性の高いメトリクスの監視では対応できないものに対しては、日次などの定期的な自動テストを行うことで健全な予測ができているかを確認します。

自動テストできるものとして大きく以下の2つの項目があります。

- 本番環境での予測結果に対する最新正解データでの予測精度の検証
- データの品質の検証

本番環境で予測した結果はそのタイミングでは正しいかどうかはわかりません。しかし、実際の予測時のデータが学習時と乖離すると性能が劣化してしまうため、現在使っているモデルが最新のデータに対して正しく予測できているかを確認することは重要です。現実問題としては予測結果の正解ラベルを即時獲得することが難しく、多くの場合は人間が判断する必要があります。こうした人間がアノテーションや正解ラベルの付与で関わることを Human in the Loop と呼び、機械学習のシステムの大きな特徴となっています。通常は、遅れて手に入れた正解ラベルとともに過去の予測結果に対する精度を得ることになります。

こうした実データでの予測精度を得るのは重要ですが即時性も低くコストがかかるため、予測結果のサービング時の入力データの質や健全性をテストすることで、モデルの有効性を検証します。機械学習のシステムは入力されたデータによってふるまいが変わることから、その入力となるデータの質を確認するのが不測の事態を防ぐ上で重要な方法とされており、TensorFlow Data Validation[†27][Baylor17][Polyzotis19]や、deequ[†28][Schelter18] など、それらを支える手法が論文やオープンソースとして公開されています。

なぜ、データの品質が重要なのでしょうか。それは機械学習のモデルは学習時の

---

†26 $H(Y) = p_y \log p_y + (1 - p_y) \log(1 - p_y)$ とおいたときに $RIG = \frac{H(Y) - \text{Log loss}}{H(Y)}$ です。

†27 https://www.tensorflow.org/tfx/guide/tfdv

†28 https://aws.amazon.com/jp/blogs/news/test-data-quality-at-scale-with-deequ/

データにあるものや分布を前提として予測をします。学習時のデータに性別や人種の偏りなど予期せぬバイアスがあれば、そのバイアスは予測時にも反映されるものとなります。また、単純に入力データでのカテゴリ値の考慮漏れや追加などでNaNが発生し予測が失敗するなど、安定した予測を妨げる原因にもなります。

逆説的に言えば、学習時のデータと異なる分布や範囲のデータに対して、モデルは適切な予測が行えないため、学習時のデータとの「違い」を検出することによってデータの質を検証するとも言えます。

ではどのように検証すれば良いのでしょうか。実際に予測結果を計算した入力データに対して大きく以下の2点を検証します。

- 入力データの「スキーマ」の検証
- 入力データの偏りや変化（drift）の検証

入力データの「スキーマ」とはGoogleのTFX論文 [Baylor17] で提唱された概念で、特徴量がどのような特性を持っているかをあらかじめ「スキーマ」として学習データから定義をして、それに外れた値が入力されている場合アラートを上げるといった使い方をします。具体的には、以下のような点をチェックする仕組みをあらかじめ用意しておきます。

- データが想定された範囲か
- 既知のカテゴリ値か
- NaN/Inf値が生成されないか
- 特徴量の多次元配列の要素数は同じか
- 特定の入力がなくなっていないか

予測時の入力データの偏りや変化の検知は、欠損値やNaNの急増がないかといったトレンドを確認したり、学習時のデータとの分布を比較したりします。

データの変化は産業界では"Concept drift"とも呼ばれますが、その呼び方は学術界では違う用法だという指摘もありコンセンサスを得ていません。Googleの論文などでは"training-serving skew"という表現をすることが多いですが、リアルタイム処理とバッチ処理での前処理のズレなども含む概念のため、本稿では単純にデータの変化やdriftと表現します。

以下の記事に議論があるので、興味を持った方は参考にしてください。
https://chezo.uno/post/2019-12-05-ibis2019-mlse/

データの分布の変化の検出としては、たとえばTFXのData Validationでは分布の比較にはカテゴリ値にチェビシェフ距離、数値にJensen-Shannon divergenceでしきい値を設けて学習時の分布と異なる分布になっていることを検出します。

予測システムに関わる障害調査の4つの質問

モデルパフォーマンスのモニタリングをする大きな目的の1つに、正しく予測が動いているか？ということを確認したいという点があるかと思いますが、こうした予測システムの障害に対して、"Monitoring Machine Learning Models in Production - A Comprehensive Guide"[29]という記事に障害調査をするときに有益な4つの質問が紹介されています。

- パイプラインにバグがあるか？ "Is there a bug in the pipeline?"
- 間違えたモデルをデプロイしたか？（驚くほどよくある）"Have we deployed the wrong model? (surprisingly common)"
- データセットに問題があるか？ "Is there an issue with the dataset?"
- モデルが古くなってしまっていないか "Has the model gone stale?"

モニタリングについて迷ったときには、障害時にこれらの質問を検証できるようになっているのかを振り返ってみると良いでしょう。

6.5　この章のまとめ

本章では、長期的な機械学習システムを運用する上で重要な継続的トレーニングを実現するための機械学習基盤について説明をしました。

機械学習システム特有の難しさと、継続的トレーニングを実現するためのML Ops

---

[29] https://christophergs.com/machine%20learning/2020/03/14/how-to-monitor-machine-learning-models/

の取り組み、機械学習基盤の段階別コンポーネント、システムが正常に稼働しているかどうかを監視するためのメトリクスやテストについて学びました。

　実際には、組織や目的によって必要な要素は変わり、すべての組織をカバーする機械学習基盤というものはありません。この章で学んだコンポーネントのうち、自分たちの組織の課題は何なのか、どう解決するのかを考えてみてください。

なお、本章の6.1「機械学習システム特有の難しさ」は『n月刊ラムダノート Vol.1, No.1』掲載の記事よりラムダノート株式会社の許可を得て転載し、加筆修正をしています。

7章
効果検証：機械学習にもとづいた 施策の成果を判断する

　「新機能をリリースしたら先週と比較して売上が20%上昇しました、プロジェクトは成功です」、果たして本当でしょうか？　機械学習プロジェクトの成否は機械学習を利用した結果、ビジネスにどれだけの影響を与えたかで判断できます。本章では施策の影響度を正しく推定する効果検証の、オンラインおよびオフラインでの方法について解説します。

7.1　効果検証の概要

　効果検証とはある施策によってもたらされた効果量を推定することです。言い換えれば「事象YがXによってどれだけ影響を受けたか」を明らかにする行為にあたります。たとえば広告配信サービスであれば、「広告表示1,000回あたりの収益額が新機能によってどれだけ増えたか」を検証します。効果検証によりリリースした機能が有効であったかどうかの判断、データを根拠にした意思決定が初めて可能になります。本章で紹介する手法は機械学習を利用した情報システムに限らず、医薬品の開発や社会実験の評価といった幅広い分野で活用されています。

7.1.1　ビジネス指標（メトリクス）を用いた施策の評価

　3章では機械学習モデルの予測精度を評価するさまざまな指標を学びました。一方で、実際にビジネスで利用したときにどれほどのインパクトがあるかは、予測精度からは通常わかりません。予測精度そのものが価値となるデータ販売などのビジネスも存在しますが、機械学習の多くのユースケースでは予測を元になんらかの意思決定を行います。たとえば需要予測を元に製造業では製造量を、小売販売業では仕入れ量を決定します。その意思決定の結果がどれだけビジネスに影響を与えるかで評価したく

なるのが自然でしょう。ここでは予測モデル単体ではなく、意思決定システムとして捉えた単位の性能に着目します。

　特に事業部所属のデータサイエンスチームであれば利益貢献に関する説明が求められます。事業の粗利や売上といった数値に責任を持つ人の興味は個々の予測器の性能よりも「利益をどれだけ押し上げたのか」という点に尽きるため、ビジネス指標を使ってコミュニケーションができると良いでしょう。データサイエンスチーム内の共有であれば「この機能をリリースすると予測精度が上がります」で通じますが、**チーム外に報告する場合は予測精度が上がると何が嬉しいのかを言語化すべきです。（図7-1）**。たとえばマーケティング予算配分に予測を利用しているケースは次のようになるでしょう（**表7-1**）。

表7-1　リリース結果の報告例

場面	雑誌広告・インターネット広告・TVCM などそれぞれマーケティングチャネルごとの売上効果を予測してマーケティング予算配分をしている
リリース内容	打ち切りデータの扱いを改良して遅れて現われる売上効果を予測に反映できるようにした
NG 報告例	予測精度が上がりました
良い報告例	遅れて現われる売上効果を捉えられるようになり、今まで過少評価していたマーケティングチャネル A への予算配分が増えます。その結果 1 ヶ月スパンでみた時の売上が増えます。初動は今までより悪く見えるかもしれません

　利益に対する効果の実例を挙げると Netflix のレコメンドシステムのビジネス価値として解約率の低下があり、10 億ドル/年の効果があったと報告しています [Gomez-Uribe16]。これはレコメンドの精度から導出するのが難しい値です。

図7-1　知りたいのはそこじゃない

7.1.2　施策実行後の効果検証の重要性

　施策の結果を正しく検証するプロセスは、機械学習プロジェクトに限らず一般的に必要なものですが、特に機械学習では実験段階で求めた予測精度からビジネス指標に与える影響度が予測しづらい面があります。宿泊予約サイトのBooking.comは実験時の予測精度の向上度合いとリリース後のビジネスインパクトに相関がなかったことを報告しています。 この原因をいくつかのパターンに分け、予測を利用した機能の性能が高止まりして予測精度を上げても影響がなくなったケースなどが文献[Bernardi19]にまとまっています。ECサイトの推薦システムのようなユーザーフィードバックを元に継続的なモデルの再学習が必要なケースではモデルの学習・サービング・パフォーマンス監視の仕組の維持コストがかかるため、僅かな効果しか得られない場合は全体でマイナスとなる可能性も考えられます。本番環境においては予測対象の統計的な性質が時間経過と共に変化していくため、継続してメンテナンスコストを払う価値があるかどうかも重要な見極めポイントになります。

7.1.3　オフライン検証とオンライン検証

　検証の方法は主にオンラインとオフラインの2つに分かれます。オフライン検証は

過去のデータを使ったシミュレーションを行います。オンライン検証は実際にプロダクトに適用して実験を行います、特にWebサービスでは機能の切り戻しやランダム適用が容易なため後述するA/Bテストがよく用いられます。ただしA/Bテストは実施コストが高いため、オフライン検証でプロダクトに実装するかどうかの判定を行い、プロダクトに組み込んだ後にオンライン検証を行う方式がよく見られます。

7.1.4　指標の選定

　どの指標を検証に利用するか実際にはさまざまな候補が存在します。動画視聴サービスにおける推薦機能を考えてみましょう、有料会員の継続期間・平均セッション時間・セッションあたり動画視聴数・推薦アイテムのクリック率といくつも挙げられるのがわかります。プロダクトの長期的なゴールに近い指標が望ましいですが、顧客生涯価値（Life Time Value、LTV）のような遅行指標は検証に非常に時間がかかります。検証に時間のかかる指標の代わりに用いるのが**代替指標**（**Proxy Metrics**）で、たとえばNetflixは「新規ユーザーのうち最初のセッションで視聴リストに3つ以上登録したユーザーの割合」を代替指標の1つに採用しました [Gibson19]。

　代替指標はゴールとなる指標を達成するためのマイルストーンとなる先行指標のうち、ゴール指標と比例関係にあるのが理想です。比例関係がずれがちな指標としては商品の購入がゴールとしたときの「流入獲得の広告クリック率」があります。広告クリック率を上げることに最適化すると、商品とは関係のない単に人の注意を引き付けるだけの広告ができあがります。通知開封率を上げるために「この通知は絶対にタップしてはいけません」というメッセージを利用者に送ったアプリ運営事業者が批判を受け、後に公式に謝罪するに至った例もあります[†1]。中間指標をそのまま使う場合は次の指標を悪化させないように注意が必要です。

　また結果を検証するには指標が計測可能であることが前提になるため、システムのログ出力・保存ポリシーがどうなっているか確認しましょう。計測する方法がなければ先に計測の仕組みを開発すべきでしょう。

7.2　因果効果の推定

　冒頭の「事象Yが施策Xによってどれだけ影響を受けたか」を明らかにするために、因果推論における因果効果の考え方を見ていきます。またナイーブな「リリース前後

[†1]　https://nlab.itmedia.co.jp/nl/articles/1711/28/news148.html

の比較」が誤った結論を導いてしまう理由も解説します。

7.2.1　相関関係と因果関係の区別

　"correlation does not imply causation"という有名な言葉があります。相関関係があるだけでは因果関係があると言えないという意味ですが、この2つを見誤った分析が世に多くあるのも事実です。相関の有名な例として「海難事故件数とアイスクリームの売上の関係」があります。アイスクリームの売上Xと海難事故件数Yには正の相関関係がありますが因果関係にないのは明らかでしょう、両者に影響を与えている天候という共通の因子が2者の相関関係を生み出しているのです。このようにXとYの両者に影響を与える因子は交絡因子と呼びます。効果検証においては施策の実施Xと指標Yの変化の因果関係に興味があるわけですが、指標はさまざまな外部要因に影響を受けます。しかもそれは1つではなく、さまざまな交絡因子が存在するケースがほとんどです。よって効果検証では交絡因子の影響をいかに除去するかが重要なテーマになります。これを行わない場合、たとえば景気が上向いている時の売上向上施策はすべて成功で、景気が下り基調の時期の施策はすべて失敗といったおかしな結論[†2]を導いてしまいます。

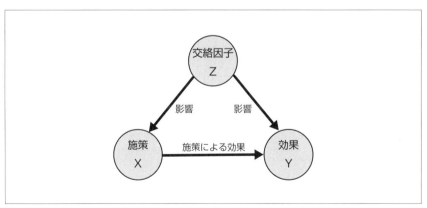

図7-2　知りたいXによる効果とは別に交絡因子ZによりXとYに相関関係が生じる

7.2.2　ルービンの因果モデル

　インターネット広告の効果について考えてみましょう。因果推論では広告を見せ

---

†2　施策の有無に関係なく、現状を維持するだけで売上が上がり続ける状況があり得ます。

ることを**介入**（Cause）、購買行動を**結果変数**（Outcome）、介入した標本を**介入群**もしくは**実験群**（Treatment Group）、介入していない標本を**対照群**もしくは**統制群**（Control Group）と呼びます。

　広告の効果は広告を見た時と見なかった時の購買行動の差と考えられます。しかし個人の単位では観測可能な結果変数は介入を行った場合か否かのどちらかに限定されます。広告に接触したＡさんが広告に接触しなかったケースは**反事実**（Counter Factual）となり観測できません（**図7-3**）。

　ここでルービンの因果モデルでは観測できないが潜在的に存在し得る結果変数を考えて、これを潜在的結果変数と呼びます。

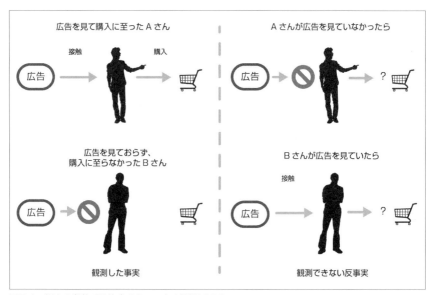

図7-3　個人の単位では片方のケースしか観測できない

　購買に至ったかどうかの結果変数を $Y \in \{0, 1\}$、介入時と介入していない時の結果をそれぞれ Y_1, Y_0 として観測結果を表にすると次の通りになります。

表7-2 観測結果、ハイフンは欠損値を表わす

ユーザー	介入有無	Y_0	Y_1
1	1	–	1
2	1	–	0
3	1	–	1
4	1	–	0
5	1	–	1
6	0	1	–
7	0	0	–
8	0	0	–
...			
n	0	0	–

　個人単位では $Y_1 - Y_0$ を測ることはできません。しかし我々が知りたいのは標本への効果ではなく、母集団への効果です。母集団への効果は個人単位の購買結果の差の期待値 $E(Y_1 - Y_0)$ と考えられます。これを**平均処置効果**（Average Treatment Effect、ATE）と呼びます。

$$ATE = E(Y_1 - Y_0) = E(Y_1) - E(Y_0) \tag{7.1}$$

以降はこの平均処置効果をいかに求めるかという話になります。

7.2.3　セレクションバイアスによるみせかけの効果

　求めたい平均処置効果の計算について、シンプルに「介入群の結果変数の平均」と「対照群の結果変数の平均」の差を取れば良いような気がします。観測できた値のみを使うので簡単です。しかしこの差は

$$E(Y_1 | 介入あり) - E(Y_0 | 介入なし) \tag{7.2}$$

であり、介入有無と結果変数に相関があると**式7.1**と一致しません。特に結果変数Yを元に介入を行った場合が相当します。インターネット広告の例に戻ると、購買行動に繋がりそうなユーザーを狙って介入をするのが一般的です[†3]。このため通常の観測結果では介入群は元々購買意欲が高い集団となり、介入群と対照群に差があることになります。この偏りは**セレクションバイアス**と呼び、広告配信ログに限らずさまざ

---

†3　10章で紹介するUplift Modelingなど、Yではなく介入時のYの増分（因果効果）を元に介入有無を決める手法もあります。

まなデータに現われます（図7-4）[†4]。セレクションバイアスは介入と結果変数の相関を生むため、**効果がなくとも効果があるように見えるデータになります**。何らかの条件を元に介入を行ったデータには必ずバイアスが含まれており、正しく結果の比較をするにはバイアスの除去が必要であると考えましょう。

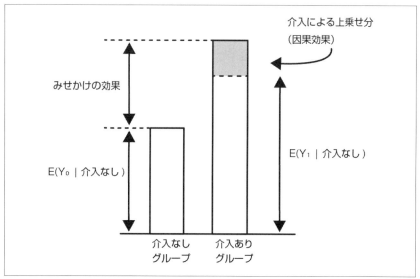

図7-4　みせかけの効果は知りたい効果より大きくなりがち

7.2.4　ランダム化比較試験

交絡因子やセレクションバイアスによって式7.1と式7.2が一致しない説明をしましたが、一致するケースもあります。それは介入群と対照群が同質なときです。このバイアスのない状態を作り出して比較する手法が**ランダム化比較試験**（Randomized Controlled Trial、RCT）です。

標本に対してランダムに介入有無を決定することで、性質の等しい2群の片方に介入した状態を作ります。社会実験や臨床試験ではRCTはコストの高い手法とされます[†5]が、Webサービスの効果検証には適用しやすいためA/Bテストのベースになっ

[†4]　がん検診の受診者と非受診者で発病リスクが異なるような、標本自身の持つ意思によって生じるバイアスはセルフセレクションバイアスと言います。

[†5]　たとえば救急搬送された患者に対してランダムに治療するしないを決めるのは倫理面で問題があるとされます。

ています。RCTを利用した広告効果計測サービスとしてGoogleのブランド効果測定[†6]、Facebookブランドリフト調査[†7]が挙げられます。これは介入群にのみ広告を表示後、介入群と対照群にアンケートを実施します。PV数やクリック数といった指標と比較すると計測が難しいブランド認知ですが、RCTを使えば上手く捉えられます。

7.2.5　過去との比較で判断するのは難しい

あるプロダクトで売上向上施策をリリースした時のユーザー1人あたりの売上の変化を考えます。

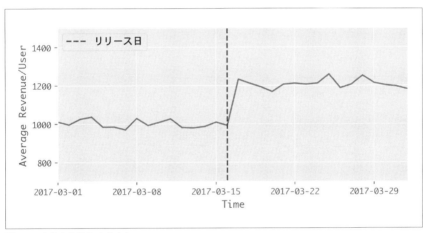

図7-5　売上向上施策は成功?

開発者としてはリリースしたタイミングで非連続な変化を観測したいと願うでしょう。しかしそのタイミングで非連続な変化を観測しても、それが施策による効果とは言いきれません（**図7-5**）。たとえばコンシューマー向けのプロダクトであればたまたま同じ時期にテレビCMが放送されることもあります。結果変数に影響を与える外部要因すべてを把握するのは現実的ではありません。このような状況においては過去との比較による因果効果の推定は非常に困難ですが、RCTで同じタイムスパンにおける2群を比較すると簡潔に施策による介入効果以外の要因を揃えることが可能で

---

†6　https://support.google.com/google-ads/answer/9049825?hl=ja
†7　https://www.facebook.com/business/help/1693381447650068

す。施策がなかった時の世界と比較して差が出ていれば施策の効果があったと判断できます（図7-6）。

　RCTを行わない方法として、時系列モデルを構築して生成した反事実ケースの予測値と実績の比較を行うCausal Impact[Brodersen15]という手法も存在しますが、これはYの未来予測が可能なモデルが作れることが前提となります。結果の信頼度はYの時系列予測モデルの精度に依存します。

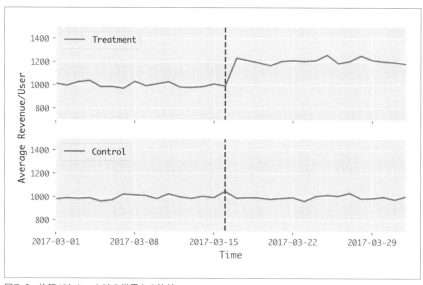

図7-6　施策がなかった時の世界との比較

　本章の冒頭の例「新機能をリリースしたら先週と比較して売上が20%上昇した」は、売上が20%上がった現象と施策の因果関係が不明なので施策の効果は何とも言えません。**10章**では発展的な手法であるUplift Modelingの紹介をします。

7.3　仮説検定の枠組み

　ランダム化比較試験では2群の比較を行いますが、どのように比較結果の解釈をすべきでしょうか。**仮説検定**（Hypothesis Testing）はA/Bテストのベースとなるもので、標本（サンプル）を使って母集団に対する判断を行う手法です。まず基本的な仮説検定の例から解説します。なお本章では統計の基礎である大数の法則や中心極限定

理の説明および信頼区間の計算方法を省いています。詳しくは東京大学出版会『統計学入門』[東京大学91] などを参照していただければと思います。またオンラインで行うA/Bテストは一般的な仮説検定の手続きと異なる点があるため7.4「A/Bテストの設計と実施」であらためて補足します。

7.3.1　なぜ仮説検定なのか

　標本を使った母集団に対する判断の1つに選挙速報があります、わずか数%の開票率のうちに当選確実の速報を出しています。この偏りがないわずかな標本を利用することで母集団に対する判断が行える特性は、効果検証と相性が良いのです。良いかどうかわからない未知の効果を持つ新機能をプロダクト全体に適用するのにはリスクがともないますが、事前に適用対象を絞って効果があることを確認してから全体適用を繰り返すことでリスクを抑えたリリースサイクルが実現できます。

7.3.2　コインは歪んでいるか

　それでは実際の例を使って説明していきましょう。コイントスゲームをするとして、利用するコインの直近20回の記録では表が15回、裏が5回出ているとします。直感的には表が出すぎているような気がしますが、どう判断したら良いでしょうか。細工や歪みのないコインであれば確率は半々と考えます。ここで、50%の確率で表の出るコインを20回トスした時の結果の分布を見てみましょう。これは二項分布 $Bin(20, 0.5)$ であることから次のコードで確率分布の形状が見られます。試行回数の丁度半分の10回表が出る確率がもっとも高いのがわかります（図7-7）。

```
import numpy as np
import matplotlib.pyplot as plt
import scipy.stats

x = np.arange(0, 21)
y = scipy.stats.binom.pmf(x, 20, 0.5)
plt.figure(figsize=(8, 2))
plt.bar(x, y)
plt.xlabel('表が出る回数')
plt.ylabel('確率')
```

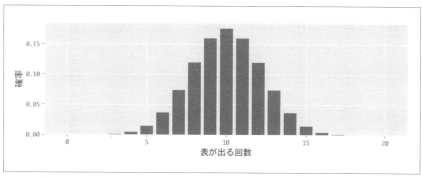

図7-7　表が出る確率が50%のときに20回のコイントスで表が出る回数の分布。

　一方で分布の裾に着目すると15回以上表が出る確率 p[表が出る回数 $>= 15$] は2%にすぎないことがわかります（**図7-7**）。

```
import pandas as pd
p_value = pd.DataFrame({'表の出る回数':x, '確率': y}).query(
    '表の出る回数 >= 15'
)['確率'].sum()
print(p_value)
# 0.020694732666
```

　コインに細工がないとしたら稀にしか起こらない結果であり、このことから「細工はある」と結論づけるのが仮説検定の考え方です。

　今回の例における仮説検定の枠組みでは、表が出る確率は50%であるとした仮説を**帰無仮説**（Null Hypothesis）、表が出る確率は50%と異なるとする仮説を**対立仮説**（Alternative Hypothesis）、帰無仮説が真であるとした時の確率を**p値**（p-value）と呼びます。p値の閾値、たとえば「5%より低いことが起きていたら帰無仮説を棄却すると」と判断する値を**有意水準**（Significant Level）と呼びます。**標本**は直近のトス、**標本サイズ**は20、**母集団**は過去から未来まですべてのトスです。有意水準を0.05としたら、帰無仮説は棄却されます。0.01としたら棄却されません。

標本サイズは**サンプルサイズ**もしくは**標本の大きさ**とも呼びます。標本サイズと標本数（サンプル数）はよく混同されますが、上記コイン投げの例における標本数は1です。

7.3.3　獲得ユーザーの継続利用率の比較

　あなたはECサイトを運営していて、集客のために広告を出稿するとします。2つの広告配信サービスに同時に出稿して1週間が経った後、それぞれの広告配信サービス経由で流入したユーザーの行動比較をしました。ユーザーが継続利用に至る確率が高い広告配信サービスの利用を継続し、低い方を止める意思決定をするためです[8]（図7-8）。データは表7-3の通りでした。

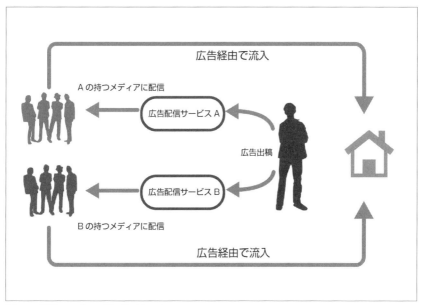

図7-8　獲得ユーザーの質に差がある？

表7-3　流入経路別ユーザーの継続化データ

流入元	流入人数	継続利用人数	継続化率
A	205	40	19.5%
B	290	62	21.4%

　試しに継続化率の分布を可視化してみましょう。標本サイズがそれなりにあるので、二項分布の正規近似をします。

---

[8]　ユーザー獲得1人あたりのコストは同じとします。

```python
# テストデータ。継続化人数，離脱人数
a = {'n_success': 40, 'n_observation': 205, 'p': 40/205}
b = {'n_success': 62, 'n_observation': 290, 'p': 62/290}

print(f'Sample A: size={a["n_observation"]},
      converted={a["n_success"]}, mean={a["p"]:.3f}')
print(f'Sample B: size={b["n_observation"]},
      converted={b["n_success"]}, mean={b["p"]:.3f}')
# Sample A: size=205, converted=40, mean=0.195
# Sample B: size=290, converted=62, mean=0.214
x = np.linspace(0, 1, 200)

def calc_err(data):
    p = data['p']
    n = data['n_observation']
    return np.sqrt(p*(1-p)/n)

# 流入元がAの標本
y_a = scipy.stats.norm.pdf(x, a['p'], calc_err(a))

# 流入元がBの標本
y_b = scipy.stats.norm.pdf(x, b['p'], calc_err(b))

plt.figure(figsize=(7, 2))
plt.plot(x, y_a, label='Sample A')
plt.plot(x, y_b, label='Sample B')
plt.legend(loc='best')
plt.xlabel('新規ユーザーの継続化率')
plt.ylabel('尤度')
```

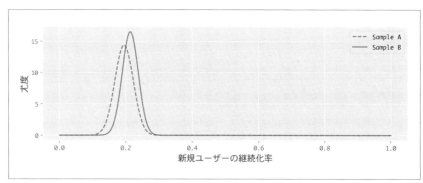

図7-9　流入経路別ユーザーの継続化率の推定値

Bの方が良さそうに見えますが、誤差でしょうか（**図7-9**）。

それでは仮説検定の枠組みを適用してみましょう。ここでは**対応のない2群の母比率の差の検定**が使えます。「対応がない」とは異なる標本同士の比較を指します。帰無仮説は「Aの母集団とBの母集団で継続化率は等しい」、対立仮説は「Aの母集団とBの母集団で継続化率に差がある」、有意水準は0.05とします。標本は今までの流入ユーザー、母集団は未来の流入も含めたユーザーの集合です。前述のコインの例とは異なり、カイ二乗検定で分割表の独立性検定を行います（**表7-4**）。

表7-4　検定の設定の分割表

流入元	継続利用人数	離脱人数
A	40	165
B	62	228

```
# カイ二乗検定
_, p_value, _, _ = scipy.stats.chi2_contingency([
    [a['n_success'], a['n_observation'] - a['n_success']],
    [b['n_success'], b['n_observation'] - b['n_success']]
])
print(p_value)
# 0.694254736449269
```

p値は0.69となり、帰無仮説が棄却できないことがわかりました。このときは帰無仮説が正しいとも間違っているとも言えません。分布がほぼ重複していることから、差があると言えないのは違和感のない結果でしょう。今回は2群に差があるかどうかの検定を行いましたが、実務では「5%以上の差があるか検出したい」と検出したい最小の効果量を指定したくなるでしょう。この検出したい最小の効果量をMinimum Detectable Effect (MDE) と呼びます。このときは対立仮説を「継続化率はベースラインにMDEを加えた値よりも大きい」として片側検定を行います。

7.3.4　差の信頼区間を求める

効果検証では差があるとしたらどれほどの差があるのか、つまり効果量に興味があります。直接差の大きさを2群の母比率の差の信頼区間で求めてみましょう。差の信頼区間は二項分布 $Bin(n, p)$ のパラメータ p の推定量が正規分布に従うことと、正規分布に従う確率変数の和も正規分布に従うことを利用します。標準正規分布の上側確

率が2.5%になる点は1.96なので95%信頼区間の式は次の通りです[†9]。

$$
p_a - p_b \pm 1.96 \sqrt{\frac{p_a(1 - p_a)}{n_a} + \frac{p_b(1 - p_b)}{n_b}}
$$

引き続き流入元ユーザー別継続状況のデータを使って2群の継続率の差の95%信頼区間を計算します。

```
def calc_combined_err(a, b, alpha):
    p_a = a['p']
    n_a = a['n_observation']
    p_b = b['p']
    n_b = b['n_observation']
    z = scipy.stats.norm.ppf(1 - alpha/2)
    return z * np.sqrt(p_a*(1-p_a)/n_a + p_b*(1-p_b)/n_b)

def calc_diff_confidence_interval(a, b, alpha):
    err = calc_combined_err(a, b, alpha)
    diff = a['p'] - b['p']
    return (diff - err, diff + err)

calc_diff_confidence_interval(a, b, alpha=0.05)
# (-0.09057004943075483, 0.05322774497322749)
```

差の信頼区間にゼロが含まれているので、差があるかどうかわからないと判断ができます。信頼区間にゼロが含まれていなければ差があるといえます。p値のみより差の区間推定値の方が多くの情報が得られるのでレポートに載せる数値として適しています。なおこの計算はライブラリを利用するなら `statsmodels.stats.weightstats.CompareMeans` などが利用できます。

筆者は仮説検定を用いた分析結果で有意差がある点のみを強調したレポートを見たことがありますが、標本サイズを増やしていけばどんな小さな差でも統計的に有意になります。効果量がわからないとビジネスインパクトがあるかどうか判断できないので差の大きさに着目しましょう。

[†9]　信頼区間の計算方法はいくつかあります。pがゼロに近いときは左右対称な正規分布近似を行うと信頼下限がマイナス値と、おかしな結果にもなります。pがゼロに近いときは Wilson score interval を使うと上手く近似できることが知られています。statsmodels などのライブラリを使う場合は信頼区間計算の方法をオプションで指定できます。

7.3.5 偽陽性と偽陰性

　2つの例で、p値が事前に定めた有意水準を下回った場合に帰無仮説を棄却するのが仮説検定の枠組みだと説明しました。しかし**稀にしか起らないことが起こったから帰無仮説を棄却する**判断をする以上、帰無仮説が真であったとしても有意水準の確率で誤って帰無仮説を棄却してしまいます。たとえば有意水準5%で検定を行った場合、2群の間に差がなかったとしても5%の確率で、差があると判断することになります。この誤った発見を**偽陽性**（False Positive）と呼びます。逆に本当は有意差があるのに帰無仮説を棄却しないケースを**偽陰性**（False Negative）と呼びます[†10]。病気の検査で陽性が出たものの、後の精密検査で異常なしと診断されることがあります。これが偽陽性です。検出すべき疾患を見逃した場合は偽陰性です。

　関連する項目として分類器の性能評価について**3章**で解説していますが、仮説検定では**検定力**（Power）を検定結果の評価に利用します。検定力は

$$1 - 有意差があるのに有意差がないと判断する確率$$

の値で、正しく有意差を検出できる能力を表します。小さな差を検出するには大きな標本サイズが必要になります。

7.3.6 p値ハック

　仮説検定は今も昔も幾度となく批判の対象となっています。2017年7月にp値の閾値を0.05から0.005にすべきだという声明も発表されました、これはp値を利用した研究の再現性の低さから来ています [Benjamin17]。仮説検定の誤った使用の中でも有名なのはp値ハックで、何度も検定を行いたまたま有意になった結果を採用する行為です。仮説検定で注意が必要な点は、検定対象の標本を固定することです。有意差が出なかったからといって標本を変えて再試験したのでは有意水準の意味が失くなってしまいます。前述のコイン投げの例で、表が出る確率が50%、つまり帰無仮説が真の状況で1回投げるごとに直近のサンプルで検定をしたらどうなるでしょうか。

```
mu = 0.5 # 表が出る確率50%
init_sample = list(scipy.stats.bernoulli.rvs(mu, size=20))
```

[†10] 偽陽性を第一種の過誤（Type I Error）やαエラー（α Error）、偽陰性を第二種の過誤（Type II Error）やβエラー（β Error）とも言います。

```
sample = init_sample
p_value_history = []
for i in range(200):
    # 直近20回の結果を使って検定
    _, p_value = scipy.stats.ttest_1samp(sample[-20:], 0.5)
    p_value_history.append(p_value)
    # 新たにコインを投げて結果を保持
    sample.append(scipy.stats.bernoulli.rvs(mu))

plt.figure(figsize=(10, 4))
plt.plot(p_value_history)
plt.xlabel('Test Epoch')
plt.ylabel('p値')
```

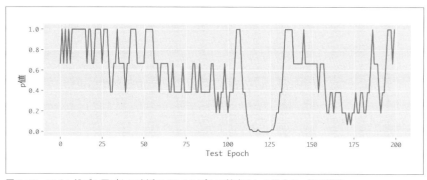

図7-10　コイン投げ1回ごとに直近の20サンプルで検定をした場合のp値の推移

　120回目付近のp値が0.05を下回っています（**図7-10**）。表が出る確率は50%なので偶然起きたに過ぎません。検定を繰り返し行うと、いつか有意差が出てしまいます。良い結果を出したいとの試行錯誤が偽陽性の確率を増やしてしまう点は検定を行う上で留意すべきでしょう。しかし、WebサービスでA/Bテストを実施している時の状況はこれに近く、p値を継続監視して有意になった所でテストを止めることができてしまいます。新たな観測データが逐次得られる状況における判断方法は7.4で解説します。

7.4　A/Bテストの設計と実施

　前節でランダム化比較試験によるセレクションバイアスの除去と、2群の同時比較による時間変化影響の除去について説明しました。A/Bテストは本番環境で前述2つ

の条件のもとで行うテストで、Webサービスの施策効果検証に広く使われています。
A/Bテストの流れは次の通りです。

- 指標の選定
- 2群の抽出
- A/Aテスト
- 片方に介入
- 結果の確認
- テスト終了

いくつかのポイントを解説します。

7.4.1　2群の抽出と標本サイズ

仮説検定の節では標本サイズとp値の関係について説明しました。小さな差を検出
したければ多くの標本が必要になります。適切な標本サイズの決定は『自然科学の統
計学』[東京大学92] などの文献を参照していただくとして、A/Bテストでは事前に
標本サイズを決定しなければならないパターンがあります。例を2つ示します。

表7-5　標本サイズの違い

ケース	検証方法	標本サイズ
A	既存ユーザーから2群を抽出し、介入後に1人あたりの売上の平均に違いが出るか検証する	2群を作った時点で固定
B	ユーザー新規登録画面の新デザインが既存の物と比較して登録完了率に違いがあるか検証する。新規ユーザーが訪れたときに一定の確率で新デザインを表示する	新規ユーザーの訪問がある限り増え続ける

ケースAで標本サイズが足りない場合、テストのやり直しになるため標本サイズの
見積りは必須です。

一方で標本サイズが大きいとテストの影響を受けるユーザーの数が増えます。テス
ト施策の効果がマイナスになることも考えられるため、多すぎるのも問題です。別の
問題として全ユーザーを半々にしてテストをすると、他のテストを同時に実施でき
なくなってしまいます。開発効率の観点からも部分抽出が良いでしょう。また、介入
群・対照群の使い回しをすると前のテストの影響を引き継いでしまうため、テスト実

施ごとに抽出を行うべきです。

7.4.2　継続的なA/Bテストと終了判定

　仮説検定の手続き通りに最初に標本を固定するのと違い、逐次観測データが得られて標本サイズが大きくなっていくのがオンラインテストの特徴です。この設定は任意のタイミングで判断が行えるため従来の仮説検定との違いを強調してSequential A/B Testingと呼ぶこともあります。結果の確認を行った上で「標本サイズが小さいのでテストを継続する」意思決定が可能です。これは前述したp値ハックにならないように注意が必要ですが、新たな観測データを標本に追加していくのであればテスト結果は収束に向うため、シンプルに**時間をかけて標本サイズを大きくすればするほど判断が容易**ということになります。継続的なA/Bテストは新たな観測データを用いて結果変数の事後分布を更新していくベイズ統計の考え方にマッチします。事後分布を利用したA/Bテストについては『ウェブ最適化ではじめる機械学習』[飯塚20]が詳しいです。

　新たな観測データが逐次得られるテストの終了タイミングは自明ではありませんが、結果変数の時系列プロットに信頼区間を重ねることで視覚的に判断しやすくなります。信頼区間が分離したら差があるとし、なかなか信頼区間が分離しない場合はいずれ有意差が出たとしても差は小さく効果は見込めないと判断して中止できます。

　図7-11は人工データ $Y \in \{0, 1\}$ に対するA/Bテストの可視化です。何らかのサービスの初回登録時に有料プランの提示を行う機能のA/Bテストだとしましょう。50%ランダム介入で提示を行い、有料プランに登録したら $Y = 1$ とします。2群それぞれの観測データが得られるたびに $E(Y)$ の推定値と95%信頼区間の計算を行っています。標本サイズが7,000を越えたあたりで信頼区間が分離しているのがわかります。真の $E(Y \mid 介入あり)$ は0.065ですが、標本サイズが1,000あたりで判断すると過少に評価してしまうのがわかります。

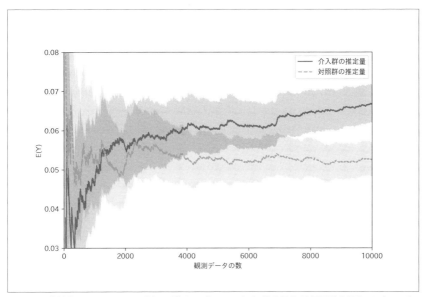

図7-11 継続的な A/B テストの例、2 群それぞれの $E(Y)$ 推定量と信頼区間を重ねてプロット、$E(Y \mid 介入あり) = 0.065, E(Y \mid 介入なし) = 0.050$ で標本を生成[†11]

　同じデータで2群の差、つまり ATE の推定量と信頼区間をプロットしたのが（**図 7-12**）です。標本サイズが1万の時点で差の信頼区間は $(0.0085, 0.0195)$ であるため、対照群との比較で17%〜39%の有料サービス申し込み率の向上が見込めると判断できます。ここで「10%の性能向上があれば本番に投入する価値がある」とわかっていればテスト終了にできます。別のパターンで「最低でも20%は性能向上がないとリリースできない」のであればテスト継続になるでしょう。「最低でも 50%は性能向上がないとリリースできない」の場合はテスト終了です。

---

†11　紙面からは割愛しましたが、データ生成・信頼区間計算・プロット作成のコードは本書のサンプルコードに含まれています。

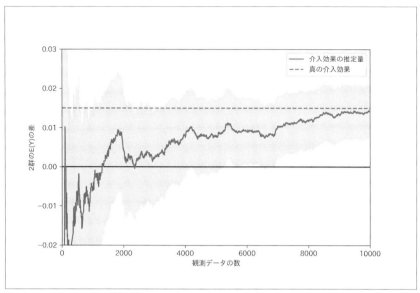

図7-12 2群の差の推定量と信頼区間のプロット、真の介入効果は0.015

　標本サイズが大きいほど判断が容易とはいえテスト結果の判断を早く行うことには価値があります。良い施策をより早く全体に適用できるからです。また、効果の悪い施策は早くテストを止めるべきです。A/Bテストでやりがちなのが、終了時期を決められずテストを放置してしまうことです。テスト実施期間にリミットを設定するのは良いアイデアでしょう。A/BテストプラットフォームのOptimizelyは、p値の継続監視による早期判定手法を提案してプロダクトに採用しています[David17]。

7.4.3　A/Aテストによる均質さの確認

　セレクションバイアスを避けるために介入するかどうかをランダム抽出で決めるのがRCTでした。Webサービスでユーザー単位に効果を与える施策であればランダムにユーザーを抽出して介入の有無を決めます。ランダム抽出により等質な2群が得られるはずですが、それを確認するのが**A/Aテスト**です。2群を抽出後に時間をおいて2群に差がなければ片方に介入します。もしくは過去のデータを使って差がないことを確認できれば、即座にテストを開始できます。

7.4.4　施策同士の相互作用に注意

　2つの施策AとBのどちらが良いか、同時に実施して結果を比較するときに互いに影響を及ぼしてしまう場合があります。7.3.3「獲得ユーザーの継続利用率の比較」の例ではAとBの2つの広告配信サービスの配信対象ユーザーが独立していると仮定しました。しかしインターネット広告では異なる配信サービスが同じ広告取引オークション会場で配信権利の買い付けを行っていたりします。この状況ではAとBが似たユーザーに対して入札を行うためオークションの価格が吊り上がり2者ともに買い付けコストが上がります。よってコスト比較をしようにもそれぞれ単独で利用した時のコストがわからなくなってしまいます。このような相互作用を避けるため、テスト対象の2群間で共有している要素がないかテスト設計段階で確認しましょう。

7.4.5　A/Bテストの仕組み作り

　A/Bテストを実施するにはプロダクトがA/Bテストに対応している必要があります。ランダム抽出や介入有無の設定はどんな施策にも必要となりますが、機械学習を使った施策特有の注意点としては学習データの分離が挙げられます。特に稼動中の機械学習モデルが学習データに影響を与えるケースです。たとえば推薦システムはユーザーの行動ログを学習データとしますが、推薦システムによって提示された選択肢に対する行動ログは推薦によるバイアスがかかっているため、ログを経由して他の予測器に影響を与えてしまうのです。複数の予測器をA/Bテストで比較しているときに学習データ経由で互いの影響を受けると本来の動作になりません。予測器が学習データに影響を与える場合においては学習データの分離が必要になります。

　ログを通じて自分自身に限らない影響を残すことは、機械学習における技術的負債の1つとされます（**図7-13**）[Sculley15]。

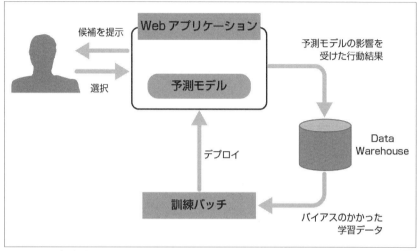

図7-13　ログの汚染

　他にもたとえばMicrosoftのA/Bテストチームは次の機能をA/Bテスト基盤で動かしています [Microsoft17]。

- 効果の悪いテストを早期に止めるためのアラート・自動停止
- テスト同士で相互作用がある物を自動で検出

7.5　オフライン検証

　A/Bテストの仕組みがプロダクトに備わっていたとしてもA/Bテストは気軽にできるものではありません。まずテスト実施にはプロダクトへの組み込みが必要になる上、結果が確認できるまでの待ち時間も発生します。そのためプロダクトコードを書く前に実験環境で実施可能なオフライン評価実験の方法が注目を集めています。

7.5.1　ビジネス指標を使った予測モデルの評価

　予測モデルの精度がビジネス指標に与える影響がわかりづらい点ですが、予測を元に行動した結果を考えると把握しやすくなります。自社製品の見込み顧客かどうかを判定して、見込み顧客には営業アプローチを仕掛ける場面を考えてみましょう。このとき予測を外すといっても2パターンあり、**見込み顧客を見込みなしと誤って判定し**

た時の損失と逆のパターンの損失は異なるはずです。前者は売上を失った金額に相当し、後者は無駄になった人件費が相当します。航空機エンジンや化学プラントにおける故障検知になると、故障見逃し（偽陰性）のインパクトはとても大きくなります（**図7-14**）。回帰モデルの場合は上に外した場合と下に外した場合を考えます。

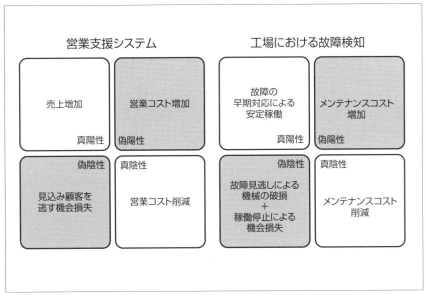

図7-14　予測を当てた時と外したときに何が起るかを言語化する

　言語化した上でさらに利益・損失の数値化ができれば予測モデルを使った時の期待収益が求まります。この期待収益を使ってモデルの評価実験ができます。予測を当てた場合と外した場合に何が起るかを言語化すると、予測を大きく外したときに必要なリカバリ業務もはっきりするメリットもあります。

7.5.2　反実仮想の扱い

　オフライン実験は手元にあるログを元にシミュレーション実験を行いますが、このときにも7.2.2「ルービンの因果モデル」で解説した反実仮想がわからない問題に直面します。例として与信判定モデルの予測結果を元にお金を貸すケースを考えます。過去の行動決定ポリシーによって生成されたログに新しいポリシーの結果をつけ加えたデータは次の通りになります（**表7-6**）。

表7-6　過去のログを使った新しいポリシーの評価実験の例

ユーザー	旧ポリシー 貸出額	結果	新ポリシー 貸出額	結果
A	100	完済	100	完済
B	150	完済	100	完済
C	0	なし	0	なし
D	1000	貸し倒れ	1000	貸し倒れ
E	1000	貸し倒れ	0	なし
F	100	完済	500	?
G	0	なし	500	?

　A、C、Dさんには過去のポリシーと同じ行動を取っているので結果が同じになります。Bさんには異なる金額を融資していますが150円を完済しているので100円も完済できるでしょう。Eさんには融資をしなくなったので結果はなしになります。一方でFさんとGさんには今までよりも大きな額を融資しています、このときにどうなるかは観測できなかった反実仮想にあたり不明です。不明な結果の扱いでもっともナイーブなのは不明なレコードは捨てて評価してしまうことです。ユーザーの属性を元に返済キャパシティの予測を行い、その予測を利用して結果を生成して評価することも可能でしょう。ただし評価結果の信頼度は返済キャパシティ予測の精度に依存します。

7.5.3　Off Policy Evaluation

　あらためて書くと効果検証で興味があるのは予測モデルの出力そのものではなく**予測を利用してなんらかの行動を取るシステムとしての性能**です。この行動決定ポリシーの評価を、過去の別のポリシーによって生成されたログを元に行うことを **Off Policy Evaluation**（OPE）と呼びます。前述の通り、過去のポリシーと異なる行動を取り得る場合の評価をどうするかが問題になりますが、行動が離散である場合[†12]に適用できるポリシー性能評価手法は一般的になりつつあります。詳細は割愛しますが具体的な方法は [Saito20] が参考になります。

[†12]　融資額決定の例は連続で、ECサイトにおける商品推薦は離散になります。

ビジネス設定を損失関数に反映する

7.5.1「ビジネス指標を使った予測モデルの評価」ではモデル評価にビジネス設定を反映する方法を紹介しましたが、モデルの訓練に使う損失関数にビジネス設定を反映することもできます。

偽陰性と偽陽性のインパクトが異なる状況は正解ラベルによって訓練データのレコードごとに重要度が異なるといえます。このときはレコードごとの重みを訓練時の損失関数および評価関数に反映できます。一般的な機械学習ライブラリではsample weightとして訓練時に設定します。広告配信で利用する予測器では特徴量に広告案件IDをよく使いますが、広告案件ごとの売上への影響度を重みとして損失関数に反映したweighted loglossを使った例もあります [Vasile17]。

さらに損失関数そのものを平均二乗誤差や交差エントロピー誤差ではなく独自のものに置き換えたくなるケースもあるでしょう、予測値を利用して行動をしたときの期待利益の式から損失関数を導出して訓練に利用する例としては文献 [Ren17] があります。LightGBMなど機械学習ライブラリによっては独自実装した関数をカスタム損失関数として指定できます。これらの工夫によってビジネス指標を直接押し上げるように予測モデルを訓練できるでしょう。

7.6 A/Bテストができないとき

実際に本番環境で行うA/Bテストは極めてエビデンスレベルの高い結果が得られます、ただしA/Bテストの仕組みがなかったり、そもそも介入のランダム割りあてが不可能な場合もあります。むしろA/Bテストが実施可能なケースよりも施策を行った後になって当時のデータを元に効果検証をするのがデータ分析の現場では多いかもしれません。ランダム化比較試験によって得られた**実験データ**に対して、自然に得られたデータを**観察データ**と言います。因果推論・計量経済学の分野では観察データを元に介入効果を推定するさまざまな手法が提案されています。

7.6.1 観察データを使った効果検証

観察データの扱いの難しさは本章の前半で解説した通り、反実仮想に相当する対照群が得られないため交絡因子の影響やセレクションバイアスを除去するのが

難しいことにあります。観察データの扱いについて本章では紹介しきれませんが、1つ紹介するとしたらマーケティングの分野でよく使われる**差の差法**（difference in differences）があります。差の差法は介入群と似た傾向を示している群の結果変数の時間変化を利用して介入前後の比較を行う手法です。ある地方A限定でテレビCMを放送したとして、商品の売上に対する効果検証をする場面を考えます。ここで「テレビCMを流していない別の地方で普段の売上変化の傾向がAに似ている地方」をBに選びます。テレビCM放送前後のBの売上の変化を元にAのCM放送がなかったときの売上推定値を求めます。この推定値と実績の差が因果効果になります。人工データで作った（**図7-15**）はCM放送前後でAもBも売上が下がっていますが、AはCM放送がなかったときの推定値と比べて大きいので効果があったと判断します。

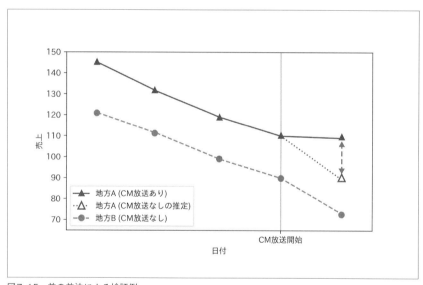

図7-15　差の差法による検証例

　他のアプローチとしては説明モデルを利用した重回帰分析や、介入を受ける確率を利用してバイアスを補正する方法、比較対照の時系列を生成する方法などがあります。これらの手法と具体的な実装コードは『効果検証入門』[安井20a] が参考になります。本章で紹介した内容よりも広い因果推論の概観および実際の観察データ分析事例は『岩波データサイエンス Vol.3』[岩波16] にまとまっています。

7.7 この章のまとめ

　施策と結果の因果関係の捉え方、信頼区間を使った効果量の確認方法、A/Bテスト、オフライン検証について解説しました。効果検証に限らずバイアスに注意を払ってデータを取り扱うのはデータから価値を生み出す仕事をする上で重要な姿勢になります。ルービンの因果モデルに基づく因果効果推定の考え方は正しい比較を行うのに役に立つでしょう。オフライン検証はコストのかかるA/Bテストを減らして開発サイクルを速められます。Webサービスのオンライン検証は工場の抜き取り検査と違い低いコストで多くの標本が得られます。そのため限られた標本を使って母集団の性質を予測する統計のメリットはないようにも感じられますが、副作用をともなう新機能の検証においてはそのリスクを最小化できるのです。

　効果検証の結果はデータサイエンスチーム内だけでなくビジネスサイドへも報告が必要となります。コストがかかるA/Bテストの実施が望ましい理由などの認識は事前にあわせておくとコミュニケーションが円滑に進められるでしょう。興味を持った関係者に勧められる効果検証の一般書としては『「原因と結果」の経済学』[中室17]があります。

7.8　こぼれ話：絶対に成功するA/Bテスト、A/Bテストの母集団ハック

　筆者（中山）がある会社の社内ビジネスコンテストで社外審査員を担当させていただいた際、本節で紹介する「絶対に成功するA/Bテスト」が行われた事例がありました。筆者以外にも数名の専門家の社外審査員がいましたが、他の審査員は使われた技術に注目してしまい、A/Bテストの問題を見逃していました。

　「使われている技術が最先端で成果も出ているから、これはすばらしい」と主張する審査員と、「A/Bテストが絶対に成功するように設計されているため、この技術がすばらしいかどうかはわからない」という筆者とで意見が割れ、審査の議論は大いに盛り上がりました。

　このとき「技術の専門家であってもA/Bテストの設計はなかなか難しいのだ」ということを痛感し、この手法を世に広めねばと思い、A/Bテストを紹介する本章の最後にこぼれ話として紹介したいと思います。

　まず、A/Bテストが行われる目的は大きく分けて2つあると考えています。

- 複数の施策の中からより良い施策を選択する
- 新しい施策を実施する際に悪い結果が出たら即座に中止する

　これらの副次的な効果として、施策内容を理解していない人であっても良し悪しを判断できるというメリットがあります。このメリットを逆手に取り、A/Bテストの条件をコントロールすることで絶対に成功するA/Bテストを設計できます。これを悪用すると、A/Bテストの中身を理解しない上司をあざむいて、会社の意思決定をハックできてしまいます。ビジネスサイドの頭が固く、なかなか実験的な施策を社内に導入できないといった環境であっても、A/Bテストをハックすることで会社の意思決定をねじ曲げられるのです。

　その手法の紹介と見抜き方、対策方法について紹介しましょう。

7.8.1　母集団コントロールによるA/Bテストのハック

　どのようにすると絶対に成功するA/Bテストは作れるのでしょうか。答えは簡単で「もともとがゼロで、なおかつ負の値を取らないKPI」をA/Bテストの評価指標にすることです。たとえば次のような例では、B群は大成功と判断できるわけです。

- A群：コンバージョンレート 0.0%
- B群：コンバージョンレート 1.0%

- A群：売上 0円
- B群：売上 100円

もともとがゼロで負の値を取らない指標は、ゼロ以下に下がりようがないため、何をやっても現状と変わらないか良くなるしかないのです。そして、ビジネスの現場では売上やコンバージョンレートのようなマイナスになりようのない指標というのはいくらでもあるので、そこからゼロの値を持つ母集団をうまく切り取ると、母集団ハックを利用した絶対に成功するA/Bテストが実現できます。

それでは実際に私が見た、母集団コントロールの事例を紹介します。

7.8.2　休眠顧客へのアプローチ

あなたの会社が購買履歴のある顧客に対してメールマガジンを送っているとしたら、母集団ハックを使って面白いことができます。

購買履歴とメールアドレスを突き合わせて、「過去3年間購買履歴がないお客さま」という顧客セグメントを作りましょう。このセグメントは、将来コンバージョンをする可能性が極めて低いため、顧客価値がほぼゼロです。そのためそのセグメントからの売り上げは何もしなかったらゼロだと思って良いでしょう。

そして、機械学習を活用して過去の購買履歴からお客さまに合わせたクーポンコードを発行し、メールマガジンに添付して送るという施策を立て、これをいつも通りのメールマガジン送付と比較してA/Bテストを行います。すると、こんなA/Bテストの結果が得られます。

- A群：いつも通りのメール群のCVR 0.0%
- B群：機械学習によるおすすめ割引クーポン付与のCVR 1.2%

この結果から「機械学習によるおすすめ割引クーポン付与は良い」という結論を導いても良いのでしょうか？

この事例におけるコンバージョンレートの上昇は割引クーポンの効果であって、機械学習によってメールマガジンを個人に最適化したためではないでしょう。この実験であれば、次のような3群を作って実験を行うべきです。そしてB群とC群のCVRの

差から、機械学習による最適化の効果を把握するべきです。

- A群：いつも通りのメール群
- B群：機械学習によるおすすめ割引クーポン付きのメール群
- C群：顧客が最後に閲覧した商品カテゴリに対するクーポンコード付きのメール群

　筆者は実際にA群とB群を比較して、「機械学習によるおすすめ割引クーポン付与は良い」と主張されたレポートを見たことがあります。

　これは母集団コントロールと、複数の施策を同時に混ぜ込んだA/Bテストの合わせ技です。効果がない施策（機械学習）であっても、効果のある施策（割引クーポン）と混ぜることで、あたかも効果があることのように見せかけられるのです。

7.8.3　バックボタンハック

　ウェブページを見ている際に戻るボタンを押したときに、ポップアップが出てくるサイトがあります。たとえばFacebookでは、投稿欄に何かしらのメッセージを入れた状態でバックボタンを押すと、次のように表示されます。

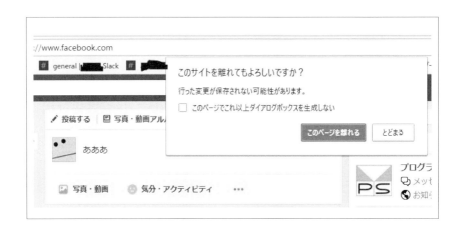

　戻るボタンを押した顧客というのは、そのサイトを去っていくことが確実であり、その後のコンバージョンレートはほぼゼロであることが予想されます。そのため、戻るボタンを押した顧客を対象にして、そのまま去っていかせるのと、アラートをだし

て引きとめることをA/Bテストをすることで確実にプラスになるA/Bテストを設計できるのです。そして、一部のマーケティングツールでは、この手法が使われています。そして、この絶対に成功するA/Bテストに対して高いマーケティング費用を支払っている会社が多く存在しています。

7.8.4　母集団ハックを見抜く

母集団ハックを見抜くには、適切にベースラインの施策が設定されているかどうかを考えることが大切です。たとえば前出の休眠顧客に対するメールであれば、C群の設計がベースラインの施策になります。機械学習の導入による効果を測定したいのであれば、とても簡単なルールベースのアルゴリズムを組み込んで、それと比較するべきなのです。

バックボタンを例とすれば「バックボタンを押した際にどのようなメッセージを出すべきか」というA/Bテストであれば、ベースラインの設計がうまくできていると言えるでしょう。

A/Bテストの各施策を比較する際は、以下の観点でハックが行われていないかを見ると良いでしょう。

- 母集団が絶対にゼロのセグメントを用いていないか
- 複数の施策が1つの群の中に混ぜ込まれていないか
- ベースラインの施策が正しく設計されているか

とはいえ、ゼロのセグメントを母集団にして施策を実行し、成果を出すことは必ずしも悪いことではありません。やれば必ず成果が出るセグメントなので、やらない理由はないのです。問題なのは、ゼロのセグメントを対象としたA/Bテストの成功を元に、施策に使われていた技術が良かったという錯誤を引き起こさせることです。

7.8.5　休眠顧客を使った低リスク実験による成功事例の　　積み上げ

なお、休眠顧客に対するアプローチは、機械学習システムの導入において、とても有効です。

機械学習システムの導入は、既存のマーケティング部門やビジネス部門からしてみると「機械学習というよくわからないものが入ってくる」「A/Bテストで実験してみると言っているが、成果が落ちるかもしれない」という不安要素しかありません。そ

れに対して、休眠顧客のようなベースラインがゼロであるセグメントを借りて実験を行う場合、成果が下がることはあり得ないため、社内の抵抗が少なく、比較的簡単に実験できます。

## 8章

機械学習のモデルを解釈する

　本章では、機械学習によって獲得したモデルのパラメータを調べることによって、どのような特徴量が目的変数に対してどのように寄与していたのかを調べます。

　ビジネスの現場では、予測結果の解釈を上司やクライアント、利用者に説明することがよくあります。なぜこのような予測になったのか、その予測にはどのような特徴量が寄与していたのか、どの特徴量とどの特徴量を組み合わせると良く予測できるのかといった具合です。このような説明を踏まえて、予測の根拠と人間の直感と合致しているかが判断され、予測モデルの妥当性が評価されます。

　こういった考え方はExplainable AI（説明可能なAI）として研究が盛んな分野のひとつです。この分野の有名な論文のひとつに、Grad-CAM[Selvaraju19]というものあります。この論文では画像の分類モデルに対して、画像のどの部分が分類に寄与したかを可視化することで、分類モデルが正しく機能しているかを示すことができると提案しています。

　論文中の事例では、偏ったデータセットを用いると女性の医師を看護師であると誤認識してしまう、という実験結果が紹介されています。この実験ではインターネット上から医師と看護師の画像を収集し、それらを分類するモデルを作成しました。その結果82%の精度で正しく分類できるようになりました。そして、どこが分類に寄与していたのかを可視化すると、人の顔と髪に着目していたということがわかりました。これはどういうことでしょうか？　インターネット上から収集してきた医師と看護師の画像は、その職業における男女比をある程度反映しており、医師では男性が78%、看護師では女性が93%という非常に偏ったものだったのです[†1]。つまり分類器は画

---

†1　日本における医師の男女比は78.1%:21.9%、看護師の男女比は7.8%:92.8%です（2018年時点）。そのため、日本語で「医師」や「看護師」といったキーワードで画像を収集しても、同じ問題が発生しえます。

像が男性か女性かを見分けるように学習しており、それを男性であれば医師、女性であれば看護師として出力していたわけです。教師データの男女比を是正し学習を行いったところ、機械学習は聴診器や白衣、半袖（医師の白衣は長袖、看護師の白衣は半袖）といった部位に着目するようになり、正しい予測が行えるようになったようです。

　一方で、このような予測事由の評価は、人間が気づいていなかった事由を発見することもできます。たとえば、従業員満足度調査のアンケート結果を機械学習にかけることで、何が従業員満足度に繋がっているかを調査する、といったケースです。このような使い方をすることで、予測介入のために機械学習を活用するだけでなく、現状把握のために機械学習を用いることができます。

　今回対象とするデータは Kaggle 上で公開されている IBM 社の退職予測の問題のデータセット[2]です。このデータセットは、従業員の雇用状況の人事データと、従業員満足度調査のアンケートと、その従業員がその後離職したかどうかのデータを結合したものとなっています。本章ではこのデータセットを対象に、離職を目的変数として機械学習を行い、得られたモデルのパラメータを観察することで、どのような特徴量が退職に寄与したのかを把握し、退職原因を考えていきます。

　ただし、「相関は因果を意味しない」ことに注意をしてください。ここで言えるのはあくまでも相関だけです。実はデータに含まれていない別の原因が存在し、それが退職や社員満足度、その他の特徴量に影響を与えており、結果的に退職と何らかの特徴量が相関している、ということも考えられるわけです。

8.1　Google Colaboratory にインストールされているライブラリをバージョンアップする

　今回は Google Colaboratory の環境を利用します。Google Colaboratory には、機械学習に必要ないくつかのライブラリがインストールされていますが、バージョンが最新ではないことがよくあります。2021 年 1 月現在、scikit-learn の最新版は0.24.1 ですが、Google Colaboratory にインストールされているのは 0.22.2.post1 です。それでは pip コマンドで最新版をインストールしてみましょう。-U オプションは --upgrade の省略形で、ライブラリを最新版にするためものです。

---

[2]　IBM HR Analytics Employee Attrition & Performance https://www.kaggle.com/pavansubhasht/ibm-hr-analytics-attrition-dataset

```
!pip install -U scikit-learn
```

インストールが完了したら、以下のようにバージョンを確認できるようになります。

```
import sklearn
sklearn.__version__
# 0.24.1
```

これで scikit-learn のバージョンが最新化されました。それでは一緒に本章で利用するライブラリのインストールも行ってしまいましょう。本章では shap[3]と dtreeviz[4]を用います。

```
!pip install shap dtreeviz
```

8.2　学習用のファイルをアップロードして確認する

Google Colaboratory では、専用の API を実行することで、ノートブック上に任意のファイルをアップロードできます。まずは対象とするデータ（WA_Fn-UseC_-HR-Employee-Attrition.csv）をアップロードしてみましょう。

```
from google.colab import files
files.upload()
```

図8-1　Google Colaboratory のファイルアップロードフォームを呼び出す

続いては、アップロードしたファイルがどのような構造なのかを確認します（図

---

[3]　https://github.com/slundberg/shap
[4]　https://github.com/parrt/dtreeviz

8-2)。

```
import numpy as np
import pandas as pd
import matplotlib.pyplot as plt

source_df = pd.read_csv('WA_Fn-UseC_-HR-Employee-Attrition.csv')
source_df.head(10)
```

	Age	Attrition	BusinessTravel	DailyRate	Department	DistanceFromHome	Education	EducationField	Em
0	41	Yes	Travel_Rarely	1102	Sales	1	2	Life Sciences	
1	49	No	Travel_Frequently	279	Research & Development	8	1	Life Sciences	
2	37	Yes	Travel_Rarely	1373	Research & Development	2	2	Other	
3	33	No	Travel_Frequently	1392	Research & Development	3	4	Life Sciences	
4	27	No	Travel_Rarely	591	Research & Development	2	1	Medical	
5	32	No	Travel_Frequently	1005	Research & Development	2	2	Life Sciences	
6	59	No	Travel_Rarely	1324	Research & Development	3	3	Medical	
7	30	No	Travel_Rarely	1358	Research & Development	24	1	Life Sciences	
8	38	No	Travel_Frequently	216	Research & Development	23	3	Life Sciences	
9	36	No	Travel_Rarely	1299	Research & Development	27	3	Medical	

図8-2　元データを確認

　続いては、Pandasの read_csv 関数で読み込まれた際に自動判定された変数の型を見てみます。

```
source_df.dtypes
# Age                        int64
# Attrition                  object
# BusinessTravel             object
# DailyRate                  int64
# Department                 object
# DistanceFromHome           int64
# Education                  int64
# EducationField             object
# EmployeeCount              int64
# EmployeeNumber             int64
# EnvironmentSatisfaction    int64
# Gender                     object
# HourlyRate                 int64
```

```
# JobInvolvement             int64
# JobLevel                   int64
# JobRole                    object
# JobSatisfaction            int64
# MaritalStatus              object
# MonthlyIncome              int64
# MonthlyRate                int64
# NumCompaniesWorked         int64
# Over18                     object
# OverTime                   object
# PercentSalaryHike          int64
# PerformanceRating          int64
# RelationshipSatisfaction   int64
# StandardHours              int64
# StockOptionLevel           int64
# TotalWorkingYears          int64
# TrainingTimesLastYear      int64
# WorkLifeBalance            int64
# YearsAtCompany             int64
# YearsInCurrentRole         int64
# YearsSinceLastPromotion    int64
# YearsWithCurrManager       int64
# dtype: object
```

数値型はint64、文字列によるカテゴリ値はobjectになっています。

それでは、このデータを元に機械学習で使うためのテーブルを作っていきます。ま
ずは目的変数を抽出します。今回目的変数となるのはAttritionです。日本語に直
訳すると「損耗」ですが、英語では社員の自己都合退職や定年退職、死去などによる
人員の自然減少を指して使われます。AttritionはYesとNoの二値なので、これを
0と1に変換します。変換後のattrition_labelは1が離職、0が雇用継続となり
ます。

```
attrition_label = (source_df.Attrition == 'Yes').astype(np.int64)
attrition_label
# 0        1
# 1        0
# 2        1
# 3        0
# 4        0
     ..
# 1465     0
# 1466     0
# 1467     0
# 1468     0
# 1469     0
```

```
# Name: Attrition, Length: 1470, dtype: int64
```

続いては説明変数を作っていきます。まずは値が一種類しかないカラムを捨てます。これは予測に使えないためです。

```
single_value_column = source_df.nunique() == 1
source_df.drop(source_df.columns[single_value_column],
               axis=1, inplace=True)
```

続いては、select_dtypesを使って、元データを数値型とカテゴリ値型に分けましょう。select_dtypesは特定の型のカラムだけを抽出する関数です。
まずはカテゴリ値を抽出します（**図8-3**）。

```
categorical_df = source_df.select_dtypes(include=['object'])
categorical_df.drop(
    ['Attrition'], axis=1, inplace=True) # 目的変数の除去
categorical_df
```

	BusinessTravel	Department	EducationField	Gender	JobRole	MaritalStatus	OverTime
0	Travel_Rarely	Sales	Life Sciences	Female	Sales Executive	Single	Yes
1	Travel_Frequently	Research & Development	Life Sciences	Male	Research Scientist	Married	No
2	Travel_Rarely	Research & Development	Other	Male	Laboratory Technician	Single	Yes
3	Travel_Frequently	Research & Development	Life Sciences	Female	Research Scientist	Married	Yes
4	Travel_Rarely	Research & Development	Medical	Male	Laboratory Technician	Married	No
...	...	...	...	...	...	...	...
1465	Travel_Frequently	Research & Development	Medical	Male	Laboratory Technician	Married	No
1466	Travel_Rarely	Research & Development	Medical	Male	Healthcare Representative	Married	No
1467	Travel_Rarely	Research & Development	Life Sciences	Male	Manufacturing Director	Married	Yes
1468	Travel_Frequently	Sales	Medical	Male	Sales Executive	Married	No
1469	Travel_Rarely	Research & Development	Medical	Male	Laboratory Technician	Married	No

1470 rows × 7 columns

図8-3　カテゴリ値を抽出

次に数値型を抽出します。この際にEmployeeNumber（従業員番号）のような個人を一意に特定できる特徴量は過学習の原因になるので取り除きます。もちろん、従業員番号が入社した順序を示しているとしたら使える情報になるかもしれませんが、YearsAtCompanyのカラムと見比べても相関がないので、おそらくアンケートに答えた順序などではないかと予想されます。

```
numerical_df = source_df.select_dtypes(include=['int64'])
numerical_df.drop(['EmployeeNumber'], axis=1, inplace=True)
numerical_df
```

	Age	DailyRate	DistanceFromHome	Education	EnvironmentSatisfaction	HourlyRate	JobInvolvement	Jobl
0	41	1102	1	2	2	94	3	
1	49	279	8	1	3	61	2	
2	37	1373	2	2	4	92	2	
3	33	1392	3	4	4	56	3	
4	27	591	2	1	1	40	3	
...	...	...	...	...	...	...	...	
1465	36	884	23	2	3	41	4	
1466	39	613	6	1	4	42	2	
1467	27	155	4	3	2	87	4	
1468	49	1023	2	3	4	63	2	
1469	34	628	8	3	2	82	4	

1470 rows × 23 columns

図8-4　数値型の説明変数の確認

　カテゴリ型を categorical_df、数値型を numerical_df として分けました。あとはカテゴリ型のデータを One-Hot Encoding して、数値型と結合して説明変数のデータフレームを作ります。One-Hot Encoding には pandas の get_dummies という関数を使います。

```
converted_df = pd.concat([numerical_df,
                          pd.get_dummies(categorical_df)], axis=1)
```

　一通りデータを作り終わったので、相関行列（Correlation Matrix）を確認して、データの傾向を把握しましょう（**図8-5**）。

```
plt.figure(figsize=(15, 15))
plt.imshow(converted_df.corr(), interpolation='nearest')
plt.colorbar()
plt.xticks(range(len(converted_df.columns)), converted_df.columns,
           rotation='vertical')
plt.yticks(range(len(converted_df.columns)), converted_df.columns)
plt.show()
```

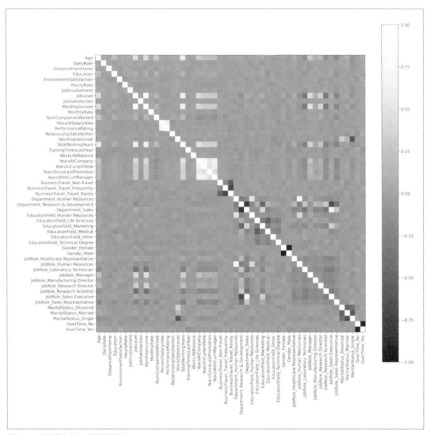

図8-5 説明変数の相関行列

　相関行列から、Age、JobLevel、MonthlyIncom、TotalWorkingYears.YearsAt
Company、YearsIInCurrentRole、YearsAtCompany、YearsInCurrentRole、
YearsSinceLastPromotion、YearsWithCurrManager あたりが強く相関してい
ることがわかりました。 これらはいずれも年齢が上がるにつれて昇進している人が
多くなり、あるところで昇進が止まり同じ職位に長くいるためだと考えられます。

8.3 線形回帰の係数から原因を読み解く

それではまずは線形回帰を使って、離職の原因を探っていきましょう。線形回帰は古典的なアルゴリズムであり、今でも多くの場所で使われています。

データの傾向によってはとても強力に動作する反面、そのアルゴリズムの性質に対しての理解がないと、誤った結論を導いてしまう可能性があります。

さっそく線形回帰でフィッティング[†5]を行い、その回帰係数と切片を確認してみましょう。

```
import sklearn.linear_model

linear_model = sklearn.linear_model.LinearRegression()
linear_model.fit(converted_df, attrition_label)

linear_model_coef = list(
    zip(converted_df.columns, linear_model.coef_))
linear_model_coef.append(('intercept', linear_model.intercept_))
linear_model_coef
# [('Age', -0.00349714081621159),
# ('DailyRate', -2.636998761938835e-05),
# ('DistanceFromHome', 0.003606848040478202),
# ('Education', 0.0017222192308999507),
# ('EnvironmentSatisfaction', -0.04050208861411766),
#     :
# ('MaritalStatus_Single', 0.06880806709115139),
# ('OverTime_No', -0.10533951970056042),
# ('OverTime_Yes', 0.10533951970056046),
# ('intercept', 0.8741824765919142)]
```

scikit-learnにおける線形回帰型の機械学習モデルでは、`coef_`というメンバ変数にアクセスすることによって、学習によって得られた回帰係数を参照できます。また切片は`intercept_`から得られます。これにより、線形回数の係数と切片が得られました。ここから何が有効な特徴量であったかを調べていきましょう。

まずは係数を可視化するための簡易的な関数を作ります。カラム名、係数のリスト、切片の値を受け取って、それらの絶対値の大きい順に返す関数を作ります。これにより、相関がありそうな変数を調べられるようになります。

[†5] フィッティングと学習は基本的には同一です。本章では説明変数と目的変数が比較的簡単で連続的な関数に従っていると仮定しているときに、フィッティングとしています。複雑な機械学習モデルを用いて非連続な関数に従っていると仮定したときは学習としています。

```
def check_coef(column_names, coef_list, intercept=None):
    weights = dict(zip(column_names, coef_list))
    if intercept:
        weights['intercept'] = intercept
    df = pd.DataFrame.from_dict(weights, orient='index')
    df.columns = ['coef']
    df.sort_values(by='coef', key=lambda t:abs(t),
        inplace=True, ascending=False)
    print(df.head(10))
```

それでは先ほどの線形回帰での結果を表示してみましょう。

```
check_coef(converted_df.columns,
    linear_model.coef_, linear_model.intercept_)
#                                            coef
# intercept                              0.874182
# JobRole_Sales Representative           0.164880
# JobRole_Human Resources               0.124988
# OverTime_Yes                           0.105340
# OverTime_No                           -0.105340
# JobRole_Research Director             -0.092631
# JobRole_Healthcare Representative     -0.090496
# EducationField_Human Resources         0.085261
# BusinessTravel_Travel_Frequently       0.079816
# Department_Human Resources            -0.078630
```

intercept（切片）が最上位に来ました。これは他の係数に応じて変わるため、いったん無視しましょう。その次にはJobRoleが上位に来ています。営業部門や、人事部門の人は離職しやすいようです。このほかにも残業がある業務体系の人の方が、離職率が高いようにも見受けられます。しかしよく見ると、もともとがカテゴリ変数だったものばかりが上位に来ているようです。これはどういうことでしょうか？線形回帰の場合、特徴量に対して係数をかけたものを線形結合して目的変数に対してフィッティングします。そのため、もともとの特徴量のスケールが小さかったものは、係数が大きく出る傾向にあり、年齢や給与などのスケールが大きかったものは相対的に小さく出る傾向にあります。カテゴリ変数は0か1の変数なので、給与などの他の変数に比べてスケールが小さいため、上位にきてしまっているのでしょう。つまり、次元が異なるものを比較してしまっているのです。

したがって、この分析は誤っています。データをMin Max Scalerで0から1の値域に正規化して、もう一度同じことをしてみましょう。

```python
import sklearn.preprocessing
scaler = sklearn.preprocessing.MinMaxScaler()
standardization_df = pd.DataFrame(
    scaler.fit_transform(converted_df),
    index=converted_df.index,
    columns=converted_df.columns)
standardization_df
```

	Age	DailyRate	DistanceFromHome	Education	EnvironmentSatisfaction	HourlyRate	JobInvolvement
0	0.547619	0.715820	0.000000	0.25	0.333333	0.914286	0.666667
1	0.738095	0.126700	0.250000	0.00	0.666667	0.442857	0.333333
2	0.452381	0.909807	0.035714	0.25	1.000000	0.885714	0.333333
3	0.357143	0.923407	0.071429	0.75	1.000000	0.371429	0.666667
4	0.214286	0.350036	0.035714	0.00	0.000000	0.142857	0.666667
...	...	...	...	...	...	...	...
1465	0.428571	0.559771	0.785714	0.25	0.666667	0.157143	1.000000
1466	0.500000	0.365784	0.178571	0.00	1.000000	0.171429	0.333333
1467	0.214286	0.037938	0.107143	0.50	0.333333	0.814286	1.000000
1468	0.738095	0.659270	0.035714	0.50	1.000000	0.471429	0.333333
1469	0.380952	0.376521	0.250000	0.50	0.333333	0.742857	1.000000

図8-6　正規化したデータフレームを確認

```python
linear_model = sklearn.linear_model.LinearRegression()
linear_model.fit(standardization_df, attrition_label)
check_coef(converted_df.columns,
    linear_model.coef_, linear_model.intercept_)
#                                              coef
# intercept                            6.031548e+13
# Department_Human Resources          -1.729127e+13
# Department_Sales                    -1.729127e+13
# Department_Research & Development   -1.729127e+13
# JobRole_Healthcare Representative   -1.475151e+13
# JobRole_Research Director           -1.475151e+13
# JobRole_Manufacturing Director      -1.475151e+13
# JobRole_Research Scientist          -1.475151e+13
# JobRole_Manager                     -1.475151e+13
# JobRole_Sales Executive             -1.475151e+13
```

正規化してフィッティングをしたところ、値が発散してしまいました[6]。これは多重共線性（マルチコ、multi-colinearlity）のせいです。多重共線性とは、ある特徴

---

[6]　本来であればMin Max Scalerを使う前のデータでも同じように計算が発散するはずなのですが、色々調べましたが今回のデータセットでなぜ発散しないのかはわかりませんでした。

量が他の特徴量と極めて似通っており、予測可能な状態にあることを言います。強い多重共線性があるカラムが存在すると線形回帰などは過学習してしまい、このように誤った結果を返してしまいます。

多重共線性が生まれてしまった原因は、One-Hot Encodingを行う際に、n個のカテゴリ値をn個のカラムに変換してしまったためです。たとえば残業の有無を表す`OverTime`カラムをOne-Hot Encodingしようとすると、`OverTime_Yes`と`OverTime_No`の2つが生まれてしまいますが、この2つの変数は0と1が逆になっているだけで、実質的に同一のデータです。

`pd.get_dummies`の実行時に`drop_first`オプションを有効にすることで、One-Hot Encodingの際に1種類のデータを捨てて、n種類のデータをn−1種類にできます。これによりOne-Hot Encodingにおける多重共線性を回避できます。それでは`drop_first`オプションを有効にして、もう一度おなじ分析を行ってみましょう。

```
converted_dropped_df = pd.concat(
    [numerical_df,
    pd.get_dummies(categorical_df, drop_first=True)],
    axis=1)
scaler = sklearn.preprocessing.MinMaxScaler()
standardization_dropped_df = pd.DataFrame(
    scaler.fit_transform(converted_dropped_df),
    index=converted_dropped_df.index,
    columns=converted_dropped_df.columns)
linear_model = sklearn.linear_model.LinearRegression()
linear_model.fit(standardization_dropped_df, attrition_label)
check_coef(standardization_dropped_df.columns,
    linear_model.coef_, linear_model.intercept_)
#                                   coef
# intercept                     0.327084
# JobRole_Sales Representative  0.255376
# YearsAtCompany                0.219716
# JobRole_Human Resources       0.215485
# OverTime_Yes                  0.210679
# JobInvolvement               -0.173957
# YearsInCurrentRole           -0.165696
# YearsWithCurrManager         -0.162449
# YearsSinceLastPromotion       0.162321
# NumCompaniesWorked            0.154911
```

今度は値が発散せずに、うまく回帰係数を求められました。係数の上位から見ていくと営業職 JobRole_Sales Representative、在籍期間 YearsAtCompany、人事職 JobRole_Human Resources、残業がある OverTime_Yes などが離職しやすいようです。最後に昇進してからの経過年数 YearsSinceLastPromotion と組み合わせて考えると、激務で働いているが昇進できなかった人が離職しやすいといった仮説が導けそうです。

一方で、現在職位での在籍期間 YearsInCurrentRole、現在の上司の元での期間 YearsWithCurrManager は係数が負であり、離職に対しては負の影響があるようです。つまり安定した仕事を続けていると離職しにくいということがわかります。すなわち裏を返すと、職種移動や上司の変更で職場環境が激変した人は離職しやすいという仮説が得られます。

しかし、この情報の見方にも注意が必要です。One-Hot Encoding によって1種類のデータを捨ててしまっているので、その捨ててしまったデータがどのように寄与していたのかがわかりづらくなっています。もともとが二値のカラムであればもう片方の値が逆向きに作用していたとわかります、たとえば OverTime が No の影響度は OverTime_Yes を負にした値、すなわち残業のない職種は離職にマイナスの影響がある（働き続ける）ことがわかるわけです。しかし3種類以上のカテゴリ値の場合、辞書順で最初の1つ目の値は捨てられてしまいます。そしてその値の影響は他の係数や、intercept（切片）に内包されて表現されてしまいます。そのため、カテゴリ値があるものを One-Hot Encoding して線形回帰で見ようとすると誤った結果を導いてしまうことがあります。

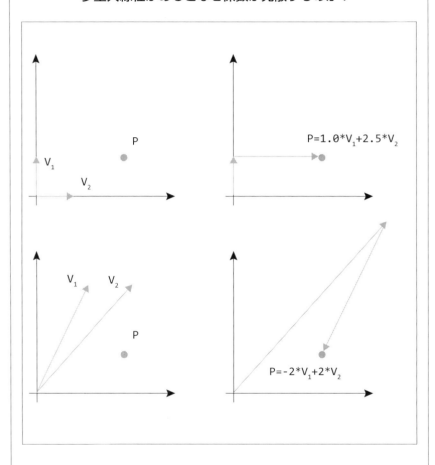

多重共線性があるとなぜ係数が発散するのか？

線形回帰とは「目的変数を他の説明変数の線形結合を用いて表現する」という問題に読み替えられます。

図の上半分は特徴量が独立である場合です。この場合、点 P を V_1 と V_2 の線形結合で表現しようとすると、$P = 1.0 * V_1 + 2.5 * V_2$ となります。

図の下半分は特徴量が多重共線性を持っている例（2つの特徴量が強く相関している）です。点 P を V_1 と V_2 の線形結合で表そうとすると、$P = -2.0 * V_1 + 2 * V_2$ となります。V_1、V_2 はいずれと点 P と相関するにもかかわらず、多重共線性を

持つ特徴量で P を表現しようとすると、片方はマイナスになるのです。

　たとえば、V_1 は年齢、V_2 は役職、P は給与とした場合に「伝統的な大企業では年齢と役職は強く相関するため、線形回帰を行うと年齢は給与に対してマイナスの影響を及ぼす」という誤った結果が導かれてしまいます。

　そして、V_1 と V_2 の角度が小さくなっていくにつれて、P を表現するための係数の絶対値はどんどん大きくなっていきます。最終的に、V_1 と V_2 の角度が一致すると、係数は無限大に発散します。これがダミーエンコーディングで多重共線性のある変数を作ってしまったがために、重回帰が失敗した理由です。

　こういった多重共線性があるデータでは、回帰係数が大きくなっていってしまい過学習しやすいため、Lasso 回帰や Ridge 回帰、ElasticNet といった正則項を加えて、回帰係数が大きくなることを抑制した線形回帰アルゴリズムが使われます。

　また、説明変数が目的変数に対して負の影響を及ぼさないとわかっている場合、回帰係数に非負制約を入れることがあります。たとえば各週の各種メディアへの広告出稿金額を説明変数に取り、各週の売上を目的変数として、どのメディアがどの程度の貢献をしたのかを調査するような場合です。scikit-learn の回帰モデルであれば positive というパラメータを有効にすることで、非負制約を有効にできます。これは広告業界でマーケティングミックスモデル（MMM）と呼ばれ、よく使われているものなので、気になるひとはこのキーワードで検索してみてください。

8.4　ロジスティック回帰の係数から原因を読み解く

　先ほどは線形回帰から、離職に寄与する変数を調べてみました。続いては線形分類器のパラメータを確認することで、離職原因を探っていきましょう。今回は線形分類器であるロジスティック回帰を用います。ロジスティック回帰は回帰と付いていますが、分類器であることに注意しましょう。

　基本的には先ほどの線形回帰の際と同じですが、coef_[0] や intercept_[0] といった配列の値を取ることに注意してください。今回は離職するか否かの2クラス分類器なので分類器は1つですが、3クラス以上の場合そのクラスの数だけ分類器が作成され、もっとも高い評価値を返した分類器によってどのクラスに属しているかが決

定されます。

```
lr_model =
    sklearn.linear_model.LogisticRegression(C=0.1)
lr_model.fit(standardization_dropped_df, attrition_label)
check_coef(standardization_dropped_df.columns,
    lr_model.coef_[0], lr_model.intercept_[0])
#                                    coef
# OverTime_Yes                    1.259661
# JobInvolvement                 -0.719254
# EnvironmentSatisfaction        -0.673118
# JobSatisfaction                -0.660775
# BusinessTravel_Travel_Frequently  0.651580
# MaritalStatus_Single            0.633452
# JobRole_Laboratory Technician   0.566878
# NumCompaniesWorked              0.564474
# DistanceFromHome                0.527556
# Age                            -0.524708
```

ロジスティック回帰では、残業がある人OverTime_Yes、出張が多い人Business
Travel_Travel_Frequently、独身の人MaritalStatus_Singleは離職しやすい
ようです。また、仕事への没頭度合いJobInvolvement、職場環境の満足度Environ
mentSatisfaction、仕事への満足度JobSatisfactionが高い人は辞めにくいよ
うです。

とはいえ、これは正則化の強さを決めるCパラメータが0.1であるときの結果であ
ることに注意してください。正則化を上手く使うことで、多重共線性による係数の発
散を抑制できます。本来であればデータをtrainとtestに分割しCパラメータを変更
し、過学習していないかを調べる必要があります。

8.5　回帰係数のp値を求める

これまでは単純な線形回帰やロジスティック回帰で離職に寄与する変数を探してき
ました。この手法では、回帰係数はわかるものの、その回帰係数が外れ値に引きずられ
てしまって出てきた値なのかどうかがわかりません。線形回帰は誤差や外れ値に弱い
ため、そのまま解釈するのは危険です。筆者 (中山) の周りでは、実務ではscikit-learn
の線形回帰モデルを使うのではなく、statsmodels[7]のstatsmodels.api.OLSがよ
く使われます。OLSは Ordinary Least Squares、つまり最小二乗法の略です（以下

---

[7]　https://www.statsmodels.org/stable/index.html

OLS)。

　OLSは各回帰係数だけでなく、p値と信頼区間を同時に出力してくれます。これに
より、p値が大きい特徴量は目的変数に対して寄与していないと判断できます。

　それではOLSを実際に使ってみましょう。statsmodelsの関数は、切片を自動的に
予測しないので、切片を求めるためには、定数項を加える必要があることに注意して
ください。またOLSでは、summary2関数によってフィッティングの結果や、各特徴
量の係数、標準誤差、t値、p値、95%信頼区間を求められます（**図8-7**）。

```
import statsmodels.api
ols_df = standardization_dropped_df.copy()
ols_df['const'] = 1
ols_model = statsmodels.api.OLS(attrition_label, ols_df)
fit_results = ols_model.fit()
fit_summary = fit_results.summary2()
print(fit_summary)
```

```
 ⤷                     Results: Ordinary least squares
=====================================================================
Model:                OLS               Adj. R-squared:       0.235
Dependent Variable:   Attrition         AIC:                  882.5729
Date:                 2021-03-29 01:21  BIC:                  1120.7587
No. Observations:     1470              Log-Likelihood:       -396.29
Df Model:             44                F-statistic:          11.24
Df Residuals:         1425              Prob (F-statistic):   6.55e-65
R-squared:            0.258             Scale:                0.10356
---------------------------------------------------------------------
                              Coef.  Std.Err.    t    P>|t|   [0.025  0.975]
---------------------------------------------------------------------
Age                          -0.1469  0.0557 -2.6363 0.0085 -0.2562 -0.0376
DailyRate                    -0.0368  0.0296 -1.2457 0.2131 -0.0948  0.0212
DistanceFromHome              0.1010  0.0293  3.4435 0.0006  0.0435  0.1585
Education                     0.0069  0.0341  0.2018 0.8401 -0.0601  0.0738
EnvironmentSatisfaction      -0.1215  0.0234 -5.1953 0.0000 -0.1674 -0.0756
HourlyRate                   -0.0123  0.0293 -0.4194 0.6750 -0.0698  0.0452
JobInvolvement               -0.1740  0.0360 -4.8362 0.0000 -0.2445 -0.1034
JobLevel                     -0.0195  0.1141 -0.1712 0.8641 -0.2433  0.2043
JobSatisfaction              -0.1115  0.0231 -4.8210 0.0000 -0.1568 -0.0661
MonthlyIncome                 0.0246  0.1442  0.1706 0.8646 -0.2582  0.3074
MonthlyRate                   0.0114  0.0297  0.3846 0.7006 -0.0468  0.0697
NumCompaniesWorked            0.1549  0.0343  4.5223 0.0000  0.0877  0.2221
PercentSalaryHike            -0.0305  0.0514 -0.5927 0.5535 -0.1314  0.0704
PerformanceRating             0.0185  0.0372  0.4969 0.6193 -0.0544  0.0914
RelationshipSatisfaction     -0.0691  0.0236 -2.9240 0.0035 -0.1154 -0.0227
StockOptionLevel             -0.0511  0.0409 -1.2487 0.2120 -0.1313  0.0292
TotalWorkingYears            -0.1490  0.0966 -1.5418 0.1233 -0.3386  0.0406
TrainingTimesLastYear        -0.0810  0.0398 -2.0371 0.0418 -0.1591 -0.0030
WorkLifeBalance              -0.0942  0.0362 -2.6030 0.0093 -0.1651 -0.0232
YearsAtCompany                0.2197  0.1195  1.8383 0.0662 -0.0147  0.4542
YearsInCurrentRole           -0.1657  0.0697 -2.3758 0.0176 -0.3025 -0.0289
YearsSinceLastPromotion       0.1623  0.0512  3.1689 0.0016  0.0618  0.2628
YearsWithCurrManager         -0.1624  0.0675 -2.4067 0.0162 -0.2949 -0.0300
BusinessTravel_Travel_Frequently  0.1527  0.0330  4.6235 0.0000  0.0879  0.2175
BusinessTravel_Travel_Rarely  0.0660  0.0285  2.3157 0.0207  0.0101  0.1219
Department_Research & Development  0.1300  0.1171  1.1107 0.2669 -0.0996  0.3597
Department_Sales              0.1058  0.1210  0.8744 0.3820 -0.1316  0.3433
EducationField_Life Sciences -0.1229  0.0837 -1.4672 0.1425 -0.2871  0.0414
EducationField_Marketing     -0.0819  0.0892 -0.9178 0.3589 -0.2569  0.0931
EducationField_Medical       -0.1348  0.0841 -1.6032 0.1091 -0.2997  0.0301
EducationField_Other         -0.1449  0.0899 -1.6114 0.1073 -0.3213  0.0315
EducationField_Technical Degree -0.0272  0.0875 -0.3106 0.7561 -0.1987  0.1444
Gender_Male                   0.0351  0.0174  2.0142 0.0442  0.0009  0.0692
JobRole_Human Resources       0.2155  0.1224  1.7608 0.0785 -0.0246  0.4556
JobRole_Laboratory Technician 0.1375  0.0400  3.4381 0.0006  0.0590  0.2159
JobRole_Manager               0.0522  0.0678  0.7694 0.4418 -0.0809  0.1853
JobRole_Manufacturing Director 0.0152  0.0392  0.3877 0.6983 -0.0617  0.0921
JobRole_Research Director    -0.0021  0.0605 -0.0353 0.9719 -0.1208  0.1165
JobRole_Research Scientist    0.0391  0.0396  0.9870 0.3238 -0.0386  0.1167
JobRole_Sales Executive       0.1018  0.0775  1.3145 0.1889 -0.0501  0.2538
JobRole_Sales Representative  0.2554  0.0861  2.9673 0.0031  0.0866  0.4242
MaritalStatus_Married         0.0125  0.0229  0.5448 0.5859 -0.0325  0.0575
MaritalStatus_Single          0.1095  0.0314  3.4841 0.0005  0.0478  0.1711
OverTime_Yes                  0.2107  0.0190 11.1152 0.0000  0.1735  0.2479
const                         0.3271  0.1390  2.3534 0.0187  0.0545  0.5997
---------------------------------------------------------------------
Omnibus:             279.704            Durbin-Watson:        1.916
Prob(Omnibus):       0.000              Jarque-Bera (JB):     459.666
```

図8-7　OLSで求めた各特徴量の係数やp値、信頼区間

　各特徴量の係数やp値、信頼区間を求められたので、ここからは有効な変数を出し
てみましょう。fit_summary.tablesにサマリーを表示するためのそれぞれのテー
ブルが入っているので、これを利用してp値でフィルターをかけて有効な変数を表示
してみましょう（**図8-8**）。

```
sorted_ols_coef = fit_summary.tables[1].sort_values(
    by='Coef.', key=lambda t:abs(t), ascending=False)
sorted_ols_coef = sorted_ols_coef[sorted_ols_coef['P>|t|'] < 0.05]
sorted_ols_coef[:10]
```

	Coef.	Std.Err.	t	P>|t|	[0.025	0.975]
const	0.327084	0.138981	2.353445	1.873557e-02	0.054455	0.599714
JobRole_Sales Representative	0.255376	0.086063	2.967310	3.054277e-03	0.086552	0.424200
OverTime_Yes	0.210679	0.018954	11.115247	1.387315e-27	0.173498	0.247860
JobInvolvement	-0.173957	0.035970	-4.836179	1.467103e-06	-0.244517	-0.103398
YearsInCurrentRole	-0.165696	0.069743	-2.375807	1.764221e-02	-0.302507	-0.028886
YearsWithCurrManager	-0.162449	0.067498	-2.406732	1.622254e-02	-0.294855	-0.030043
YearsSinceLastPromotion	0.162321	0.051224	3.168860	1.562894e-03	0.061839	0.262803
NumCompaniesWorked	0.154911	0.034255	4.522336	6.623404e-06	0.087716	0.222107
BusinessTravel_Travel_Frequently	0.152732	0.033034	4.623450	4.115873e-06	0.087931	0.217533
Age	-0.146880	0.055715	-2.636271	8.473613e-03	-0.256172	-0.037588

図8-8　p値でフィルターをかけて有効な変数を表示

　回帰係数Coef.の値は線形回帰を行った際に得られた結果と同一ですが、Years
AtCompanyやJobRole_Human Resources、JobInvolvementはp値が大きいため
現れていません。そのため、線形回帰を行った際とはまた違った仮説が考えられます。
　同じくロジスティック回帰についてもstatsmodels.api.Logitを利用すること
で係数とp値を求められます。こちらも合わせて活用すると良いでしょう。

8.6　決定木の可視化から原因を読み解く

　続いては決定木による可視化を行います。線形回帰は元のデータが線形であること
を仮定していました。現実のデータは往々にして非線形的であったり、特定の値から
急激にデータの性質が変わったりします。そのため、非線形性を取り扱える学習器を
使うことで、線形回帰とは異なった結果を得られます。それでは、決定木の可視化に
よって離職原因を探ってみましょう。

　決定木や後述のランダムフォレストは多重共線性をそこまで気にしなくても良いので、カテゴリ値はそのままOne-Hot Encodingしてしまいましょう。また、これらのアルゴリズムは特徴量の正規化をしなくとも動作するので、そのまま学習器に投入してしまいます。正規化をすると値のレンジが元のデータと変わってしまうので、人の目で正しく洞察するのが難しくなるためです。

　まずはscikit-learnの標準のplot_treeで可視化してみます（図8-9、決定木の詳細はサンプルのnotebookを参照してください）。決定木を可視化する場合、木の深さは3か4程度にしておくと良いでしょう。終端ノードは木の深さに対して2のn乗で増えるので、3だと8ノード、4だと16ノードになります。それ以上の、32や64もの終端ノードを人間が理解するのはかなり困難です。

```
import sklearn.tree
dt_model = sklearn.tree.DecisionTreeClassifier(
    max_depth=3, random_state=42)
dt_model.fit(converted_df, attrition_label)

plt.figure(figsize=(50, 10))
sklearn.tree.plot_tree(
    dt_model, feature_names=converted_df.columns ,filled=True)
```

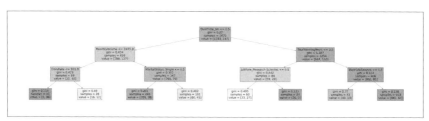

図8-9　決定木の可視化による離職原因の分析

　決定木の読み方は、箱を上から順に読んでいきます。箱の中の一番上の行が、決定木を分岐させる条件です。これが真の際には左のノードへ、偽の場合は右のノードへと遷移していきます。今回の最上位ノードは残業なしOvetTime_Noが0.5以下すなわち残業ありが左側、残業なしが右側のツリーになるわけです。

　決定木の最上位ノードには残業の有無が来ました。そしてその下には月収（左ノード）や労働年数（右ノード）が来ました。すなわち、残業がある職種かどうか、というところでまず分かれ、続いては労働年数や収入で分岐しているようです。これは大まかに言うと労働者の職種や性質で分けられているようです。

　決定木のもっとも左側を読み取っていくと、残業がある職種で、月収が少なく、か
つ日当が少ない人は離職しやすい、すなわち何らかの理由で収入が少なくなってし
まっているか、そもそも収入が少ない職種の人が極めて離職しやすい傾向があるよう
です。また、その他の部分からも「残業があり月収が高くて独身だと離職しやすい」
「残業がないが新卒で研究職以外だと離職しやすい」「残業がなく3年以上勤めていて
ワークライフバランスの評価が低い従業員は離職しやすい」という傾向があることが
わかりました。

　線形回帰の係数でも残業の有無は比較的上位に出てきましたが、月収や日当、婚姻
状況などは候補には出てきませんでした。こういった特定の条件の組み合わせた要因
を探せるのが決定木の強みです。

　続いては dtreeviz を用いて、もっと詳しく可視化してみましょう（**図8-10**）。
dtreeviz は決定木の可視化という点では scikit-learn の標準の `plot_tree` と同等です
が、データの分布を見ながら切断地点を可視化できます。

```
from dtreeviz.trees import dtreeviz

viz = dtreeviz(dt_model,
          converted_df,
          attrition_label,
          target_name='Attrition',
          feature_names=converted_df.columns,
          class_names=['No', 'Yes'])
viz
```

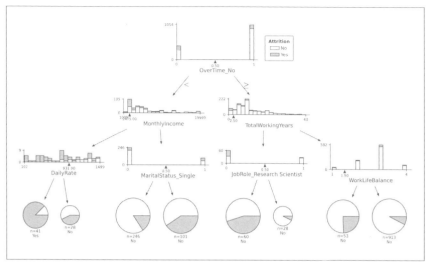

図8-10　dtreevizによる決定木の可視化

　dtreevizは特徴量の分布を可視化しながら、どのような箇所で切断して決定木を形成したのかがわかるのが特徴です。分析対象の重要な特徴量の分布を見ながら決定木を解釈できるため、分析者の想像力を刺激し、より示唆に満ちた仮説を構築できます。

8.7　ランダムフォレストのFeature Importanceの可視化

　分類基準を決定木によって可視化する方法は分類に寄与した少数の特徴量しか見ることができず、その他の変数の寄与を調べられませんでした。ランダムフォレストやGBDTなど複数の決定木を利用した学習器では、Feature Importanceというパラメータを求めることで、分類や回帰に寄与した特徴量を把握できます。ランダムフォレストではブートストラップサンプリングと、特徴量のランダム選択により多数の決定木を生成します。そしてそれぞれの決定木において、データの分類や回帰に貢献した変数を求め、その合計値を正規化することでFeature Importanceとします。

　先ほどのデータでFeature Importanceを求めてみて、決定木での可視化との違いを考えてみましょう。

```python
import sklearn.ensemble
rf_model = sklearn.ensemble.RandomForestClassifier(
    n_estimators=300,
    min_samples_leaf=100,
    max_depth=5,
    n_jobs=-1,
    random_state=42
)
rf_model.fit(converted_df, attrition_label)
check_coef(converted_df.columns, rf_model.feature_importances_)
#                         coef
# MonthlyIncome          0.119744
# OverTime_Yes           0.118544
# OverTime_No            0.107013
# JobLevel               0.087204
# TotalWorkingYears      0.086532
# YearsAtCompany         0.077841
# StockOptionLevel       0.072223
# YearsWithCurrManager   0.056186
# Age                    0.050884
# MaritalStatus_Single   0.033496
```

先ほどの決定木では残業なしOverTime_Noが最上位ノードでしたが、ランダム
フォレストではOverTime_YesとOverTime_Noの2つが上位に来ました。これはど
のように解釈したらいいのでしょうか？

ここでまた前述の多重共線性の話が出てきます。これは、ランダムフォレストは特
徴量のランダム選択によりOverTime_Yesが含まれている決定木や、OverTime_No
が含まれている決定木が生成されます。そして、それぞれが重要な変数として寄与
した結果、Feature Importanceの値が分散してしまったのです。本来であればこれ
らは実質的には同じ変数なので、OverTimeはOverTime_YesとOverTime_Noの
Feature Importanceは両者の足し算になるべきなのです。

ランダムフォレストでは多重共線性のある特徴量が含まれていると、Feature
Importanceの値は分散して小さくなってしまうので注意が必要です。特に今回のよ
うにカテゴリ値をOne-Hot Encodingした値は、見かけ上のFeature Importanceが
下がってしまう傾向にあります。

実験として、意図的に同じ特徴量を含んだデータを用意して、Feature Importance
がどう変化するか見てみましょう。

```python
duplicated_df = converted_df.copy()
for i in range(10):
    duplicated_df['MonthlyIncome{}'.format(i)] =
```

```
        duplicated_df.MonthlyIncome

    rf_model = sklearn.ensemble.RandomForestClassifier(
        n_estimators=300,
        min_samples_leaf=100,
        max_depth=5,
        n_jobs=-1,
        random_state=42
    )
    rf_model.fit(duplicated_df, attrition_label)
    check_coef(duplicated_df.columns, rf_model.feature_importances_)
    #                       coef
    # OverTime_Yes        0.068042
    # MonthlyIncome8      0.067456
    # OverTime_No         0.063503
    # MonthlyIncome9      0.052984
    # MonthlyIncome6      0.051916
    # TotalWorkingYears   0.050806
    # MonthlyIncome3      0.048600
    # StockOptionLevel    0.048092
    # MonthlyIncome2      0.045324
    # MonthlyIncome1      0.042143
```

　複製されたMonthlyIncomeの影響によって、MonthlyIncomeの影響度は下がっ
てしまいました。ランダムフォレストのFeature Importanceは多重共線性のある変
数が含まれていると、それらに影響度が分散する傾向にあります。

　たとえば、年齢がもっとも重要な特徴量であるデータがあるとしましょう。もしこ
こに、年齢と強く相関する特徴量が含まれている場合、年齢のFeature Importance
は低い値となってしまいます。たとえば、20歳以上の人であれば終業年数が年齢と強
く相関します。また逆に20歳未満の人であれば教育年数が強く相関します。そのた
め、どの特徴量とどの特徴量が相関しているかという多重共線性は、相関行列を利用
してあらかじめ確認しておくと良いでしょう。

　また、ランダムフォレストの中身が決定木だからといって、ランダムフォレス
トの中身を可視化して判断するのは危険です。ランダムフォレストのモデルには
estimators_という名前で決定木の配列が存在しています。これを前述のplot_
treeで可視化してみましょう（図8-11、図8-12）。

```
    rf_model.fit(converted_df, attrition_label)
    plt.figure(figsize=(10, 10))
    sklearn.tree.plot_tree(
        rf_model.estimators_[0],
        feature_names=converted_df.columns,
```

```
    filled=True)
plt.show()

plt.figure(figsize=(10, 10))
sklearn.tree.plot_tree(
    rf_model.estimators_[1],
    feature_names=converted_df.columns,
    filled=True)
plt.show()
```

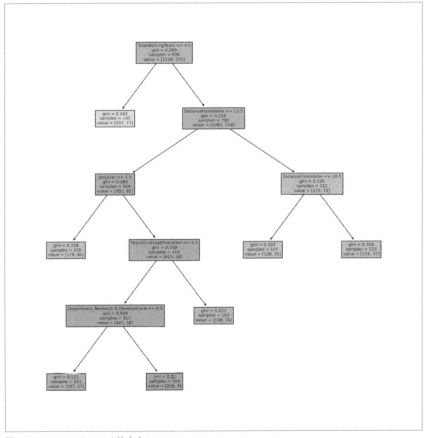

図8-11　RandomForestの決定木1

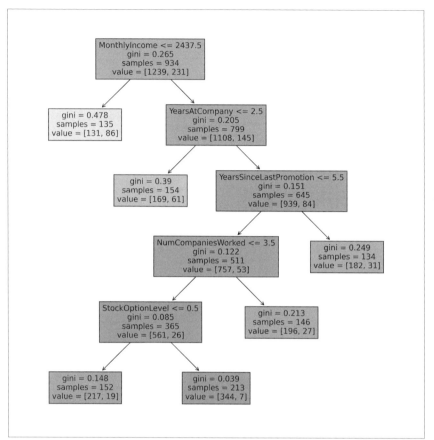

図8-12　RandomForestの決定木2

　ランダムフォレスト内の決定木は、それぞれにおいても全く別の構造をしています。また、いずれの決定木も最上位のノードからして単純な決定木の可視化結果とは異なり、ツリー0の最上位ノードは*TotalWorkingYears*、ツリー1の最上位ノードは*MonthlyIncome*です。

　ランダムフォレストは決定木を作る際に、利用する特徴量をランダムに選択することで、多様性のある決定木を生成する仕組みになっています。そのため、ランダムフォレストの決定木は重要な特徴量が欠損していることがあり、結果をそのまま判断するのは危険です。

8.8 SHAPによる寄与の可視化

決定木による可視化には、決定木の値がどちらに変化すると分類結果がどのように
なるかはわかりやすいが、一度に多くの変数を見ることができないという問題があり
ます。一方でアンサンブルツリーモデルのFeature Importanceには、どの特徴量が
どの程度分類に寄与していたのかわかるが、その特徴量が大きくなるとどのように分
類結果がどのように変化するのかがわかりづらいという問題があります。

これらの問題をうまく解決した可視化ライブラリにSHAP（SHapley Additive
exPlanations）があります。今回はSHAPの中に、アンサンブルツリーモデル（ラン
ダムフォレスト、XGBoost、LightGBMなど）に向けた可視化機能を用いて、ランダ
ムフォレストの結果を可視化します（**図8-13**）。

SHAPは分類モデルでも回帰モデルでも受け取れますが、目的変数が2値の
場合であっても回帰として入力した方がうまく可視化できるので[8]、今回は
RandomForestRegressorを用います。

```
import shap
rf_model = sklearn.ensemble.RandomForestRegressor(
    n_estimators=300,
    max_depth=5,
    n_jobs=-1,
    random_state=42
)
rf_model.fit(converted_df, attrition_label)

shap.initjs()
explainer = shap.TreeExplainer(rf_model)
shap_values = explainer.shap_values(converted_df)
shap.summary_plot(shap_values, converted_df)
```

---

[8] SHAPは分類器を入力されると、どのクラスに対して何の変数が寄与していたか、という可視化を行いま
す。回帰器を入力すると、どの変数がある値だったときにどのように予測するかを出力します。そのため、
2クラスの場合でも回帰とした方が良い可視化結果が得られます。

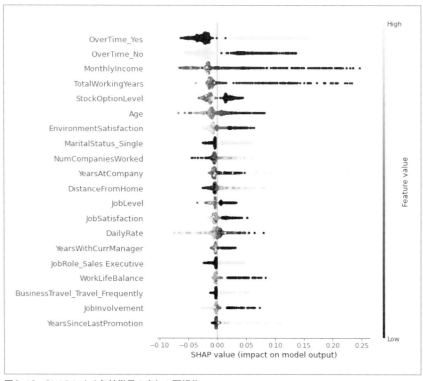

図8-13 SHAPによる各特徴量の寄与の可視化

SHAPの`summary_plot`の出力した図は以下のように読み取ります。

- 縦軸に並んでいる変数が上から順に目的変数に寄与した変数です。ランダムフォレストのFeature Importanceとほぼ同等と思って差し支えありません
- 横軸はSHAP Value 0.00を基準にして、左に行くほど目的変数に対して負の寄与、右に行くほど正の寄与になります
- 値の色は特徴量の値を意味しており、青（紙面上では黒）が低い値、赤（紙面上では白）が高い値になります

したがって、青が左側、赤が右側にあり大きく散らばっているなら、その特徴量は目的変数に対して強い正の相関があり、その逆であれば負の相関があるとわかるわけです。一方で、色が混ざっていたり左右への散らばりが少ないのであれば、その変数

は目的変数に対してうまく寄与していない変数であるとわかります。

　以上を踏まえてグラフを読み取ると、残業の有無 OverTime が目的変数に大きく寄与しており、残業がある職種は離職しやすいことがわかります。続いては月収 MonthlyIncome が来ており、月収が低い人は離職しやすい傾向にあるようです。次点には累計労働年数 TotalWorkingYears が来ており、若者ほど転職しやすいことがうかがえます。

　そして、ストックオプションレベル StockOptionLevel が来ています。ストックオプションとは、従業員が自社の株式を契約で定めた特定の価格で購入できる権利です。欧米企業やベンチャー企業などでは、社員の引き止めのために入社時にストックオプション契約を交わし、一定年数勤めると株式が過去の金額で購入できるような仕組みになっています。そのため、ストックオプションを行使した際には、会社が成長して株価が上昇していれば現在価格と過去の価格の差がそのままボーナスとして手に入るわけです。ストックオプション契約は会社を辞めると消失するため、有能な社員の引き留めに効果を果たしているように見えます。逆にストックオプションを持たない社員は、会社を辞めても失うものはないので、会社を辞めてしまっているようにも見えます。

8.9　従業員満足度をSHAPで可視化する

　SHAPによる可視化は非常に強力なので、もう一例可視化をしてみましょう。これまでは社員の離職予測の結果を可視化することで離職原因を探ってきました。今回のデータセットには従業員の仕事への満足度が含まれています。せっかくなので、こちらについても調べてみましょう。目的変数を従業員の仕事への満足度、説明変数をその残りとしてSHAPで可視化してみます（**図8-14**）。

```
target_label = "JobSatisfaction"
X = converted_df.drop([target_label], axis=1)
Y = converted_df[target_label]

rf_model = sklearn.ensemble.RandomForestRegressor(
    n_estimators=300,
    max_depth=5,
    n_jobs=-1,
    random_state=42
)

rf_model.fit(X, Y)
```

```
shap.initjs()
explainer = shap.TreeExplainer(rf_model)
shap_values = explainer.shap_values(X)
shap.summary_plot(shap_values, X)
```

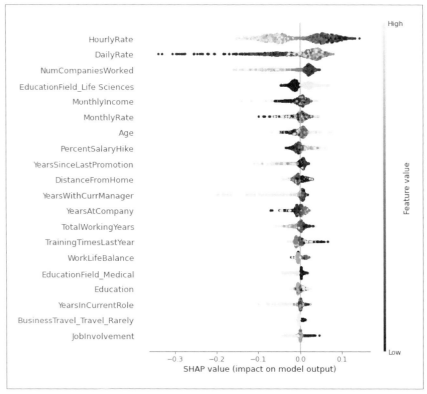

図8-14　仕事の満足度に寄与する変数の可視化

　仕事の満足度は、時給HourlyRateが高いほど低く、日給DailyRateが中程度の人ほど高い、という結果になっています。これは時給が高い仕事は高いパフォーマンスが求められており、強烈な競争社会であり、ストレスが高いことが考えられます。日給については、低すぎると給与面で不満を持ち、高いと競争によるストレスで不満を持つものと予想されます。時給と日給が逆向きになっているのは、仕事内容や働き方が時給と日給で分類されているものだと思われます。

　また、転職回数NumCompaniesWorkedや年齢Ageから、新卒社員は現状に不満を

抱きにくく、転職回数が多い人は不満を持ちやすいことがうかがえます。これは現状に不満を覚えやすい人が転職を何度も繰り返している結果なのかもしれません。部下の人数は少ないほど仕事の満足度は上がるという結果が見受けられるので、IBM社では出世による競争が苛烈なのかもしれません。

賃金上昇率PercentSalaryHikeや、最後に昇進してからの経過年数YearSinceLastPromotionが小さい人、すなわち最近昇進した人は仕事の満足度が高いという結果も出ています。仕事の満足度は仕事内容だけではなく給与上昇でも決まるというごく自然な結果です。

このほかにも、通勤距離DistanceFromHomeが小さいほど仕事の満足度が高くなるというのは面白い結果です。仕事内容や労働環境ではなく、プライベートの側に属する住宅環境によって仕事の満足度が変化するのです。これは通勤のストレスや、余暇の時間の確保などが仕事への満足度に繋がっているのでしょう。

現在の上司の元での期間YearsWithCurrManagerは離職分析においては、離職に対して負の影響を与えていましたが、仕事の満足度に対しては負の影響があるようです。これは一見相反する結果のように見えますが、同じ上司の元で働き続けるということは、昇進できていないため不満ということなのかもしれません。相関行列を見てみるとYearsWithCurrManagとYearSinceLastPromotionには弱い相関があります。

このように仕事の満足度の満足度は、賃金体系（実質的に労働内容）だけでなく、昨年度の賃上げや昇進、住環境によって大きく変動することがわかりました。

8.10　この章のまとめ

「機械学習はブラックボックスである」と言われることがしばしばありますが、現実にはプログラムで動いており、そのソースコードも公開されています。決して中身を見ることができないブラックボックスではありません。しかし「人間には容易に理解できない」という理由でブラックボックス扱いされています。

とはいえ、機械学習は必ずしも人間が理解できないものではありません。簡単なアルゴリズムであれば、中を覗き込むことで人間にも解釈できるのです。アルゴリズムによっては、機械学習の中身を可視化するためのロジックが提供されているものもあります。

また、機械学習の説明性についての研究も数多く行われており、機械学習関連の研究のなかでも盛んな分野の1つになっています。今回紹介したSHAPもそのひとつで

す。今回はSHAPを用いてアンサンブルツリーモデルを可視化しましたが、このライブラリはディープラーニングでの画像分類用の機能なども提供されています。

　機械学習モデルを開いて「なぜそのような判断をしたのか」を説明することは、機械学習をビジネス導入する際に必要になることのひとつです。

　ただし、そのデータの読み方にも注意が必要です。特にデータセットに多重共線性が含まれている場合、機械学習のパラメータが複雑なものになり、その解釈を誤る可能性があります。機械学習はあくまでも「予測」を行うためにパラメータの最適化を行っているのであって、「説明」するためのものではありません。そのため、人間の直感に反するような結果が生まれることがあります。機械学習の結果を解釈する際は、こういった機械学習の性質を理解しておくことも重要です。

第II部

9章から12章は、実際に手を動かして学べるケーススタディを中心にしています。これまでの章で説明した内容を含め、知識を読者が実際に直面する問題へ役立てるためのヒントとなるような内容を目指しています。

それぞれの章では、第I部の中で紹介した内容を含んでいますので、これまでの内容を思い出しながら読み進めると良いでしょう。

9章
Kickstarterの分析、機械学習を使わないという選択肢

本章では、実際にデータ分析を行いながら、データ分析を進めていく際の思考と、その結果どのようなレポートが出てくるのか、という過程を実際にお見せします。

本章では、Kickstarterをスクレイピングして得たデータを元に、Excelを活用したデータ分析、上司に提出する用のレポート作成までをひと通り実務に即した形で体験してみるものです。

この分析は筆者がサイドワークで携わっていたプロジェクトにおいて、Kickstarterでの資金調達を検討した際に実際に行ったものです。結局、Kickstarterでの資金調達は実現しませんでした。しかし、Kickstarterの分析でいくつか面白い知見が得られたので、その内容を踏まえて紹介します。

本章で利用したコードはhttps://github.com/oreilly-japan/ml-at-work/tree/master/chap08に置いてあります。合わせてごらんください。

9.1　KickstarterのAPIを調査する

はじめにKickstarterのAPIについて調べてみましょう。まず「kickstarter api」で検索してみると、Does Kickstarter have a public API? - Stack Overflow[†1]という記事が見つかります。

どうやら、Kickstarterの検索ページのURLに.jsonを指定すると、そのままJSON形式でデータが返ってくるという非公開APIがあるようです。今回はこれを利用させてもらいましょう。

---

†1　https://stackoverflow.com/questions/12907133/does-kickstarter-have-a-public-api

https://www.kickstarter.com/projects/search?term=3d+printer
https://www.kickstarter.com/projects/search.json?term=3d+printer

9.2　Kickstarterのクローラーを作成する

実際に、このAPIを使ったクローラーを書いてみましょう。

今回の分析はKickstarterのTechnologyカテゴリに限定しています。これはTechnologyカテゴリ以外ではドメイン知識が働かないので、ひとまずTechnologyに限定しています。

このAPIの問題点としては、Kickstarterは検索結果を、1リクエストあたり20件[†2]返し、200ページまで検索でき、合計4000件しか得ることができないことにあります。そのため、検索時にTechnologyカテゴリ（カテゴリID=16）の下にあるサブカテゴリを指定することで検索結果を絞り込み、この制約を回避しようとしています。

今回のクローラーはresultフォルダを作成し、この中に収集してきたプロジェクトのJSONを保存します。これにより、クローラーと分析のコードを切り離すことができ、分析を行う際はローカルファイルに対して、高速にアクセスできるようになります。

```python
import urllib.request
import json
import os
import time

os.makedirs('result', exist_ok=True)

search_term = ""
sort_key = 'newest'
category_list = [16, 331, 332, 333, 334, 335, 336,
                 337, 52, 362, 338, 51, 339, 340,
                 341, 342]  # technology category
query_base = "https://www.kickstarter.com/projects/search.json?" + \
             "term=%s&category_id=%d&page=%d&sort=%s"


for category_id in category_list:
    for page_id in range(1, 201):
        try:
            query = query_base % (
```

[†2]　1ページあたり20件は、本分析を行った2017年3月頃の話で、2021年3月現在は1ページあたり12件に減っています。ご注意ください。

```
                  search_term, category_id, page_id, sort_key)
        print(query)
        data = urllib.request.urlopen(query).read().decode("utf-8")
        response_json = json.loads(data)
    except:
        break

    # 1ページあたり、20件の結果が帰ってくるので、1件ずつ保存する
    for project in response_json["projects"]:
        filepath = "result/%d.json" % project["id"]
        fp = open(filepath, "w")
        fp.write(json.dumps(project, sort_keys=True, indent=2))
        fp.close()

    # 1アクセスごとに1秒のウェイトを入れることで、過剰アクセスを防止
    time.sleep(1)
```

　このクローラーを実行すると、resultフォルダにJSONファイルが出力されるので、
軽く覗いてみましょう。ちなみに紙面の都合上、ここに掲載しているのは必要そうな
項目を取り出したものです。

```
{
  "backers_count": 0,
  "country": "GB",
  "created_at": 1452453394,
  "currency": "GBP",
  "deadline": 1457820238,
  "disable_communication": true,
  "goal": 30000.0,
  "id": 1629226758,
  "launched_at": 1452636238,
  "name": "Ordering web page for small fast food businesses.",
  "pledged": 0.0,
  "slug": "ordering-web-page-for-small-fast-food-businesses",
  "state": "suspended",
  "state_changed_at": 1455831674,
  "static_usd_rate": 1.45221346,
  "urls": {
    "web": {
      "project": "https://www.kickstarter.com/projects/189332819/ ⏎
ordering-web-page-for-small-fast-food-businesses?ref=category_newest",
      "rewards": "https://www.kickstarter.com/projects/189332819/ ⏎
ordering-web-page-for-small-fast-food-businesses/rewards"
    }
  },
  "usd_pledged": "0.0"
}
```

9.3　JSONデータをCSVに変換する

JSONを眺めていると、それらしいパラメータがちらほらあるので抽出してみましょう。フォルダに保存したファイルを読み込むにはPythonの標準ライブラリであるglobを使います。ワイルドカード使って指定することでフォルダ内のファイル名をリストとして簡単に取り出せます。

今後の分析は基本的にExcelに任せるため、Excelで分析のしやすいCSV形式に変換します。CSV形式への変換は、pandasの `pandas.io.json.json_normalize` (`json_data`) [3] という関数を利用します。

Excelで読み込ませるときのコツとしては、CP932（Windowsで使われているShift_JISの拡張文字コード）でエンコードしてあげることや、Unix Timestamp型のカラムをDateTime型に変換するなどが挙げられます。

```python
import glob
import json
import pandas
import pandas.io.json

project_list = []

# globでresultフォルダにあるファイルを走査して読み込む
for filename in glob.glob("result/*.json"):
    project = json.loads(open(filename).read())
    project_list.append(project)

# json_normalizeを使ってDataFrameに変換する
df = pandas.io.json.json_normalize(project_list)

# 末尾が"_at"で終わるunixtimeのカラムをdatetimeに変換する
datetime_columns = filter(lambda a: a[-3:] == "_at", df.columns)
for column in datetime_columns:
    df[column] = pandas.to_datetime(df[column], unit='s')

# DataFrameからCSV形式のstrに変換する
csv_data = df.to_csv()

# WindowsのExcelに読み込ませるので、CP932にする
csv_data = csv_data.encode("cp932", "ignore")

# 結果を書き込む
```

---

[3]　https://pandas.pydata.org/pandas-docs/version/0.20.3/generated/pandas.io.json.json_normalize.html

```
fp = open("kickstarter_result.csv", "wb")
fp.write(csv_data)
fp.close()
```

9.4 Excelで軽く眺めてみる

さて、抽出されたデータをExcelで眺めてみます。散布図行列などをつかってグラフの概形をつかむ方法もありますが、生データに対する雰囲気をつかむため、ランダムサンプリングデータでも良いので、Excelなどで開いて眺めてみることをお勧めします。

生データの肌感覚があるとないのでは、分析効率が全く違います。機械学習を行うにしても、肌感覚がないと実行結果の異常に気付くことが難しいため、生データを眺める時間は絶対に必要です。

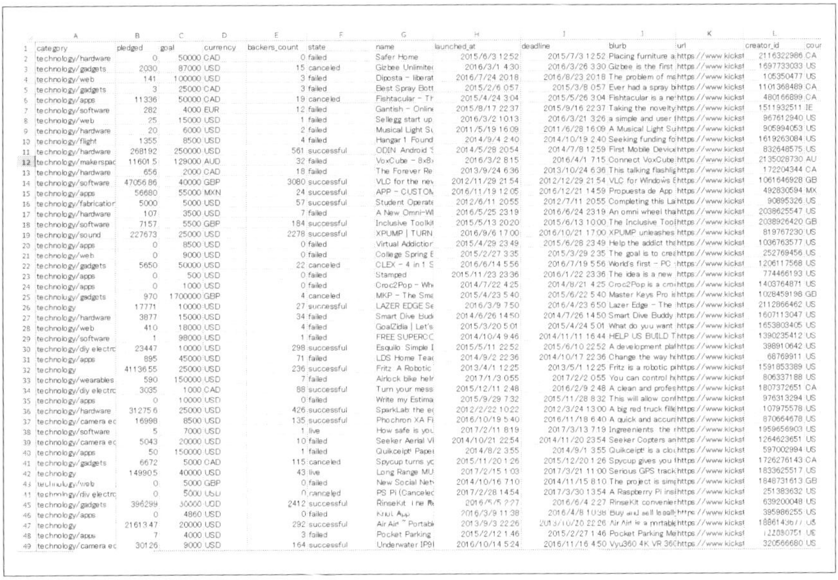

	A	B	C	D	E	F	G	H	I	J	K	L	
1	category	pledged	goal	currency	backers_count	state	name	launched_at	deadline	blurb	url	creator_id	cour
2	technology/hardware	0	50000	CAD	0	failed	Safer Home	2015/6/3 12:52	2015/7/3 12:52	Placing furniture a	https://www.kickst	2116322986	CA
3	technology/gadgets	2030	87000	USD	15	canceled	Gizbee Unlimitec	2016/3/1 4:30	2016/3/26 3:30	Gizbee is the first	https://www.kickst	1697733033	US
4	technology/web	141	100000	USD	3	failed	Diposta - liberat	2016/7/24 20:18	2016/8/23 20:18	The problem of ma	https://www.kickst	105350477	US
5	technology/gadgets	3	25000	CAD	3	failed	Best Spray Bott	2015/2/6 0:57	2015/3/8 0:57	Ever had a spray b	https://www.kickst	1101368489	CA
6	technology/apps	11336	50000	CAD	19	canceled	Fishtacular - Th	2015/4/24 3:04	2015/5/26 3:04	Fishtacular is a ne	https://www.kickst	480166899	CA
7	technology/software	282	4000	EUR	12	failed	Gantish - Online	2015/8/17 22:37	2015/9/16 22:37	Taking the novelty	https://www.kickst	1511932511	IE
8	technology/web	25	15000	USD	1	failed	Sellegg start up	2016/3/2 10:13	2016/3/21 3:26	a simple and user f	https://www.kickst	967612940	US
9	technology/hardware	20	6000	USD	2	failed	Musical Light Su	2011/5/19 16:09	2011/6/28 16:09	A Musical Light Su	https://www.kickst	905994053	US
10	technology/flight	1355	8500	USD	4	failed	Hangar 1 Found	2014/9/4 2:40	2014/10/19 2:40	Seeking funding fo	https://www.kickst	1619263084	US
11	technology/hardware	268192	250000	USD	561	successful	ODIN Android	2014/5/28 20:54	2014/7/8 12:59	First Mobile Device	https://www.kickst	832648575	US
12	technology/makerspac	11601.5	129000	AUD	32	failed	VoxCube - 8x8x	2016/3/2 8:15	2016/4/1 7:15	Connect VoxCube	https://www.kickst	2135028730	AU
13	technology/hardware	656	2000	CAD	18	failed	The Forever Re	2013/9/24 6:36	2013/10/24 6:36	This talking flashlig	https://www.kickst	172204344	CA
14	technology/software	47056.86	40000	GBP	3080	successful	VLC for the nev	2012/11/29 21:54	2012/12/29 21:54	VLC for Windows 8	https://www.kickst	1061646928	GB
15	technology/apps	56680	55000	MXN	24	successful	APP - CUSTOM	2016/11/19 12:05	2016/12/21 14:59	Propuesta de App	https://www.kickst	492830594	MX
16	technology/fabricatior	5000	5000	USD	57	successful	Student Operate	2012/6/11 20:55	2012/7/11 20:55	Completing this La	https://www.kickst	90895326	US
17	technology/hardware	107	3500	USD	7	failed	A New Omni-Wl	2016/5/25 23:19	2016/6/24 23:19	An omni wheel tha	https://www.kickst	2038625547	US
18	technology/software	7157	5500	GBP	184	successful	Inclusive Toolkit	2015/5/13 20:20	2015/6/13 10:00	The Inclusive Tool	https://www.kickst	2038926420	GB
19	technology/sound	227673	25000	USD	2278	successful	XPUMP | TURN	2016/9/6 17:00	2016/10/21 17:00	XPUMP unleashes	https://www.kickst	819767230	US
20	technology/apps	0	8500	USD	0	failed	Virtual Addictior	2015/4/29 23:49	2015/6/28 23:49	Help the addict th	https://www.kickst	1036763577	US
21	technology/web	0	9000	USD	0	failed	College Spring E	2015/2/27 3:35	2015/3/29 2:35	The goal is to crea	https://www.kickst	252769456	US
22	technology/gadgets	5650	50000	USD	22	canceled	CLEX - 4 in 1 S	2016/6/14 5:56	2016/7/19 5:56	World's first - PC	https://www.kickst	1206117568	US
23	technology/apps	0	500	USD	0	failed	Stamped	2015/11/23 23:36	2016/1/22 23:36	The idea is a new	https://www.kickst	774466193	US
24	technology/apps	0	1000	USD	0	failed	Croc2Pop - Wh	2014/7/22 4:25	2014/8/21 4:25	Croc2Pop is a cro	https://www.kickst	1403764871	US
25	technology/gadgets	970	1700000	GBP	4	canceled	MKP - The Sma	2015/4/23 5:40	2015/6/22 5:40	Master Keys Pro is	https://www.kickst	1028459198	GB
26	technology	17771	10000	USD	27	successful	LAZER EDGE Se	2016/3/9 7:50	2016/4/23 6:50	Lazer Edge - The	https://www.kickst	2112866462	US
27	technology/hardware	3877	15000	USD	34	failed	Smart Dive Bud	2014/6/26 14:50	2014/7/26 14:50	Smart Dive Buddy	https://www.kickst	1607113047	US
28	technology/web	410	18000	USD	4	failed	GoalZidia | Let's	2015/3/20 5:01	2015/4/24 5:01	What do you want	https://www.kickst	1653803405	US
29	technology/software	1	98000	USD	1	failed	FREE SUPERCC	2014/10/4 9:46	2014/11/11 16:44	HELP US BUILD T	https://www.kickst	1390235412	US
30	technology/diy electrc	23447	10000	USD	298	successful	Esquilo Simple I	2015/5/11 22:52	2015/6/10 22:52	A development plat	https://www.kickst	398910642	US
31	technology/apps	895	45000	USD	71	failed	LDS Home Teac	2014/9/2 22:36	2014/10/17 22:36	Change the way h	https://www.kickst	68769911	US
32	technology	41136.55	25000	USD	236	successful	Fritz A Robotic	2013/4/1 12:25	2013/5/1 12:25	Fritz is a robotic p	https://www.kickst	1591853389	US
33	technology/wearables	590	150000	USD	7	failed	Airlock bike helr	2017/1/3 0:55	2017/2/2 0:55	You can control h	https://www.kickst	806337188	US
34	technology/diy electrc	3035	1000	CAD	88	successful	Turn your mess	2015/12/11 2:48	2016/2/9 2:48	A clean and profes	https://www.kickst	1807372651	CA
35	technology/apps	0	10000	USD	0	failed	Write my Estima	2015/9/29 7:32	2015/11/28 8:32	This will allow con	https://www.kickst	976313294	US
36	technology/hardware	31275.6	25000	USD	426	successful	SparkLab the e	2012/2/22 10:22	2012/3/24 13:00	A big red truck fill	https://www.kickst	107975578	US
37	technology/camera ec	16998	8500	USD	135	successful	Phochron XA Fi	2016/10/19 5:40	2016/11/18 6:40	A quick and accur	https://www.kickst	870664678	US
38	technology/software	5	7000	USD	1	live	How safe is you	2017/2/11 8:19	2017/3/13 7:19	Ingreenients the r	https://www.kickst	1959656903	US
39	technology/camera ec	5043	20000	USD	10	failed	Seeker Aerial Vi	2014/10/21 22:54	2014/11/20 23:54	Seeker Copters an	https://www.kickst	1264623651	US
40	technology/apps	50	150000	USD	1	failed	Quikceipt! Pape	2014/8/2 3:55	2014/9/1 3:55	Quikceipt! is a clo	https://www.kickst	597002994	US
41	technology/gadgets	6672	5000	CAD	115	canceled	Spycup turns yc	2015/11/20 1:26	2015/12/20 1:26	Spycup gives you t	https://www.kickst	1726276143	CA
42	technology	149905	40000	USD	43	live	Long Range MU	2017/2/15 1:03	2017/3/21 11:00	Serious GPS track	https://www.kickst	1833625517	US
43	technology/web	0	5000	GBP	0	failed	New Social Net	2014/10/16 7:10	2014/11/15 8:10	The project is sim	https://www.kickst	1848731613	GB
44	technology/diy electrc	0	5000	USD	0	canceled	PS Pi (Cancelec	2017/2/28 14:54	2017/3/30 13:54	A Raspberry Pi ins	https://www.kickst	251383632	US
45	technology/gadgets	396299	30000	USD	2412	successful	RinseKit The R	2016/5/5 2:27	2016/6/4 2:27	RinseKit convenie	https://www.kickst	639200048	US
46	technology/apps	0	4860	USD	0	failed	Knot App	2016/3/9 11:38	2016/4/8 10:38	Buy and sell legall	https://www.kickst	395986255	US
47	technology	21613.47	20000	USD	292	successful	Air Air ~ Portabl	2013/9/3 22:26	2013/10/20 22:26	Air Air is a portable	https://www.kickst	1886143677	US
48	technology/apps	7	4000	USD	3	failed	Pocket Parking	2015/2/12 1:46	2015/2/27 1:46	Pocket Parking Me	https://www.kickst	122080751	US
49	technology/camera ec	30126	9000	USD	164	successful	Underwater IP9	2016/10/14 5:24	2016/11/16 4:50	Vyu360 4K VR 360	https://www.kickst	320566680	US

図9-1 生データを眺める

predged（調達金額）とgoal（目標金額）から達成率を、backers_count（支援者数）から一人当たりのBack（支援）金額のカラムを足してみます。データを抽出する段階で計算しても良いのですが、筆者はExcelで計算しています。

まずは達成率を降順にソートして、グラフにしてみましょう。

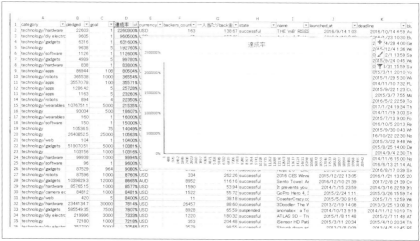

図9-2　達成率を降順にソートしてグラフ化

ゴール金額を1ドルに設定している人がいるため、グラフが壊れてしまっているようです。縦軸の上界を500%にしてみます。

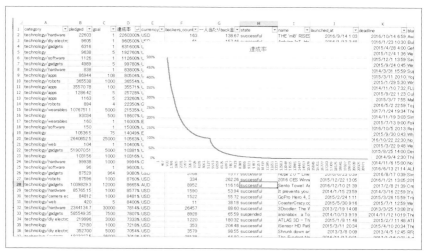

図9-3　縦軸の上界を500%にする

すると100%地点に謎の特異点が生まれました。これはKickstarterの効果でしょうか。達成率という軸で見ると何か発見がありそうです。

次はstateで絞りこんで、終了したプロジェクトと終了前のプロジェクトを比較してみます。

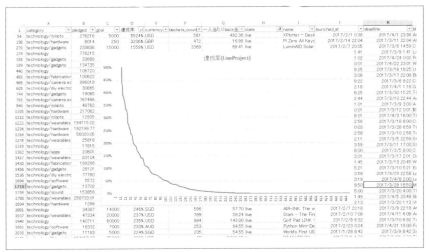

図9-4　終了前のプロジェクトの達成率分布

どうやらstateがLiveのまだ締め切りに到達していない案件に、この特異点は存在しないようです。ということは、この特異点はプロジェクト終了直前に生まれるらしいということがわかりました。理由としては次のようなものが考えられます。

- Kickstarterが終了間際のプロジェクトをトップページで紹介している
  - 終了間際にBackされる理由にはなるが、100%近辺に特異点が生まれる理由にはならない
- ギリギリの場合、当人たちが終わり際に頑張って宣伝する
- 身内が最後のひと押しのBackを行っている
- 勝ち馬に乗りたい人が、達成しそうなプロジェクトにBackしている
- 最後のひと押しの快感を味わいたい人がいる

9.5　ピボットテーブルで色々と眺めてみる

さて、達成率で軸を切ると色々と見えてくるようなので、ここを基準にしてピボットテーブルを使いながらデータを眺めてみましょう。なお、ここから先はstateがLiveのデータを除き、終了したプロジェクトのみを対象にします。加えて、集計に金額が関連する場合、平均などを求める処理の都合上、米ドルでのプロジェクトに絞っています。

 筆者はExcelのカラースケール機能によるヒートマップを愛用しています。紙面が白黒なので見づらい可能性があります。あらかじめご了承ください。

まずは縦軸に達成率を取り、件数、件数比率、平均Back金額、平均Back件数を出してみます。

	A	B	C	D	E
1	state	（複数のアイテム）			
2					
3	達成率	件数	件数（比率）	平均Back金額	平均Back件数
4	0-0.1	12445	59.4%	49	7
5	0.1-0.2	1246	6.0%	171	46
6	0.2-0.3	689	3.3%	217	66
7	0.3-0.4	435	2.1%	178	100
8	0.4-0.5	315	1.5%	184	128
9	0.5-0.6	234	1.1%	236	148
10	0.6-0.7	138	0.7%	225	157
11	0.7-0.8	98	0.5%	334	203
12	0.8-0.9	68	0.3%	294	145
13	0.9-1	27	0.1%	359	232
14	1-1.1	1146	5.5%	207	171
15	1.1-1.2	473	2.3%	189	288
16	1.2-1.3	325	1.6%	174	317
17	1.3-1.4	251	1.2%	183	329
18	1.4-1.5	187	0.9%	123	409
19	1.5-1.6	179	0.9%	208	546
20	1.6-1.7	144	0.7%	176	425
21	1.7-1.8	138	0.7%	209	386
22	1.8-1.9	104	0.5%	195	412
23	1.9-2	96	0.5%	168	475
24	>2	2198	10.5%	194	1406
25	総計	20936	100.00%	108	208
26					

図9-5　縦軸に達成率を取って比較

客単価が高いと、ギリギリ失敗するケースが多そうです。平均 Back 金額が 200 ド
ル前後であれば成功確率は上がりそう…というわけで、平均 Back 金額の軸で比較し
てみましょう。

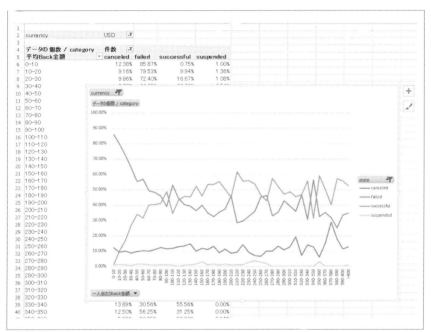

図9-6　平均 Back 金額で比較

平均 Back 金額の軸で比較してみたところ、平均 Back 金額が安いプロジェクトは
失敗しやすいようです。しかし平均 Back 金額の軸では、平均 Back 金額が大きいか
らプロジェクトの成功率が下がるということはなさそうです。

次は達成率と年度の軸を比較してみましょう。年度ごとに集計することで、グラフ
の時系列変化を理解できますし、年度による傾向の違いなどもわかります。

Excel のピボットテーブルで年度ごとに集計するには、日付型のフィールドを軸に
設定した後でグループ化します。これにより年や月、日などのグループを作成できま
す。今回はこれら Excel の機能を活用して、年度などを変換しています。

	A	B	C	D	E	F	G	H	I	J
1	state	(複数のアイテム)								
2	currency	USD								
3										
4	件数	列ラベル								
5	達成率	2009年	2010年	2011年	2012年	2013年	2014年	2015年	2016年	2017年
6	0-0.1	28	99	101	127	315	2167	3296	1884	101
7	0.1-0.2	5	16	16	38	85	225	254	212	7
8	0.2-0.3	1	4	13	20	49	134	162	95	4
9	0.3-0.4		4	6	15	33	96	91	71	2
10	0.4-0.5	1	3	3	14	24	47	69	37	4
11	0.5-0.6		1	4	8	15	32	52	39	2
12	0.6-0.7		2		3	10	26	30	20	1
13	0.7-0.8		2	1	1	5	18	26	14	1
14	0.8-0.9			1	1	4	9	11	15	4
15	0.9-1			1		1	6	4	8	
16	1-1.1	9	18	22	48	95	186	257	201	13
17	1.1-1.2	2	11	17	24	39	77	102	78	7
18	1.2-1.3		4	9	18	36	56	70	45	4
19	1.3-1.4	1	2	8	11	35	41	48	39	3
20	1.4-1.5	1	4	5	9	23	24	33	30	4
21	1.5-1.6	1	3	2	11	19	28	39	30	
22	1.6-1.7		3	8	9	15	23	28	21	1
23	1.7-1.8		1	3	9	18	24	30	20	
24	1.8-1.9			1	7	11	23	23	14	3
25	1.9-2			2	5	15	17	15	15	
26	>2	1	8	51	136	235	364	466	403	22
27	総計	51	185	274	514	1082	3623	5106	3291	183
28										
29	state	(複数のアイテム)								
30	currency	USD								
31										
32	件数	列ラベル								
33	達成率	2009年	2010年	2011年	2012年	2013年	2014年	2015年	2016年	2017年
34	0-0.1	55%	54%	37%	25%	29%	60%	65%	57%	55%
35	0.1-0.2	9.8%	8.6%	5.8%	7.4%	7.8%	6.2%	5.0%	6.4%	3.8%
36	0.2-0.3	2.0%	2.2%	4.7%	3.9%	4.5%	3.7%	3.2%	2.9%	2.2%
37	0.3-0.4	0.0%	2.2%	2.2%	2.9%	3.0%	2.6%	1.8%	2.2%	1.1%
38	0.4-0.5	2.0%	1.6%	1.1%	2.7%	2.2%	1.3%	1.4%	1.1%	2.2%
39	0.5-0.6	0.0%	0.5%	1.5%	1.6%	1.4%	0.9%	1.0%	1.2%	1.1%
40	0.6-0.7	0.0%	1.1%	0.0%	0.6%	0.9%	0.7%	0.6%	0.6%	0.5%
41	0.7-0.8	0.0%	1.1%	0.4%	0.2%	0.5%	0.5%	0.5%	0.4%	0.5%
42	0.8-0.9	0.0%	0.0%	0.4%	0.2%	0.4%	0.2%	0.2%	0.5%	2.2%
43	0.9-1	0.0%	0.0%	0.4%	0.0%	0.1%	0.2%	0.1%	0.2%	0.0%
44	1-1.1	17.6%	9.7%	8.0%	9.3%	8.8%	5.1%	5.0%	6.1%	7.1%
45	1.1-1.2	3.9%	5.9%	6.2%	4.7%	3.6%	2.1%	2.0%	2.4%	3.8%
46	1.2-1.3	0.0%	2.2%	3.3%	3.5%	3.3%	1.5%	1.4%	1.4%	2.2%
47	1.3-1.4	2.0%	1.1%	2.9%	2.1%	3.2%	1.1%	0.9%	1.2%	1.6%
48	1.4-1.5	2.0%	2.2%	1.8%	1.8%	2.1%	0.7%	0.6%	0.9%	2.2%
49	1.5-1.6	2.0%	1.6%	0.7%	2.1%	1.8%	0.8%	0.8%	0.9%	0.0%
50	1.6-1.7	0.0%	1.6%	2.9%	1.8%	1.4%	0.6%	0.5%	0.6%	0.5%
51	1.7-1.8	2.0%	0.5%	1.1%	1.8%	1.7%	0.7%	0.6%	0.6%	0.0%
52	1.8-1.9	0.0%	0.0%	0.4%	1.4%	1.0%	0.6%	0.5%	0.4%	1.6%
53	1.9-2	0.0%	0.0%	0.7%	1.0%	1.4%	0.5%	0.3%	0.5%	0.0%
54	>2	2.0%	4.3%	18.6%	26.5%	21.7%	10.0%	9.1%	12.2%	12.0%
55	総計	100.00%	100.00%	100.00%	100.00%	100.00%	100.00%	100.00%	100.00%	100.00%

図9-7　達成率と年度の軸を比較

　どうやら、2011年以前、2011年から2013年、2014年以降で傾向が異なりそうです。件数と成功率が大きく変化しています。これはKickStaterの営業方針の変化などが原因だと推測できます。

　また、達成率が50%から100%の案件が非常に少ないことがわかります。2014年以

降、プロジェクトはぎりぎり達成か、200%以上の大成功かの二者択一という状況になってきています。

　次はプロジェクトの目標金額と達成率を出してみましょう。プロジェクトの目標金額の分布は対数スケールなので、対数軸にして集計を取ります。Excelのピボットテーブルでは対数分布の表に対して集計を適用できないため、手動で新しい項目を作ります。Excelで計算するなら=10^int(log10(c2))のようなカラムを追加することで実現できます。当然のことですが、目標金額の低い方が目標到達率は良くなります。とはいえ特に変わった傾向があるわけではなさそうです。

件数 行ラベル	1	10	100	1,000	10,000	100,000	1,000,000	総計
0-0.1	9.09%	32.56%	36.83%	51.46%	57.38%	70.52%	96.15%	56.73%
0.1-0.2	0.00%	4.65%	5.33%	5.91%	6.57%	4.55%	0.00%	6.02%
0.2-0.3	0.00%	6.98%	3.39%	3.89%	3.37%	2.41%	0.00%	3.37%
0.3-0.4	0.00%	2.33%	2.75%	2.20%	2.37%	1.77%	0.96%	2.25%
0.4-0.5	0.00%	0.00%	1.62%	1.51%	1.51%	0.86%	0.96%	1.42%
0.5-0.6	0.00%	0.00%	1.94%	1.00%	1.07%	1.23%	0.00%	1.10%
0.6-0.7	0.00%	0.00%	0.81%	0.56%	0.71%	0.59%	0.00%	0.65%
0.7-0.8	0.00%	0.00%	0.16%	0.59%	0.55%	0.48%	0.00%	0.53%
0.8-0.9	0.00%	0.00%	0.32%	0.46%	0.29%	0.21%	0.00%	0.32%
0.9-1	0.00%	0.00%	0.00%	0.08%	0.20%	0.16%	0.00%	0.15%
1-1.1	0.00%	2.33%	7.75%	8.06%	5.35%	3.37%	0.00%	5.87%
1.1-1.2	0.00%	9.30%	2.75%	2.69%	2.44%	1.98%	0.00%	2.46%
1.2-1.3	0.00%	2.33%	3.07%	1.41%	1.84%	1.12%	0.00%	1.67%
1.3-1.4	0.00%	2.33%	1.29%	1.51%	1.31%	0.80%	0.00%	1.29%
1.4-1.5	0.00%	2.33%	1.62%	1.18%	0.89%	0.54%	0.00%	0.95%
1.5-1.6	0.00%	2.33%	1.29%	0.87%	0.94%	0.86%	0.96%	0.93%
1.6-1.7	0.00%	0.00%	0.81%	1.02%	0.69%	0.54%	0.00%	0.76%
1.7-1.8	0.00%	2.33%	0.97%	0.77%	0.72%	0.59%	0.00%	0.73%
1.8-1.9	0.00%	0.00%	1.29%	0.67%	0.54%	0.37%	0.00%	0.58%
1.9-2	0.00%	0.00%	1.62%	0.84%	0.30%	0.32%	0.00%	0.50%
>2	90.91%	30.23%	24.39%	13.31%	10.96%	6.74%	0.96%	11.73%
総計	100.00%	100.00%	100.00%	100.00%	100.00%	100.00%	100.00%	100.00%
失敗率	9.09%	46.51%	53.15%	67.67%	74.03%	82.77%	98.08%	72.55%
成功率	90.91%	53.49%	46.85%	32.33%	25.97%	17.23%	1.92%	27.45%

図9-8　目標金額と達成率

　次は目標金額とプロジェクトのステータスを軸にして見てみましょう。

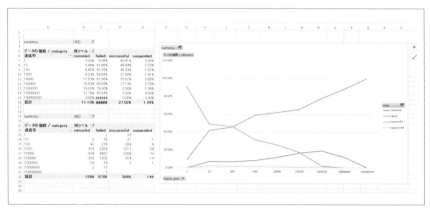

図9-9　目標金額とステータス

　目標金額が上がるにつれて失敗率は上がっていきます。こちらのグラフの方がキレイですね。データを見ると、目標金額に到達しているのにプロジェクトをキャンセルしている事例がちらほらあります。キャンセルしたデータが面白そうなので、詳しく調査してみましょう。

　ひとまず、年度とキャンセル件数を可視化してみます。興味深いことに2014年以降、目標金額を達成したのにキャンセルされた事例が増えています。次は実際にキャンセルされたプロジェクトを見てみましょう。

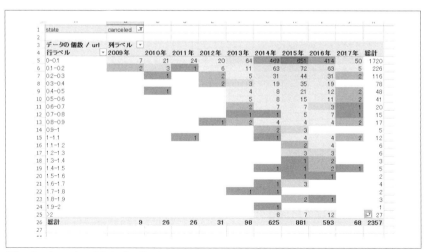

図9-10　キャンセルされたプロジェクト

9.6 達成したのにキャンセルされたプロジェクトを 見てみる

AnyTouch Blue[†4]は、USBポートに刺すと、スマホとBluetooth接続して、スマホが仮想キーボード、仮想マウスになるという製品です。目標金額20,000ドルに対して、3万ドル弱を集めたものの、プロジェクトをキャンセルして目標金額5,000ドルで再スタートしています（2017年3月現在）。

再スタートしたプロジェクト[†5]では最低Back金額が18ドルから16ドルに下げられています。本稿の執筆時点で、目標金額5,000ドルに対して2万ドル強を集めており、プロジェクトの成功は確定しています。

この2つのプロジェクトを比較すると、一番わかりやすいのが、顧客単価です。まず、キャンセルされた方のプロジェクトは、29,763[ドル]/235[Backer]=126[ドル/Backer]ですが、新たに立てた方のプロジェクトでは21,189[ドル]/449[Backer]=47[ドル/Backer]となります。

図9-11 キャンセルされたAnyTouch Blueのプロジェクトページ

---

†4 https://www.kickstarter.com/projects/2094324441/anytouch-blue-smart-keyboard-and-mouse-usb-d ongle/

†5 https://www.kickstarter.com/projects/2094324441/anytouch-blue-smart-keyboard-and-mouse-usb-d ongler

　キャンセルされた方のプロジェクトでは、500個の商品が受け取れる9000ドルのプランに対して申し込んでいる人が2人もいます。新たに立てられたプロジェクトでは同様の8000ドルのプランに対して申し込んでいる人が1人に減っています。

　おそらく、Kickstarterは8%程度の手数料[†6]が差し引かれるため、大口顧客については裏で直接取引を持ちかけていることが予想されます。そのため、2回目の募集では大口顧客がいなくなったため、目標金額が5000ドルに引き下げられたのだと考えられます。

　Kickstarterには、大きい金額のプランを作っておくことで、おそらくは卸業者であろう大口顧客とのパイプを作れるという特徴があるようです。加えて、対卸業者の場合、お互いに利益率を良くしたいという動機があるため、Kickstarterの手数料を回避する目的で、直接取引を持ちかけていそうだ、ということがわかりました。

　なお、このプロジェクトはindiegogoで資金を募り[†7]、そちらで成功して商品出荷が完了した後に、より大きい目標を立ててKickstarterで募集をかけています。indiegogoで出資を募った際は、目標金額500ドルに対して1,705ドルを獲得しています。Kickstarterで募集をしたときにはindiegogoで成功したことを完全に隠しており、クラウドファンディングが一種の商流と化していることが伺えます。

　今回は大口顧客がいたためにプロジェクトを再スタートしていますが、達成率100%付近の特異点を利用したプロジェクトの再スタートも考えられます。たとえば、1回目に低い目標金額で募集を開始し、どの程度Backerが集まるかを計測し、「想定以上のBackerが集まったので量産効果により値下げしました」と、目標金額を引き上げてリスタートすることで、目標金額付近での特異点を利用したギリギリでの集金効果をうまく利用できるようになり、より大きな支援を得られると考えられます。

---

†6　https://www.kickstarter.com/help/fees?country=US
†7　https://www.indiegogo.com/projects/anytouch-blue-android-bluetooth#/

9.7 国別に見てみる

データの個数 / url	列ラベル					
行ラベル	canceled	failed	live	successful	suspended	総計
US	1589	8705	276	3866	149	14585
GB	255	1324	35	423	26	2063
CA	142	813	33	237	16	1241
AU	88	561	20	124	19	812
DE	44	276	21	96	4	441
NL	39	291	4	79	6	419
FR	51	243	13	83	2	392
IT	36	241	12	31	2	322
ES	15	169	8	21	4	217
DK	16	102	4	22		144
NZ	12	90	4	27	3	136
SE	14	82	1	13		110
CH	12	66	3	22	1	104
IE	8	51	2	18	1	80
NO	11	58		7	1	77
AT	9	51	4	12		76
BE	7	51	2	5	2	67
HK	3	11	7	20	3	44
MX	5	17	14	7		43
SG	1	14	4	6		25
LU		4	1	1		6
総計	2357	13220	468	5120	239	21404

図9-12 国別でみたプロジェクトステータス（件数）

2							
3	データの個数 / url	列ラベル					
4	行ラベル	canceled	failed	live	successful	suspended	総計
5	US	10.89%	59.68%	1.89%	26.51%	1.02%	100.00%
6	GB	12.36%	64.18%	1.70%	20.50%	1.26%	100.00%
7	CA	11.44%	65.51%	2.66%	19.10%	1.29%	100.00%
8	AU	10.84%	69.09%	2.46%	15.27%	2.34%	100.00%
9	DE	9.98%	62.59%	4.76%	21.77%	0.91%	100.00%
10	NL	9.31%	69.45%	0.95%	18.85%	1.43%	100.00%
11	FR	13.01%	61.99%	3.32%	21.17%	0.51%	100.00%
12	IT	11.18%	74.84%	3.73%	9.63%	0.62%	100.00%
13	ES	6.91%	77.88%	3.69%	9.68%	1.84%	100.00%
14	DK	11.11%	70.83%	2.78%	15.28%	0.00%	100.00%
15	NZ	8.82%	66.18%	2.94%	19.85%	2.21%	100.00%
16	SE	12.73%	74.55%	0.91%	11.82%	0.00%	100.00%
17	CH	11.54%	63.46%	2.88%	21.15%	0.96%	100.00%
18	IE	10.00%	63.75%	2.50%	22.50%	1.25%	100.00%
19	NO	14.29%	75.32%	0.00%	9.09%	1.30%	100.00%
20	AT	11.84%	67.11%	5.26%	15.79%	0.00%	100.00%
21	BE	10.45%	76.12%	2.99%	7.46%	2.99%	100.00%
22	HK	6.82%	25.00%	15.91%	45.45%	6.82%	100.00%
23	MX	11.63%	39.53%	32.56%	16.28%	0.00%	100.00%
24	SG	4.00%	56.00%	16.00%	24.00%	0.00%	100.00%
25	LU	0.00%	66.67%	16.67%	16.67%	0.00%	100.00%
26	総計	11.01%	61.70%	2.19%	23.92%	1.12%	100.00%

図9-13 国別でみたプロジェクトステ－タスの（比率）

多くのプロジェクトが出されている国ほど成功しやすい。英語圏ほど成功しやすい。という傾向がありそうです。これは、Kickstarterが英語のサイトなので仕方ない側面があります。逆に言うと、各々の言語圏にそれぞれのクラウドファンディングサイトがある、というのが正しいのかもしれません。

次は国別のプロジェクト件数を、年度を軸にして見てみます。

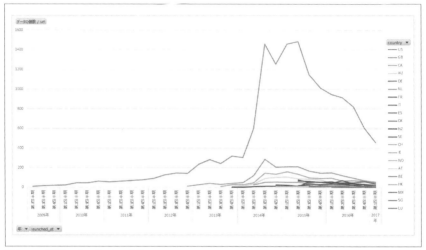

図9-14　国別のプロジェクト件数

　2015年から国際化を始め、まずは英語圏、次にヨーロッパに進出しているようです。また、2015年の第3四半期から、プロジェクト数が減少しているのがわかります。これは他のクラウドファンディングサイトが立ち上がった影響でしょうか？　とりあえず、Kickstarterが（Technologyカテゴリに限っては）ダウントレンドというのは面白い事実です。

> 実際には他のクラウドファンディングサービスのデータを眺めてみないと何とも言えません。他のクラウドファンディングサービスに顧客が流れた、他のカテゴリにプロジェクトを立てる人が増えたなどの理由が考えられます。

9.8　レポートを作る

　さて、一通りのデータが集まったので、ここからレポートを作ってみましょう。
　今回は「KickStaterの分析を上司から依頼されたので、とりあえずデータをかき集めて分析して上司に説明する」という場面を想定しています。また一部の図表は資料作成中に作成しています。

　また、機械学習を利用したデータマイニングについては、このレポートの分析を元にして、今後どうするかを考えるという想定です。

Kickstarter**の統計分析**
中山ところてん

データ収集

- Kickstarterの**API**を利用して収集したデータ
  - Technologyカテゴリのプロジェクト、21404件
  - データ収集日、2017/03/04

- データ収集方法
  - Kickstarterの非公開APIを利用し、jsonデータを収集
    - 通常検索
      - https://www.kickstarter.com/projects/search?term=3d+printer
    - 非公開API
      - https://www.kickstarter.com/projects/search.json?term=3d+printer
  - ソースコード
    - https://github.com/oreilly-japan/ml-at-work/tree/master/chap08
    - 備考：APIは4000件までしか結果を返さないので、Technologyカテゴリの下にあるサブカテゴリを指定して検索件数を抑制し、新しいプロジェクト順でデータ収集を実施
  - データ欠損の可能性があり
    - 次のクエリでTechnologyタグ全体を検索した際のhit数は27000件であり、データ欠損の可能性がある
    - https://www.kickstarter.com/projects/search.json?term=&category_id=16

データ欠損の可能性

- カテゴリと年度のデータから、appsカテゴリがデータ欠損の可能性あり
  - 検索オーダーがNewestであるため、時系列を伴わない統計分析については問題ないと判断する。以後、時系列を利用した分析を行う際にはappsカテゴリを除外して実施する

データの個数 / category カテゴリー	年度 2009年	2010年	2011年	2012年	2013年	2014年	2015年	2016年	2017年	総計
technology	2	6	44	102	172	201	221	224	45	1017
technology/3d printing					35	148	243	142	12	580
technology/apps		2	3	5	5	968	1842	1066	121	4012
technology/camera equipment			2	3	15	70	114	112	22	338
technology/diy electronics		1	4	15	24	195	256	218	33	746
technology/fabrication tools		1	1	5	2	45	77	64	11	207
technology/flight			1	6	7	99	166	87	10	376
technology/gadgets				6	10	480	977	773	126	2372
technology/hardware	9	49	101	199	697	829	742	559	79	3264
technology/makerspaces				1	2	38	94	55	11	204
technology/robots		1	8	21	15	118	179	116	24	482
technology/software	40	124	95	142	260	633	771	512	76	2653
technology/sound			5	11	11	103	188	192	33	543
technology/space exploration		1	5	15	10	65	94	72	12	274
technology/wearables					6	217	350	359	49	981
technology/web					7	944	1505	792	107	3355
総計	51	185	274	529	1279	5153	7819	5343	771	21404

プロジェクト数のトレンド

- プロジェクト数は2015年第二四半期をピークに減少トレンドである
  - 他のクラウドファンディングサイトをクリエイターが使うようになった可能性
  - Kickstarter内の他のタグにプロジェクトが流れている可能性がある
  - 決済通貨をUSDに限定しても同様の傾向であるため、海外案件が増えたわけではない

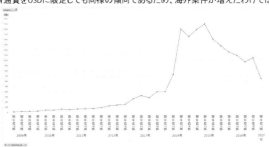

累計調達金額、成功プロジェクト数のトレンド

- 成功プロジェクト、調達金額（USDのプロジェクトに限定）は横ばい
  - Kickstarterが縮小傾向にあるとは言えない
  - 成功率の低いプロジェクトが2014年に多かっただけの模様

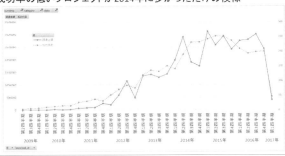

達成率に現れる特異点

- 達成率＝調達金額/目標金額
  - 達成率順に並べて可視化を行う（縦軸：達成率）
  - 達成率100%近辺に特異点が発生している

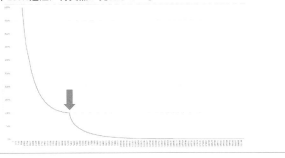

特異点は終了したプロジェクトに現れる

- まだ募集中のプロジェクトに限定して達成率を算出
  - 100%付近での特異点は消える
  - プロジェクト終了間際に特異点が生まれると考えられる

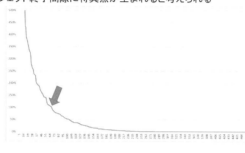

年度ごとの達成率の分布

- フィルター条件
  - 現在募集中のプロジェクトは除外
  - 年度ごとの分析であるためappsカテゴリは除外
- 達成率の状況から、3つの異なる傾向が存在
  - 2010年まで、2011〜2013年、2014年以降

達成率の分布からわかること

- 観測された事実
  - 達成率10%未満で終わるプロジェクトが54%存在する
  - 達成率50%から100%で終わるプロジェクトは3%程度と少ない
  - 達成率100%〜110%で終わるプロジェクトは5.7%と非常に多い
  - 達成率が200%超で終わるプロジェクトは12%以上ある
  - 達成率の変曲点は、募集中のプロジェクトには存在しない
  - 年度ごとに見ても、達成率に変曲点

- 達成率に応じて、プロジェクトは3種類に大別することができる
  - 達成率50%未満　　：典型的な失敗プロジェクト
  - 達成率50%〜200%　：終了間際にBackされるプロジェクト
  - 達成率200%超　　　：大成功プロジェクト

典型的な失敗プロジェクト

- 達成率10%未満で終わるプロジェクトが54%存在する
  - プロジェクトの16.2%はBackerが0人、52%が10人以下
  - 身内のご祝儀Backもできないような準備不足プロジェクトが多い
- プロジェクトを成功させたいのであれば、Backer100人をどうやって集めるかを考える必要がある

割合	列ラベル					
Backer人数	canceled	failed	live	suspended	successful	総計
0	23.8%	20.7%	23.9%	18.8%	0.0%	16.2%
1	10.1%	14.3%	12.2%	10.0%	0.1%	10.4%
2	6.0%	9.8%	6.8%	4.2%	0.3%	7.0%
3	4.3%	6.5%	3.2%	3.3%	0.3%	4.7%
4	3.7%	4.9%	2.8%	4.6%	0.3%	3.6%
5~10	12.4%	14.7%	7.3%	4.6%	1.5%	11.0%
11~20	8.7%	9.6%	7.7%	10.0%	4.6%	8.3%
21~100	20.9%	14.8%	18.6%	20.9%	25.1%	18.1%
100~	9.9%	4.7%	17.5%	23.4%	67.8%	20.8%
総計	100.00%	100.00%	100.00%	100.00%	100.00%	100.00%

終了間際にBackされるプロジェクト

- プロジェクト終了間際の広報活動によるBackerの増加
  - プロジェクトメンバーが最後のお願いをして回る
  - Kickstarterが終了間際のプロジェクトをトップページで紹介している
    - ただし、これは達成率100%付近に変曲点が生まれる理由にはならない

- 最後のひと押しを積極的に行っている人がいる可能性
  - プロジェクトメンバーが自腹を切ってプロジェクトを成功させる
  - 「俺が成功させた」感を味わいたい人
    - プロジェクトを達成させた、という一体感を楽しみたい人
    - キャスティングボートを握るという稀有な体験ができる
  - クラウドファンディングをゲームとして楽しんでいる人
    - クラウドファンディングを「成功するかどうか分からないゲーム」として考えた場合、勝率の高いゲームである、達成率90%付近のプロジェクトにBackするのは合理的
    - 自分がBackしたプロジェクトが失敗するのは嫌なので、達成率が低いプロジェクトにはBackしない
    - 達成率が100%を超えて成功確実の場合、ゲームにならないため、Backしない

ギリギリで失敗したプロジェクトの分析

- 達成率が70%から100%のプロジェクトは平均Back金額が250ドル超
- ギリギリで達成したプロジェクトは平均Back金額が200ドル未満
- Backプランの設計が成否を分けると考えられる

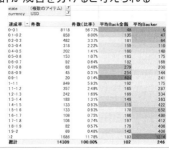

平均Back金額をそろえるために、決済通貨がUSDのプロジェクトに限定

大成功プロジェクト

- 平均Back金額は大きく変動しない
- 達成率は基本的に平均Backer人数に依存する
- 高額なBackプランを払う人が多いから成功するというわけではない

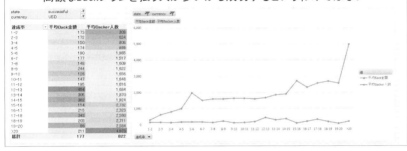

国とプロジェクトの成功

- 英語が成功のカギを握る
  - アメリカが他国と比べて成功率が高い（件数の少ない香港を除く）
  - 英語圏と、ロマンス語の中でも英語に近いフランス語、英語がほぼ必須な小国は成功率が高い
- イタリア、スペインのロマンス語圏は失敗率が高い
  - 説明文がイタリア語、スペイン語で書かれたプロジェクトがいくつか存在

件数 列ラベル ▾						
国 ▾	canceled	failed	live	successful	suspended	総計
US	1589	8705	278	3866	149	14585
GB	255	1324	35	423	26	2063
CA	142	813	33	237	16	1241
AU	88	581	20	124	19	812
DE	44	276	21	96	4	441
NL	39	291	4	79	6	419
FR	51	243	13	83	2	392
IT	36	241	12	31	2	322
ES	15	189	8	21	4	217
DK	16	102	4	22		144
NZ	12	90	4	27	3	136
SE	14	82	1	13		110
CH	12	66	3	22	1	104
IE	8	51	2	18	1	80
NO	11	56		7	1	77
AT	9	51	4	12		76
BE	7	51	2	5	2	67
HK	3	11	7	20	3	44
MX	5	17	14	7		43
SG	1	14	4	6		25
LU		4	1	1		6
総計	2357	13220	468	5120	239	21404

比率 列ラベル ▾						
国 ▾	canceled	failed	live	successful	suspended	総計
US	10.89%	59.68%	1.91%	26.51%	1.02%	100.00%
GB	12.36%	64.18%	1.70%	20.50%	1.26%	100.00%
CA	11.44%	65.51%	2.66%	19.10%	1.29%	100.00%
AU	10.84%	69.09%	2.46%	15.27%	2.34%	100.00%
DE	9.98%	62.59%	4.76%	21.77%	0.91%	100.00%
NL	9.31%	69.45%	0.95%	18.85%	1.43%	100.00%
FR	13.01%	61.99%	3.32%	21.17%	0.51%	100.00%
IT	11.18%	74.84%	3.73%	9.63%	0.62%	100.00%
ES	6.91%	77.42%	3.69%	9.68%	1.84%	100.00%
DK	11.11%	70.83%	2.78%	15.28%	0.00%	100.00%
NZ	8.82%	66.18%	2.94%	19.85%	2.21%	100.00%
SE	12.73%	74.55%	0.91%	11.82%	0.00%	100.00%
CH	11.54%	63.46%	2.88%	21.15%	0.96%	100.00%
IE	10.00%	63.75%	2.50%	22.50%	1.25%	100.00%
NO	14.29%	72.73%	0.00%	9.09%	1.30%	100.00%
AT	11.84%	67.11%	5.26%	15.79%	0.00%	100.00%
BE	10.45%	76.12%	2.99%	7.46%	2.99%	100.00%
HK	6.82%	25.00%	15.91%	45.45%	6.82%	100.00%
MX	11.63%	39.53%	32.56%	16.28%	0.00%	100.00%
SG	4.00%	56.00%	16.00%	24.00%	0.00%	100.00%
LU	0.00%	66.67%	16.67%	16.67%	0.00%	100.00%
総計	11.01%	61.76%	2.19%	23.92%	1.12%	100.00%

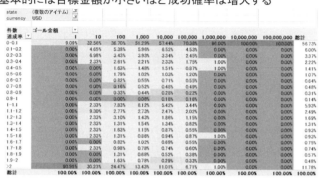

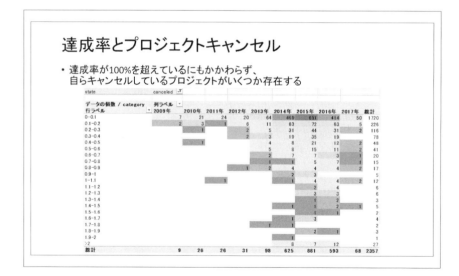

達成後キャンセル事例

- 工場に発注してみたら、予算オーバーした
  - ロボット系、ドローン系

- 価格改定のためにプロジェクトを立て直す
  - 想定以上の注文により、量産効果により価格を下げられることが判明
    - Weather Point 2.0　スマホのイヤホンジャックに付ける気象センサー
    - AnyTouch Blue　USBドングルをPCに刺すと、スマホが仮想キーボード、マウスになる
      - このプロジェクトはindiegogoで成功した後にKickstaterに出品するという形で、クラウドファンディング を流通網の一つとして利用しており、大変興味深い

- 事故でプロジェクトの継続が一時的に困難になった
  - Dotlens smartphone microscope スマホのカメラに付けるレンズ
    - テキサス州の洪水にあり、製造設備と在庫を喪失
    - その後プロジェクトを立て直し、無事成功

まとめ

- Kickstarterは衰退はしていないものの横ばい
  - 他のクラウドファンディングサービスや、他国のローカルのクラウドファンディングサービスに顧客を奪われている可能性がある
  - Technologyカテゴリに限定しているので、他のカテゴリ次第では成長している可能性

- クラウドファンディングの効果を、達成率100%付近の歪みとして可視化
  - 最後のひと押しをしてくれる人がいる
    - プロジェクト関係者が身銭を切っている可能性
    - 「俺が育てた感」を味わうのが好きな人がいる
    - 最後のひと押しをするには、安いBackプランが必要

- 大成功プロジェクトは、基本的には大多数から支持されるもの
  - Kickstarterが販売チャネルになっているようなケースが多い

Kickstarterで成功させるコツ

- 英語でコンテンツを用意する
  - 追加情報を探しに行っても母国語でしか出てこないケースではBackしにくい

- 目標金額を小さくし、確実に成功できるようにする
  - プロジェクトが成功したことそのものをニュースにすることができ、広報活動につながる
  - 大成功したら、プロジェクトをいったんキャンセルして、立て直す裏ワザもある

- プロジェクトを始める前に、最低でも10人はBackerを確保する
  - 盛り上がってる感を正しく演出する
  - 目標金額の30%を超えれば、「成功しそうだから」という理由でBackする人が増え始める可能性が高い

- 少額でリワードが得られるBackプランを用意しておく
  - 10ドル程度で何かがもらえる少額のBackプランを容易しておく
  - 平均Back金額が200ドル未満になるようにする
  - 最後のひと押しのための応援は、少額であれば気軽に行うことができる

9.9 今後行いたいこと

さて、資料はどうでしたか？ 紙面の都合上、今回それほど複雑な分析は行えませんでした。きちんと分析する時間があるのなら、次のような分析を行うと良いでしょう。

- プロジェクト紹介の説明文の文章と成功率の関係
- プロジェクト紹介の説明文の見出しと成功率の関係（紹介文がどのような構造になっていると通りやすいのか）
- チーム紹介の有無と成功率
  - チーム紹介はプロジェクト紹介を見ないとわからないので、自然言語処理が必要
- チーム人数と、成功率
  - チーム人数は、チーム紹介の中を解析しないとわからないので、自然言語処理が必要
- クリエイターのBack経験と成功率
  - ユーザーとしてKickstarterを活用している人ほど、Kickstarterの文化を理解しており、どのようなプロジェクトが成功する可能性が高いのかを理

　　解している
- プロジェクトの募集期間と成功率の関係
- プロジェクト開始日、終了日の曜日と成功率の関係

ソーシャルゲームの分析との関連

　今回の分析は「達成率」という指標を導入することで、さまざまな目標金額、到達状況にあるプロジェクトを横断的に分析しました。実はこの手法はソーシャルゲームのデータ分析手法を応用したものなのです。たとえば次のようなイベントがあると考えてみます。

- イベントポイントを貯めるとレアカードがもらえる
- イベントポイントが10位以上で超レアなカードが4枚もらえる
- イベントポイントが100位以上で超レアなカードが3枚もらえる
- イベントポイントが1000位以上で超レアなカードが2枚もらえる
- イベントポイントが5000位以上で超レアなカードが1枚もらえる

　このようなイベントでは、ランキングと報酬が非連続に変化するため、非連続箇所においてイベントポイントの分布が歪むことになります。

　自分が今5,005位にいるとわかっているユーザーは、ほんの少しの努力をするだけで自分が5000位以内に入れることが確実であるため、5000位に入るように努力します。これによって5000位だったユーザーは5001位に転落するため、彼も再び5000位以内に入れるようにゲームを遊ぶこととなります。

　したがって、報酬がもらえる境界付近のユーザーの競争が過熱化し、イベントポイントをより多くためるために、ゲームに課金するという行動が発生しやすくなります。ランキングシステムを採用しているソーシャルゲームの売上は、こういった報酬の境界線の決定などにより大きく変化します。

　また、この分析手法では順位ごとの課金額を計算することで、レアカードの価値を算定できます。つまり、10位の人の課金額＝超レアカード4枚の価値、5000位の人の課金額＝超レアカード1枚分の価値ということができます（実際には50位刻み程度で課金額の平均値を取り、ノイズを低減させる）。これはある意味、ユーザーを利用してレアカードをオークションさせていると言えます。

　これにより、レアカード1枚当たりの価値を常に計測できます。ソーシャルゲームはインフレしていく宿命にあるため、カードの価値というものは常に下がり続けます。そのため、このようなデータを計測することで、レアカード1枚当たりの価値が一定よりも下がってきたら、より強いカードをリリースする、という運用が可能になります。

9.10　この章のまとめ

　今回の分析では、達成率という指標を用いて、Kickstarterのプロジェクトを分析しました。

　Kickstarterのように、特定の場所に非連続な報酬があるタイプの問題では、非連続な報酬が与えられる箇所に着目して分析することが有効です。世の中はこのような歪みに満ち溢れているので、何かの歪みを見つけたら、どこで非連続になっているのか、非連続になっている箇所付近ではどのような現象が起こっているのかに着目すると面白いでしょう。

　Kickstarterのように報酬の非連続性がトータルとしてプラスに働く場合もあれば、年収103万円の壁[8]、130万円[9]の壁などのマイナスに働く場合もあります。このような非連続性のある個所を分析することは、ビジネスにおいて強い武器になるので、覚えておいて損はないと思います。

---

[8]　配偶者控除により所得税を払わなくて済み、かつ扶養家族でいられる年収。これを超えると所得税の支払いが発生し、扶養家族の税制優遇が受けられましたが、2020年度の法改正によって控除の内容は段階的に変化するようになりました。

[9]　親族の健康保険の扶養から外れ、自ら健康保険に入る必要が生じます。

10章
Uplift Modelingによる
マーケティング資源の効率化

本章ではUplift Modelingの紹介と実装を行います。

Uplift Modelingとは、疫学統計やダイレクトマーケティングにおいて活用される機械学習の手法です。この手法は、**ランダム化比較試験**（Randomized Controlled Trial）のデータを分析することにより、どのような患者に対して薬が作用するのか、どのような顧客に対してダイレクトメールを送付すると成果に結びつくのか、といったことを予測できます。

Uplift ModelingのUpliftとは「持ち上げる」という意味です。

ランダム化比較試験とは、いわゆるA/Bテストのことです。母集団をランダムに**実験群**（Treatment Group）と**統制群**（Control Group）の2つに分け、実験群には試験したい介入行為を行い、統制群には何しません。たとえば新薬開発であれば、実験群には介入行為として新薬を投与し、統制群には偽薬を投与します。ウェブサービスであれば、実験群には介入行為として新しいバナー広告を表示し、統制群には従来のバナー広告を表示します。

Uplift Modelingが普通のA/Bテストと異なるのは、単に反応したかどうかを調べるのではなく、実験群と統制群においてどのような特徴量を持つ標本が反応したのか、あるいは反応しなかったのかを調べることで、ある標本が介入行為に対してどのように反応するかを予測します。これにより、効果が出ると見込める対象にのみ介入行為を行えるようになります。逆に、介入が逆効果になると予測される対象に対しては介入を控えられます。

　たとえば医療を例に考えます。患者の年齢性別、遺伝子や生活習慣を特徴量として学習を行うことで、薬が効くとわかっている患者にだけ投薬を行い、副作用が出るとわかっている患者や、自然に治るとわかっている患者には投薬を控えるといったことが可能になります。これにより、医療のパーソナライゼーションだけでなく、医療資源の効率的な利用に繋がります。

　Uplift Modelingの詳しい解説や活用事例については、『ヤバい予測学』[シーゲル13]の「第7章 数字による説得」および同書の参考文献を参照してください。

10.1　Uplift Modelingの四象限のセグメント

　Uplift Modelingでは、介入行為がなかったらどのような行動を取るのか、介入があったらどのような行動を取るのかを軸として、対象を4つのセグメント（層）に分けて考えます。どのような行動を取るのかについては、便宜的に**コンバージョン**（Conversion、CV）する、コンバージョンしないの2値として考えます。

表10-1　Uplift Modelingの四象限

介入行為なし	介入行為あり	カテゴリ	取るべきアクション
CVしない	CVしない	無関心	介入行為にコストがかかる場合、介入を控える
CVしない	CVする	説得可能	できる限りここのセグメントに介入する
CVする	CVしない	天邪鬼	絶対に介入してはいけない
CVする	CVする	鉄板	介入行為にコストがかかる場合、介入を控える

　無関心は、介入行為をしてもしなくてもコンバージョンしないセグメントです。たとえば、過去3年間購買記録のない顧客にダイレクトメールを送っても、購入に結びつかない可能性が高いと推測されます。そこで、このような顧客には休眠顧客としてのフラグを付与して、ダイレクトメールの送付をやめることでコストを削減できます。

　説得可能は、介入行為があってはじめてコンバージョンに転じるセグメントであり、Uplift Modelingによってもっとも発見したいセグメントです。たとえば「ウェブサイトを何度も訪問しており、他社のウェブサイトと価格比較をしていて、価格で迷っている」というような顧客に対しては、割引クーポンを送付して、購買へと転換させられるでしょう。

　天邪鬼（あまのじゃく）は、何もしなければコンバージョンするが、介入行為を行うとコンバージョンしなくなるセグメントです。たとえば、衣料品店で声をかけられ

ると居づらくなって帰ってしまうお客さんや、借金の返済状況について確認の連絡をすると早期返済してしまうお客さん[1]などがこれに該当します。このようなセグメントに対しては、介入行為を行うと売上が下がってしまうため、介入行為を行わないようにします。

鉄板は、介入行為を行っても行わなくても、どちらにせよコンバージョンしてしまうセグメントです。たとえば、スーパーのレジ前に並んでいるお客さんに割引クーポンを渡したところで、レジ前に並んでいるお客さんはコンバージョンすることが確実であるため、売り上げは増えません。それどころか、クーポンによる割引によって売り上げは減少してしまいます。介入行為による反応率という点で非常に良い反応が得られるため、反応率をKPIにしている場合、往々にして実施対象にしてしまいますが、クーポンや広告提示のように介入行為にコストがともなう場合、介入は控えるべきです[2]。

10.2 A/Bテストの拡張を通じたUplift Modelingの概要

では、バナー広告のA/Bテストの事例を元にして、A/Bテストをどのように拡張しUplift Modelingを実現するのかを考えましょう。

まず、ウェブサイト内におけるバナー広告のA/Bテストについて考えます。バナー広告AとBの反応率が、それぞれ4.0%と5.0%であったとします。普通のA/Bテストであれば、バナー広告Bを全員に出すのが良いという判断になります。

表10-2 A/Bテストの結果

表示内容	バナー広告A	バナー広告B
反応率	4.0%	5.0%

しかし、Uplift Modelingでは、個々の顧客が持つ特徴量を活用します。ここでは顧客の性別の軸でA/Bテストの結果を拡張してみましょう。この例では話を単純にするため、男女比率は1:1であると仮定します。

---

[1] 銀行の収益源は利息であり、借入金の早期返済は収益の減少に繋がります。

[2] 鉄板セグメントに対して広告出稿しないことも、マーケティング部門の仕事に含まれます。反応率が良いからといってリターゲティング広告に頼ると、鉄板セグメントに対して広告を打つことになったりします。

表10-3　性別の軸でA/Bテストを拡張する

反応率	バナー広告A	バナー広告B
男性	6.0%	2.0%
女性	2.0%	8.0%
平均	4.0%	5.0%

　性別の軸でデータを眺めると、男性にはバナー広告A、女性にはバナー広告Bを出すことが有効であるとわかりました。男性にはバナー広告A、女性にはバナー広告Bを出すことにすると、平均で7.0%の反応率が期待でき、A/Bテストによってびだけを出していた場合よりも、高い反応率を得られます。

　分類する軸が性別のような名義尺度であれば、人力でも簡単に分析できます。しかし、より多くの特徴量を元に、どちらのバナーを出せば良いかを判断するのは人の手では困難です。このようなときに機械学習を用いて解決します。

10.3　Uplift Modelingのためのデータセット生成

　Uplift Modelingには標準的な公開データセットが存在しないため、今回はデータセットの生成からはじめます。加えて、今回のように新しいアルゴリズムを実装する際、性質が未知のデータセットを用いてアルゴリズム開発を行うと、出力された結果がおかしかった場合、データセットの性質によるものなのか、アルゴリズムにバグがあるせいなのかがわからないためです。

　Uplift Modelingでは、実験群と統制群の二種類の標本が必要です。今回は、標本サイズとランダムシードを与えることで、コンバージョンしたか否か（is_cv_list）、実験群か否か（is_treat_list）、8次元の特徴量（feature_vector_list）を返す関数を作成します。

　この関数は、どの特徴量がどれくらいコンバージョンに影響を与えるかという重みを内部に持ち、各特徴量の値が、コンバージョンに影響を与えるようにしています。base_weightが統制群の持つ重み、lift_weightが介入により変化する重みです。

　なお、このサンプルコードでは、lift_weightの合計値を0に設定しており、実験群と統制群のコンバージョンレートがほぼ同一になるように設定しています。つまり、介入行為により、あるセグメントの顧客はコンバージョンレートが改善したが、別セグメントの顧客のコンバージョンレートが悪化し、全体としては改善していないように見える、というシナリオです。

```python
import random

def generate_sample_data(num, seed=1):
    # 返却するリストを確保
    is_cv_list = []
    is_treat_list = []
    feature_vector_list = []

    # 乱数を初期化
    random_instance = random.Random(seed)

    # 返す関数の特徴を設定
    feature_num = 8
    base_weight = \
        [0.02, 0.03, 0.05, -0.04, 0.00, 0.00, 0.00, 0.00]
    lift_weight = \
        [0.00, 0.00, 0.00, 0.05, -0.05, 0.00, 0.00, 0.00]

    for i in range(num):
        # 特徴ベクトルを乱数で生成
        feature_vector = \
            [random_instance.random()
                for n in range(feature_num)]
        # 実験群かどうかを乱数で決定
        is_treat = random_instance.choice((True, False))
        # 内部的なコンバージョンレートを算出
        cv_rate = \
            sum([feature_vector[n] * base_weight[n]
                for n in range(feature_num)])

        if is_treat:
            # 実験群であれば、lift_weight を加味する
            cv_rate += \
                sum([feature_vector[n] * lift_weight[n]
                    for n in range(feature_num)])

        # 実際にコンバージョンしたかどうかを決定する
        is_cv = cv_rate > random_instance.random()

        # 生成した値を格納
        is_cv_list.append(is_cv)
        is_treat_list.append(is_treat)
        feature_vector_list.append(feature_vector)

    # 値を返す
    return is_cv_list, is_treat_list, feature_vector_list
```

　この関数は、まず[0, 1]の乱数を8個もった特徴量（feature_vector）を生成します。次に実験群か統制群であるか（is_treat）を乱数で決め、それぞれの場合について内部コンバージョンレート（cv_rate）を求めます。内部コンバージョンレートは、feature_vectorとbase_weightの内積で定義し、実験群であった場合（is_treat == True）、feature_vectorとlift_weightの内積を加算します。

　数式で表現すると次のようになります。なお「・」はベクトルの内積を表します。

$$cv\_rate = \begin{cases} feature\_vector \cdot base\_weight & \text{...（統制群の場合）} \\ feature\_vector \cdot (base\_weight + lift\_weight) & \text{...（実験群の場合）} \end{cases}$$

　そして、cv_rateの値に基づいて、コンバージョンしたかどうか（is_cv）を決定します。たとえば、cv_rateが0.3であればis_cvは30%の確率でTrueになります。これにより、feature_vectorとis_cv、is_treatのみが観測でき、外部からbase_weightやlift_weightといった潜在的な変数が観測できないサンプルデータ生成器ができあがります。

　また、base_weightには重みが0の変数が用意されており、これは、観測できているが、コンバージョンに寄与しない変数を意味しています。このような変数を用意することで、モデルの頑健性を評価できます。

　この関数を実行すると、is_cv_list,is_treat_list,feature_vector_listのタプルが得られます。次節からは、この関数を使って、Uplift Modelingのアルゴリズムを作っていきます。

```
generate_sample_data(2)
# ([False, False],
#  [True, False],
#  [[0.5692038748222122,
#    0.8022650611681835,
#    0.06310682188770933,
#    0.11791870367106105,
#    0.7609624449125756,
#    0.47224524357611664,
#    0.37961522332372777,
#    0.209954806371447712],
#   [0.43276706790505337,
#    0.762280082457942,
#    0.0021060533511106927,
#    0.4453871940548014,
#    0.7215400323407826,
#    0.22876222127045265,
```

```
#    0.9452706955539223,
#    0.9014274576114836]])
```

10.4　2つの予測モデルを利用したUplift Modeling

原始的な Uplift Modeling は、実験群と統制群それぞれで予測モデルを作ります。

ある特徴ベクトルを持った顧客について、それぞれの予測モデルでコンバージョンレートを予測します。統制群の予測モデルでは、介入行為を行わなかった場合のコンバージョンレートが予測されます。実験群の予測モデルでは、介入行為を行った場合のコンバージョンレートを予測します。したがって、統制群の予測モデルと、実験群の予測モデルを組み合わせることで、介入行為によるコンバージョンレートの変化を予測できるのです。

以下の表は、予測モデルの出力結果と、Uplift Modeling のセグメントを組み合わせたものです。

表10-4　予測モデルの出力と、Uplift Modeling のセグメント対応

統制群の予測モデルの結果	実験群の予測モデルの結果	対応するUplift Modeling のセグメント
低	低	無関心
低	高	説得可能
高	低	天邪鬼
高	高	鉄板

まずは学習用のサンプルデータを生成し、全体のコンバージョンレートを確認します。

```python
# trainデータの生成
sample_num = 100000
train_is_cv_list, train_is_treat_list, train_feature_vector_list = \
    generate_sample_data(sample_num, seed=1)

# データをtreatmentとcontrolに分離
treat_is_cv_list = []
treat_feature_vector_list = []
control_is_cv_list = []
control_feature_vector_list = []

for i in range(sample_num):
    if train_is_treat_list[i]:
        treat_is_cv_list.append(train_is_cv_list[i])
```

```
        treat_feature_vector_list.append(
            train_feature_vector_list[i])
    else:
        control_is_cv_list.append(train_is_cv_list[i])
        control_feature_vector_list.append(
            train_feature_vector_list[i])

# コンバージョンレートを表示
print("treatment_cvr",
        treat_is_cv_list.count(True) / len(treat_is_cv_list))
print("control_cvr",
        control_is_cv_list.count(True) / len(control_is_cv_list))
# treatment_cvr 0.0309636212163288
# control_cvr 0.029544629532529343
```

若干、実験群の方がコンバージョンレートは大きいのですが、3.10%と2.95%でほぼ差がありません。これがA/Bテストであれば、有意な差がないためこの実験は失敗であった、と判断することになります。

しかし今回はUplift Modelingです。顧客の持つ特徴量とコンバージョンしたか否かの情報を元に、どのようなセグメントが介入行為に反応したのかを特定し、最終的には介入行為により改善するセグメントにのみ介入行為を実施することを狙います。

次に、学習器を構築して、trainデータの学習を行います。今回はコンバージョン予測の問題であるため、このような問題でよく使われる、ロジスティック回帰によるクラス分類を利用します。

```
from sklearn.linear_model import LogisticRegression

# 学習器の生成
treat_model = LogisticRegression(C=0.01)
control_model = LogisticRegression(C=0.01)

# 学習器の構築
treat_model.fit(treat_feature_vector_list, treat_is_cv_list)
control_model.fit(control_feature_vector_list, control_is_cv_list)
```

続いて、Uplift Modelingのスコアを算出します。

2つの予測モデルを利用したUplift Modelingの場合、統制群の予測値と実験群の予測値の2つが得られます。このままだと扱いにくいため、一次元の値に変換します。説得可能な顧客と、天邪鬼な顧客はそれぞれ次のようになっています。

- 統制群の予測値が低く、実験群の予測値が高いとき、説得可能な顧客なので、高いスコアになってほしい
- 統制群の予測値が高く、実験群の予測値が低いとき、天邪鬼な顧客なので、低いスコアになってほしい

したがって予測値の比もしくは差を利用することで、説得可能な顧客は高いスコアに天邪鬼な顧客は低いスコアに変換できます。今回は予測値の比を利用します。

$$Uplift\ Modelingのスコア = \frac{実験群の予測値}{統制群の予測値}$$

scikit-learnのクラス分類器は、`predict_proba`関数を持っており、特徴ベクトルを引数に与えると、`numpy.ndarray`型の配列でクラスの所属確率を得られます。今回は、クラスがTrueとFalseの2個であることがわかっているため、配列の1番目の値を参照しています。また`model.classes_`を参照することで、どのクラスが何番目に格納されているかがわかります。なお、`model.classes_`は辞書順でソートされています。

```
# seedを変えて、テストデータを生成
test_is_cv_list, test_is_treat_list, test_feature_vector_list = \
    generate_sample_data(sample_num, seed=42)

# それぞれの学習器でコンバージョンレートを予測
treat_score = treat_model.predict_proba(test_feature_vector_list)
control_score = control_model.predict_proba(test_feature_vector_list)

# スコアの算出、スコアは実験群の予測CVR / 統制群の予測CVR
# predict_probaはクラス所属確率のリストを返すため1番目を参照する
# numpy.ndarrayなので、そのまま割り算しても、要素の割り算になる
score_list = treat_score[:,1] / control_score[:,1]
```

これで、ある顧客が介入行為によってコンバージョンに転じるかどうかの指標ができました。続いて、この指標が正しく機能するかどうかを調べます。

まずはスコアの大きい順にソートし、10パーセンタイルごとにコンバージョンレートを算出して比較します。Uplift Modelingが正しく機能していれば、スコアが高いところでは統制群のコンバージョンレートが低く、実験群のコンバージョンレートが高くなっているはずです。またスコアの低いところでは、逆になっているはずです。

```python
import pandas as pd
import matplotlib.pyplot as plt
from operator import itemgetter
plt.style.use('ggplot')
%matplotlib inline

# スコアが高い順に並べ替える
result = list(
    zip(test_is_cv_list, test_is_treat_list, score_list))
result.sort(key=itemgetter(2), reverse=True)

qdf = pd.DataFrame(columns=('treat_cvr', 'control_cvr'))

for n in range(10):
    # 結果を10%ごとに切断
    start = int(n * len(result) / 10)
    end = int((n + 1) * len(result) / 10) - 1
    quantiled_result = result[start:end]

    # 実験群と統制群の数を数える
    treat_uu = list(
        map(lambda item: item[1], quantiled_result)
    ).count(True)
    control_uu = list(
        map(lambda item: item[1], quantiled_result)
    ).count(False)

    # 実験群と統制群のコンバージョン数を計測
    treat_cv = [item[0] for item in quantiled_result
                if item[1] is True].count(True)
    control_cv = [item[0] for item in quantiled_result
                   if item[1] is False].count(True)

    # コンバージョンレートに変換し、表示用のDataFrameに格納
    treat_cvr = treat_cv / treat_uu
    control_cvr = control_cv / control_uu

    label = "{}%~{}%".format(n * 10, (n + 1) * 10)
    qdf.loc[label] = [treat_cvr, control_cvr]

qdf.plot.bar()
plt.xlabel("percentile")
plt.ylabel("conversion rate")
```

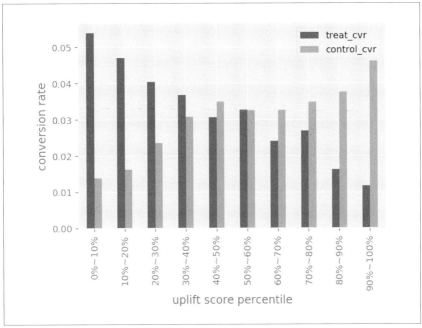

図10-1　10パーセンタイルごとにコンバージョン率を可視化

　10パーセンタイルごとにコンバージョンレートを可視化した結果から、スコアが高いほど実験群のコンバージョンレートが高く、統制群のコンバージョンレートが低くなることが確認できました。これにより、Uplift Modelingがうまく動いていることわかります。また、グラフから、スコアの上位40%にだけ介入行為を行うことで、全体のコンバージョンレートが改善できそうであることがわかりました。

10.5　Uplift Modelingの評価方法、AUUC

　続いて、Uplift Modelingの評価を行います。Uplift Modelingの評価には、**Area Under the Uplift Curve（AUUC）** という指標を使います。AUUCの値は大きければ大きいほど、Uplift Modelingの性能が高いと言えます。

　AUUCの算出には`lift`という指標を用います。`lift`は、あるスコア以上の顧客には介入行為を行い、あるスコア未満の顧客には介入行為を行わなかった場合、介入行為を行わなかった場合と比較して、どれくらいコンバージョン件数が増えたか、と

いう値です。

AUUCは、liftをランダムに介入行為を行った場合と比べて、どれくらいコンバージョンが増えるのか、というのを正規化した値になります。

したがってAUUCを算出するためには、次の手順が必要です。

- スコアの高い順に走査し、その時点までのコンバージョンレートを計測する
- コンバージョンレートの差から、介入行為によるコンバージョンの上昇数（lift）を算出する
- ランダムに介入を行った場合の想定コンバージョン上昇数として、liftの原点と終点を結んだ直線をベースライン（base_line）とする
- liftとbase_lineに囲まれた領域の面積を算出し、正規化し、これをAUUCとする

以下のコードは上記の手順を実装したものになります。

```python
# スコア順に集計を行う
treat_uu = 0
control_uu = 0
treat_cv = 0
control_cv = 0
treat_cvr = 0.0
control_cvr = 0.0
lift = 0.0

stat_data = []

for is_cv, is_treat, score in result:
    if is_treat:
        treat_uu += 1
        if is_cv:
            treat_cv += 1
        treat_cvr = treat_cv / treat_uu
    else:
        control_uu += 1
        if is_cv:
            control_cv += 1
        control_cvr = control_cv / control_uu

    # コンバージョンレートの差に実験群の人数をかけることでliftを算出
    # CVRの差なので、実験群と統制群の大きさが異なっていても算出可能
    lift = (treat_cvr - control_cvr) * treat_uu
```

```
    stat_data.append(
        [is_cv, is_treat, score, treat_uu, control_uu,
         treat_cv, control_cv, treat_cvr, control_cvr, lift])

# 統計データを、DataFrameに変換する
df = pd.DataFrame(stat_data)
df.columns = \
    ["is_cv", "is_treat", "score", "treat_uu",
     "control_uu", "treat_cv", "control_cv",
     "treat_cvr", "control_cvr", "lift"]

# ベースラインを書き加える
df["base_line"] = \
    df.index * df["lift"][len(df.index) - 1] / len(df.index)

# 可視化を行う
df.plot(y=["treat_cv", "control_cv"])
plt.xlabel("uplift score rank")
plt.ylabel("conversion count")

df.plot(y=["treat_cvr", "control_cvr"])
plt.xlabel("uplift score rank")
plt.ylabel("conversion rate")


df.plot(y=["lift", "base_line"])
plt.xlabel("uplift score rank")
plt.ylabel("conversion lift")
```

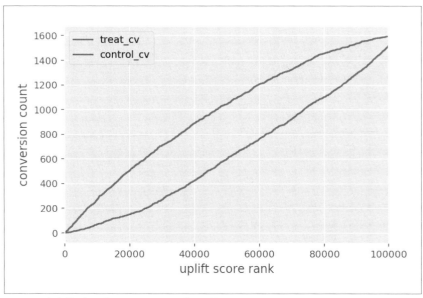

図10-2　実験群と介入群のコンバージョン件数の比較

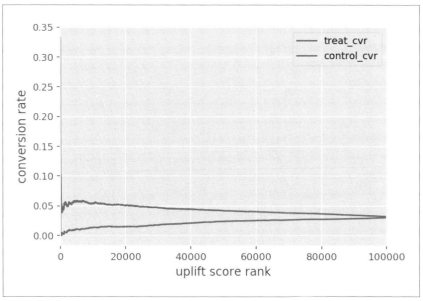

図10-3　実験群と加入軍のコンバージョンレートの比較

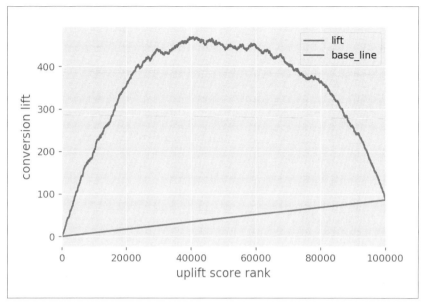

図10-4　コンバージョンレートの差から、コンバージョン上昇件数を推定

　続いてAUUCを算出します。AUUCは`lift`と`base_line`の間に囲まれた領域を正規化したものなので、次のように計算できます。

```
auuc = (df["lift"] - df["base_line"]).sum() / len(df["lift"])
print("AUUC:", auuc)
# AUUC: 302.246369848
```

　Uplift Modelingの精度が高ければ高いほど、スコアの上位は実験群においてコンバージョンする顧客が集まり、統制群においてはコンバージョンしない顧客が集まります。スコアの下位についてはこの逆になります。そのため、`lift`の曲線は最初のうちは実験群のコンバージョンが集まるため正の傾きを持ち、精度が上がると傾きは急になります。逆に最後のほうでは統制群のコンバージョンが集まるため負の傾きを持ち、精度が上がると傾きは急になります。そのため、`lift`曲線は精度が上がれば上がるほど、より上に凸になり、`lift`と`base_line`に囲まれた面積が大きくなり、AUUCのスコアは大きくなります。

　実運用を行う場合は、スコアに従って介入行為を実施するかどうかを決定する必要があります。そのため、どのスコア以上で介入行為を行うかを決定するために、横軸

をスコアにしたLiftのグラフを可視化します。

```
df.plot(x="score", y=["lift", "base_line"])
plt.xlabel("uplift score")
plt.ylabel("conversion lift")
```

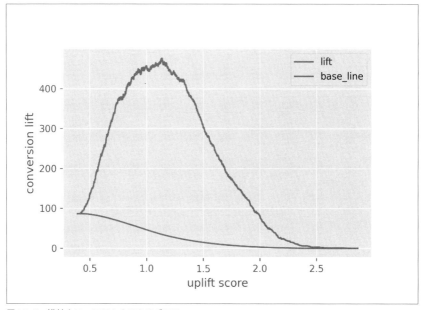

図10-5　横軸をスコアにしたLiftのグラフ

　以上から、Uplift Modelingのスコアが1.2以上に対し介入行為を行うと、Liftが最大化できることがわかります。そのため、実運用を行う際には、今回作ったモデルを用いて予測を行い、Uplift Modelingのスコアが1.2以上であれば、介入行為を行うようにします。

　今回の例では2つの学習器を利用した簡易的なUplift Modelingを実装しました。Uplift Modelingには、決定木を活用したものや、SVMを拡張したアルゴリズムなども提案されています[3]。AUUCを用いることで、データセットが同一であれば、パラメータやアルゴリズムを差し替えても評価できます。実際の運用では、AUUCの値

---

†3　ポーランド科学アカデミーのSzymon Jaroszewicz博士の論文が参考になります。https://home.ipipan.waw.pl/sj/

を元に複数のアルゴリズムを比較したり、パラメータのグリッドサーチを行って、最適な条件を探索します。

10.6 実践的な問題での活用

この節では、作成したアルゴリズムが実際の問題でどのように動くかを確かめます。今回はThe MineThatData E-Mail Analytics And Data Mining Challenge[†4]のデータセット[†5]を利用します。このデータは、過去12か月に購買履歴のある顧客に対して、ランダムに「男性向けメールを送る」「女性向けメールを送る」「メールを送らない」という3種類の行動を実施し、その後サイト訪問に結びついたか、商品を買ったかを調べたものです。データの中身（データセットの内容）のようになっています。

表10-5 データセットの内容

カラム名	内容
recency	最後に商品を買ってからの経過月数
history_segment	過去一年に費やされた購買金額セグメント
history	過去一年に費やされた実際の購買金額
mens	過去一年に男性向け商品を買ったか
womens	過去一年に女性向け商品を買ったか
zip_code	郵便番号をUrban（都市）、Suburban（郊外）、Rural（地方）として分類
newbie	過去12カ月以内の新規顧客であるか
channel	過去1年に客が購買したチャネル
segment	顧客に対してどのメールを送ったか
visit	メール受信後2週間以内にサイトに訪問したか
conversion	メール受信後2週間以内に商品を購入したか
spend	メール受信後2週間以内の購入金額

今回は、ある顧客に対して男性向けメールを送るべきか、女性向けメールを送るべきかの問題として取り扱い、コンバージョンはサイトへの再訪とします。

まずはデータを読み込み、ローカルに保存します。

```
import urllib.request
csv_url = "http://www.minethatdata.com/" + \
        "Kevin_Hillstrom_MineThatData_E-MailAnalytics" + \
```

---

†4 https://blog.minethatdata.com/2008/03/minethatdata-e-mail-analytics-and-data.html
†5 http://www.minethatdata.com/Kevin_Hillstrom_MineThatData_E-MailAnalytics_DataMiningChallenge_2008.03.20.csv

```
                    "_DataMiningChallenge_2008.03.20.csv"
    csv_filename = "source_data.csv"
    with open(csv_filename, "w") as fp:
        data = urllib.request.urlopen(csv_url).read()
        fp.write(data.decode("ascii"))
```

次にpandasを利用して、CSVファイルを読み込み、データ構造を確認します。

```
import pandas as pd
source_df = pd.read_csv(csv_filename)
source_df.head(10)
```

	recency	history_segment	history	mens	womens	zip_code	newbie	channel	segment	visit	conversion	spend
0	10	2) 100–200	142.44	1	0	Surburban	0	Phone	Womens E-Mail	0	0	0.0
1	6	3) 200–350	329.08	1	1	Rural	1	Web	No E-Mail	0	0	0.0
2	7	2) 100–200	180.65	0	1	Surburban	1	Web	Womens E-Mail	0	0	0.0
3	9	5) 500–750	675.83	1	0	Rural	1	Web	Mens E-Mail	0	0	0.0
4	2	1) 0–100	45.34	1	0	Urban	0	Web	Womens E-Mail	0	0	0.0
5	6	2) 100–200	134.83	0	1	Surburban	0	Phone	Womens E-Mail	1	0	0.0
6	9	3) 200–350	280.20	1	0	Surburban	1	Phone	Womens E-Mail	0	0	0.0
7	9	1) 0–100	46.42	0	1	Urban	0	Phone	Womens E-Mail	0	0	0.0
8	9	5) 500–750	675.07	1	1	Rural	1	Phone	Mens E-Mail	0	0	0.0
9	10	1) 0–100	32.84	0	1	Urban	1	Web	Womens E-Mail	0	0	0.0

図10-6　データ構造を確認する

今回は「男性向けのメールを送るか、女性向けのメールを送るか」という問題とし
て扱うため、「メールを送らない」という実験をしたデータを捨てます。

```
mailed_df = source_df[source_df["segment"] != "No E-Mail"]
mailed_df = mailed_df.reset_index(drop=True)
mailed_df.head(10)
```

	recency	history_segment	history	mens	womens	zip_code	newbie	channel	segment	visit	conversion	spend
0	10	2) 100–200	142.44	1	0	Surburban	0	Phone	Womens E-Mail	0	0	0.0
1	7	2) 100–200	180.65	0	1	Surburban	1	Web	Womens E-Mail	0	0	0.0
2	9	5) 500–750	675.83	1	0	Rural	1	Web	Mens E-Mail	0	0	0.0
3	2	1) 0–100	45.34	1	0	Urban	0	Web	Womens E-Mail	0	0	0.0
4	6	2) 100–200	134.83	0	1	Surburban	0	Phone	Womens E-Mail	1	0	0.0
5	9	3) 200–350	280.20	1	0	Surburban	1	Phone	Womens E-Mail	0	0	0.0
6	9	1) 0–100	46.42	0	1	Urban	0	Phone	Womens E-Mail	0	0	0.0
7	9	5) 500–750	675.07	1	1	Rural	1	Phone	Mens E-Mail	0	0	0.0
8	10	1) 0–100	32.84	0	1	Urban	1	Web	Womens E-Mail	0	0	0.0
9	7	5) 500–750	548.91	0	1	Urban	1	Phone	Womens E-Mail	1	0	0.0

図10-7 「メールを送らない」データを捨てる

zip_codeとchannelはカテゴリ変数なので、ダミー変数に展開して、特徴ベクトルを作ります。

```
dummied_df = pd.get_dummies(
    mailed_df[["zip_code", "channel"]], drop_first=True)
feature_vector_df = \
    mailed_df.drop(
        ["history_segment", "zip_code", "channel",
         "segment", "visit", "conversion", "spend"],
        axis=1)
feature_vector_df = feature_vector_df.join(dummied_df)
feature_vector_df.head(10)
```

	recency	history	mens	womens	newbie	zip_code_Surburban	zip_code_Urban	channel_Phone	channel_Web
0	10	142.44	1	0	0	1	0	1	0
1	7	180.65	0	1	1	1	0	0	1
2	9	675.83	1	0	1	0	0	0	1
3	2	45.34	1	0	0	0	1	0	1
4	6	134.83	0	1	0	1	0	1	0
5	9	280.20	1	0	1	1	0	1	0
6	9	46.42	0	1	0	0	1	1	0
7	9	675.07	1	1	1	0	0	1	0
8	10	32.84	0	1	1	0	1	0	1
9	7	548.91	0	1	1	0	1	1	0

図10-8 カテゴリ変数をダミー変数に展開

　男性向けメールをTreatとしてフラグを付け、サイト訪問をコンバージョンとしてフラグを付けます。

```
is_treat_list = list(mailed_df["segment"] == "Mens E-Mail")
is_cv_list = list(mailed_df["visit"] == 1)
```

　scikit-learnのtrain_test_splitを利用して、ランダムに学習データと教師データに分けます。train_test_splitは同じ長さの複数のリストを受け取り、学習データと教師データを返します。test_sizeはテストデータの比率を[0, 1]で指定します。またrandom_stateを指定することで、分け方を固定できます。

```
from sklearn.model_selection import train_test_split

train_is_cv_list, test_is_cv_list, train_is_treat_list,
test_is_treat_list, train_feature_vector_df,
test_feature_vector_df = \
    train_test_split(is_cv_list, is_treat_list,
                     feature_vector_df, test_size=0.5,
                     random_state=42)

# indexをリセットする
train_feature_vector_df = \
    train_feature_vector_df.reset_index(drop=True)
test_feature_vector_df = \
    test_feature_vector_df.reset_index(drop=True)
```

　実験群と統制群の学習器を作り、学習を行います。

```
train_sample_num = len(train_is_cv_list)

treat_is_cv_list = []
treat_feature_vector_list = []
control_is_cv_list = []
control_feature_vector_list = []

for i in range(train_sample_num):
    if train_is_treat_list[i]:
        treat_is_cv_list.append(train_is_cv_list[i])
        treat_feature_vector_list.append(
            train_feature_vector_df.loc(i))
    else:
        control_is_cv_list.append(train_is_cv_list[i])
        control_feature_vector_list.append(
            train_feature_vector_df.loc(i))
```

```
from sklearn.linear_model import LogisticRegression
treat_model = LogisticRegression(C=0.01)
control_model = LogisticRegression(C=0.01)

treat_model.fit(treat_feature_vector_list,
                treat_is_cv_list)
control_model.fit(control_feature_vector_list,
                  control_is_cv_list)
```

以後の集計と可視化については、前節のサンプルコードと同一であるため割愛し、
グラフを描画します。

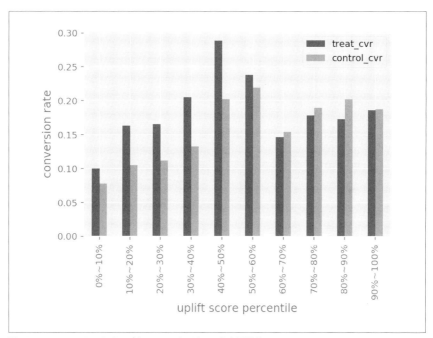

図10-9　10パーセンタイルごとにコンバージョン率を可視化

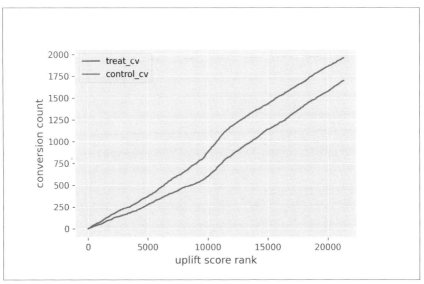

図10-10　コンバージョン件数の比較

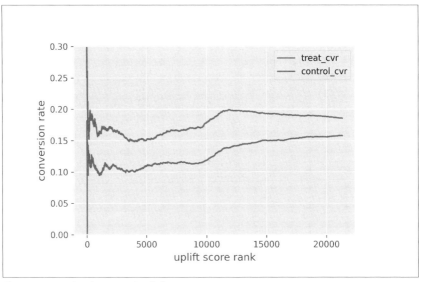

図10-11　コンバージョンレートの比較

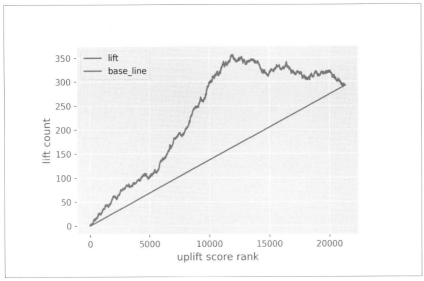

図10-12　コンバージョン上昇件数を可視化

　10パーセンタイルごとのコンバージョンレートの比較図から、スコア上位60%のセグメントでは男性向けメールが女性向けメールよりもよく反応していることがわかります。また逆に下位40%の反応率は、女性向けメールの方がわずかに良いようです。

　そのため、スコアの上位60%には男性向けメールを送付し、スコアの下位40%には女性向けメールを送付することで、より効果的なメール配信を実現できる可能性があることがわかりました。

10.7　Uplift Modelingを本番投入するには

　Uplift Modelingを本番投入するには、次のような流れが必要です。1〜5については、ここまで説明したアルゴリズムの作成と確認の中で実施します。本番環境で動かすには、6〜11のプロセスが必要になります。

1. 実験したい介入行為を設計し、実験群と統制群で何を行うかを決める
2. 顧客の一部に対して、ランダム化比較試験を実施する
3. ランダム化比較結果を学習データとテストデータに分ける
4. 学習データからUplift Modelingの予測器を作成する

5. テストデータから、Uplift Modelingのスコアの予測結果のグラフを描き、挙動を確かめる
6. Uplift Modelingのスコアのグラフから、スコアがいくつ以上の顧客に対して、介入行為を実施するのかを決める
7. 残りの顧客に対して、Uplift Modelingのスコアを予測する
8. 予測されたスコアから、介入行為を実施する対象の顧客を選出する
9. 選出された顧客の一部を、介入行為を実施しない対照群とし、残りを介入群とする
10. 介入群に介入行為を行う
11. 介入群と対照群のコンバージョンレートの比較を行い、介入行為の効果を計測する

以上の本番投入までの流れを図にすると、次のようになります。

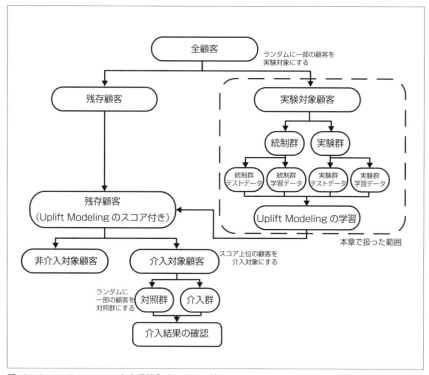

図10-13　Uplift Modelingを本番投入するまでの流れ

　スコアが一定以上の顧客について対照群を用意せず、全員に介入行為を行うことも可能です。しかしこの場合、コンバージョンの増分については、テストデータによる結果から得た推定値でしか把握できません。

　上記のような流れで本番投入することで、Uplift Modelingの活用の実施によってコンバージョンレートがどのくらい増えたかを実証できます。そして、Uplift Modelingによって増えた売上を明確な数字を元に主張できるようになります。

　Uplift Modelingは認知度が低く、効果を主張することが難しいことが多いため、介入群と対照群を用意することをお勧めします。

10.8　この章のまとめ

　本章では、Uplift Modelingの概要を説明し、実際に簡易的なアルゴリズムを実装してみました。

　Uplift Modelingは、ランダム化比較試験と顧客が持つ特徴量を組み合わせ、コンバージョンに転じやすい説得可能な顧客を予測するモデルを構築します。これにより、介入行為によってコンバージョンが増加するセグメントにのみ介入行為を実施でき、逆に介入行為によってコンバージョンが減少するセグメントについては介入行為を控えられるようになります。

　したがって、全員に介入行為を実施するよりも多くのコンバージョンを得られるだけでなく、介入行為にともなうマーケティング費用を大幅に削減し、マーケティング費用をより効率的に分配できるようになるでしょう。

11章
バンディットアルゴリズム
による強化学習入門

　本章では、バンディットアルゴリズムの紹介と簡単な実装を行います。

　これまでの章では機械学習を行うためのデータが十分にそろっていることを前提にしていました。しかし現実には、十分なデータはなく、データを集めるには費用[†1]がかかることが良くあります。こういった環境においては、教師あり学習ではなく、教師データを収集しながら学習を行っていく強化学習という手法が用いられます。

　強化学習とは、ある環境におかれたエージェントが、不完全な情報を元に行動を選択し、情報を蓄積していく。そして、その行動の結果報酬を得て、最終的に報酬の総和が最大になるようする。というものです。本章で紹介するバンディットアルゴリズムは、強化学習の中では比較的簡単な部類の問題です。そのため、本章を通じて不完全な情報での意思決定はどのように行うと良いのか、という強化学習の基本的な考え方を掴んでもらえれば幸いです。

　強化学習とバンディットアルゴリズムの違いは、その行動を行った結果、環境がどのように変化していくのかを取り扱うか否かにあります。囲碁や将棋でたとえるなら、その瞬間の1手読みを行うのがバンディットアルゴリズム、未来の状態まで加味して3手、5手、7手と読んでいくのが強化学習になります。

　バンディットアルゴリズムとは、Multi-Armed Bandit Problem（多腕バンディット問題）を解くためのアルゴリズムです。アームとはこの問題の元となったスロットマシン[†2]から来ています。得られる報酬の期待値が異なる複数台のスロットマシンが存在するときに、どのスロットマシンを選択するともっとも儲かるのか？という問題を取り扱います。スロットマシンから得られる報酬は試行回数が少ないとその良

し悪しがわかりません。また、報酬の期待値が低いスロットマシンを何度もプレイするのは損になります。こういった環境下で、どのようにして探索と活用のバランスを取り、より良いスロットマシンを選び、得られる報酬を最大化するか、という問題を解くのがバンディットアルゴリズムになります。

バンディットアルゴリズムは、そのウェブサイトにあったバナー広告をどのように選択するか、その個人に合わせた広告をどのように表示するかといったところで利用されています。

バンディットアルゴリズムは歴史が古く、理論解析が進んでおり、Regret（最適なアームを選ばなかったことによる機会損失）の最小化や、そのための複雑な数式を活用した証明がさまざまな書籍で紹介されています。一方でバンディットアルゴリズムを実装するだけであれば、複雑な証明や数式は必要ではなく、比較的簡単なコードで実現できます。そこで本章では、数式や証明、理論解析を抜きにして、バンディットアルゴリズムの基本的な考え方を紹介しつつ、簡単な実装を行っていきます。

本章は筆者（中山）がWebエンジニアにバンディットアルゴリズムを説明するために作成した資料を元にしています。したがって本章の想定読者は、プログラミングはある程度できるが統計学については平均や分散程度しか知らない、という方です。そのため、統計に関する難しい数式や証明を抜きにして、確率密度関数の概念を学び、バンディットアルゴリズムの実装が行えるように構成しています。

11.1　バンディットアルゴリズムの用語の整理

バンディットアルゴリズムでは独特な用語がいくつもあるので、まずはその用語の整理を行います。

アーム
　　アームとは、ある時点において選択可能な選択肢のことを言います

方策
　　方策とは、事前に決めたアルゴリズムに従ってアームを選択する手法です。ポリシー (Policy) とも呼ばれます。バンディットアルゴリズムの性能はこの方策をどのように設計するかにかかっています

試行

　試行とは、あるアームを選択して、報酬を得る行為のこと言います。「（アームを）引く」とも呼ばれたりします

報酬

　報酬とは、あるアームを選択したことによって、得られる価値のことです。リターンとも呼ばれることがあります。それぞれのアームが固有にもつ確率密度分布に従って、報酬が得られると仮定します。確率密度分布については本章の中で説明を行います

標本

　標本とは、アームを引いた結果によって得られた報酬の集合です。同じアームを引いたとしても、得られる報酬は毎回異なることに注意してください

標本平均

　標本平均とは、現在得られている標本の平均値のことです。標本平均は試行回数が増えるにつれて母平均に近づいていきます。一方で試行回数が足りないと母平均から大きく外れる値になることがあります。この現象は大数の法則とも呼ばれます

母平均

　母平均とは、母集団の平均値のことです。今回の問題設定の場合、それぞれのアームの真の期待値を母平均といいます。母平均は母集団のすべてを集めることで求められますが、これは不可能です。特にスロットマシンのようなある確率分布に従って報酬が生成される場合は、「すべて」を集めることはできません。そのため、得られた標本から母平均の確率分布を推定し、信用区間を求めることになります

探索

　探索とは、試行回数が少なく情報量が少ないため、母平均が不確かなアームを選択することです。これにより選択されたアームは試行回数が増え、情報量が増えるため、その信用区間は狭まっていきます

活用

　活用とは、複数のアームのなかで母平均が大きいであろうものを選択することです。これにより、複数回の試行における累計報酬の最大化を狙います

11.2　確率分布の考え方

　バンディットアルゴリズムの考え方の根幹は、アームの報酬の期待値（母平均）の不確実さをどのように評価し、探索と活用のバランスをどのようにして取るかということにあります。まず初めに紹介する方策は、母平均の事後分布の信用区間を利用する方法です。事後分布とは、得られた標本から母集団の性質がどのようなものであり得たかを考えることです。これにより母平均の確率密度関数を得ることで、母平均の信用区間に基づいてバンディットアルゴリズムを実装していきます。事後分布について考える前に、まずは確率密度関数と、そこから導かれる累積分布関数について理解しましょう。

　確率密度関数（Probability Density Function）とはどの値がどの程度出現しやすいのかをあらわすものです。話を単純にするために、まずは離散値[†3]で考えてみましょう。離散値では確率質量関数（Probability Mass Function）と呼ばれています。たとえば6面ダイスを二個振った場合の出目の合計値（2D6）を考えてみます。合計値2は1/36の確率で出現し、合計値7は6/36の確率で出現するはずです[†4]。簡単なコードで実験してみましょう。

```python
import numpy as np
import scipy.stats
import matplotlib.pyplot as plt
import japanize_matplotlib

n = 100000
dice_total =  np.random.randint(1,7, size=n)
dice_total += np.random.randint(1,7, size=n)
x, y = np.unique(dice_total, return_counts=True)
y = y / n # カウント値を出現確率に変換
plt.plot(x, y, marker="o", label="2D6 PMF")
plt.legend()
plt.xlabel("2つのダイスの出目の合計")
plt.ylabel("出現確率")
plt.show()
```

---

†3　離散値とは1、2、3といった飛び飛びの値しか取らない数のことです。一般に整数は離散値です。逆に実数は小数によって切れ目なく連続しているので連続値と呼ばれます。

†4　n面ダイスをm個振ったときの合計値は、mDn の形で表現されることがあります。D は Dice の略です。TRPGやボードゲーム、コンピューターゲームの中などで良く使われる表現です。

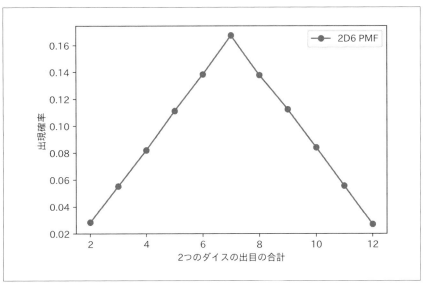

図11-1　6面ダイスを10万回振ったときの出目の確率質量分布

　確率質量分布は、どの値がどの程度出現しやすいかを示します。6面ダイス2個を10万回振ったところ、7がもっとも出やすく、2と12がもっとも出にくいことがわかりました（**図11-1**）。

　それでは6面ダイスを2個振って、5以下が出現する確率というのはどのように求めたら良いでしょうか？　これを求めるには、確率質量関数（連続値では確率密度関数）を積分した累積分布関数（Cumulative Distribution Function）を使います。累積分布関数とは、確率変数X（出現する可能性のある値）がx以下になる確率として表現され、確率変数Xをマイナス無限大からxまでを積分したもの、として定義されます。離散値では積分と累積和は等価なので、累積和を使って求められます。

　今回のケースでは、2D6の出目の合計値が5以下になる確率なので、2D6の出目の合計値が2、3、4、5になる確率を足し合わせたものとして求められます。NumPyのcumsumという累積和を求める関数を使って、累積分布関数を描画してみます。

```
cumsum_y = np.cumsum(y)
print(cumsum_y)
plt.plot(x, cumsum_y, marker="o", label="2D6 CDF")
plt.legend()
plt.xlabel("2つのダイスの出目の合計")
plt.ylabel("出現確率の累積和")
```

```
plt.show()
# [0.02819 0.08361 0.16755 0.27779 0.41659 0.58457 0.7233  0.8343
#  0.91817  0.97299 1.       ]
```

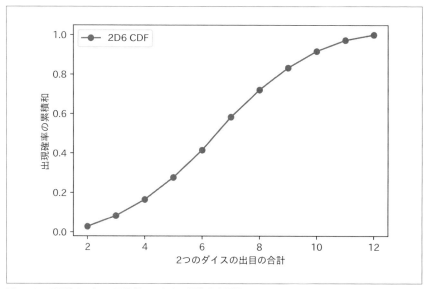

図11-2　6面ダイスを10万回振ったときの累積分布関数

　以上から5以下の値が出る確率は0.27779のようです。理論値は1/36 + 2/36 + 3/36 + 4/36 = 10/36 = 0.277…なので一致しています。また確率をすべて足し合わせたものなので、合計値が1になっていることもわかります。それでは合計値が10以上になる確率はどう求めたら良いでしょうか？ それは合計値が9以下になる確率（0.8343）を1から引けば良いのです。

```
1 - 0.8343 = 0.1657
```

11.3　事後分布の考え方

　どの値がどの程度出やすいか、という確率密度分布の考え方を理解しました。この次は確率密度分布を使って事後分布を表現することを学びます。

　たとえばコインを10回投げて、4回表が出た、という事象を考えてみましょう。このコインの表が出る確率 p は、$p = 4/10 = 0.4$ で良いでしょうか？ $p = 0.5$ のコイ

ンを10回投げて、4回表が出たということもあり得るのではないでしょうか？ また、$p = 0.1$ のコインを10回投げて4回表が出たというのは極めて稀な事象ですが、起こり得ないことではないでしょう。

このコインの表が出る確率pの真の値（母平均）は特定の値として求めることはできません。事後分布という考え方を用いて、得られた観測値から、母集団がもつ性質を確率密度関数に従って推定します。コイントスのように結果が表と裏の2つしかない試行（これをベルヌーイ試行と呼びます）の場合、ベータ分布という関数を使うことで、その母平均（コインの表が出る確率p）の確率密度関数を求めます。ベータ分布は scipy.stats.beta を使うことで簡単に描画できます。

```
a = 4        # 表が出た回数
b = 10 - a   # 裏が出た回数

x = np.linspace(0, 1, 10000) # 0~1の区間を10000分割
plt.plot(x, scipy.stats.beta.pdf(x, a + 1, b + 1), label="4/10 PDF")
plt.legend()
plt.xlabel("コインの表の出る確率")
plt.ylabel("確率密度")
plt.show()
```

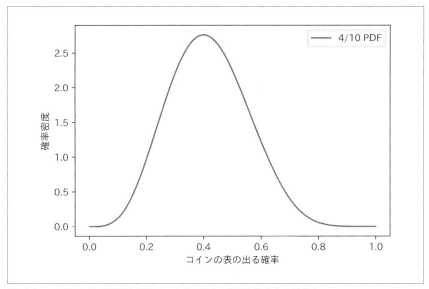

図11-3　コインを10回投げた際のベータ分布による確率密度分布の可視化

　`scipy.stats.beta.pdf`は、xに確率密度関数を求める区域の配列、aに表が出た回数、bに裏が出た回数を与えることで、ベルヌーイ試行における母平均の確率密度関数が得られます。pdfとはProbability Density Function（確率密度関数）の略です。aとbにそれぞれ1を足しているのは事前分布が一様分布である、すなわち事前情報がないことを仮定しているためです。

　この確率密度分布の図は、X軸に母平均が取りうる値、Y軸に母平均が出現しうる確率を表しています。図を読み取ると、母平均は$p = 0.4$がもっともあり得そうであることはわかります。しかし、山のすそは非常に広く、$p = 0.2$や$p = 0.7$のコインであった可能性も捨てきれないわけです。それでは、コインの表の出る確率pはどのような値であると考えれば良いでしょうか？　これには前述の累積分布関数を使います。

　`scipy.stats.beta`には`cdf`（Cumulative Distribution Function）という、累積分布関数を求めるための関数も用意されています。こちらを使って描画して確認してみましょう。

```
plt.plot(x, scipy.stats.beta.cdf(x, a + 1, b + 1), label="4/10 CDF")
plt.legend()
plt.xlabel("コインの表の出る確率")
plt.ylabel("累積確率密度")
plt.show()
```

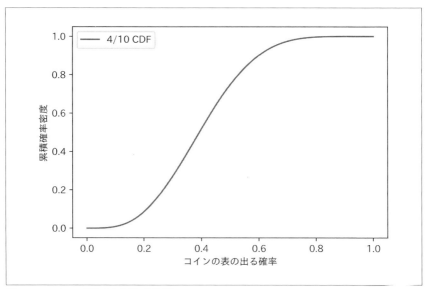

図11-4　コインの累積分布関数の可視化

このグラフを読み取ると、累積分布関数の下位5%の値は0.20程度、上位95%の値は0.65程度だということがわかります。したがって、「あるコインを10回投げて、4回表が出た場合、そのコインの表の出る確率pは、90%の信用区間で0.2から0.65の間にある」ということが言えそうです。

信用区間はグラフから読み取ることもできますが、プログラムからこの値を算出するには、累積分布関数の逆関数（Y軸の値を入れることで、X軸の値を求める）を使います。SciPyではppfという関数を用います。ppfとはPercent Point Functionの略です。ライブラリによってはCDFの逆関数（inverse）なのでinverseCDFなどという名前がついているかもしれません[5]。また、信用区間の上と下を同時に求めるintervalという便利な関数もあります。

```
print(" 5%", scipy.stats.beta.ppf(0.05, a + 1, b + 1))
print("95%", scipy.stats.beta.ppf(0.95, a + 1, b + 1))
print("90%信用区間", scipy.stats.beta.interval(0.90, a + 1, b + 1))
#  5% 0.19957614988383673
# 95% 0.6501884654280826
# 90%信用区間 (0.1995761498838367, 0.6501884654280826)
```

これにより「コインを10回投げて、4回表が出た場合、コインの表の出る確率pは、90%の信用区間で0.199から0.650の間にある」ということが言えます。

次にコインを10回投げて4回表が出た事例と、100回投げて40回表が出た事例、1000回なげて400回表が出た事例を比較してみましょう。

```
a1 = 4
b1 = 10 - a1
a2 = 40
b2 = 100 - a2
a3 = 400
b3 = 1000 - a3
x = np.linspace(0, 1, 1000)
plt.plot(x, scipy.stats.beta.pdf(x, a1 + 1, b1 + 1), label="4/10 PDF")
plt.plot(x, scipy.stats.beta.pdf(x, a2 + 1, b2 + 1), label="40/100 PDF")
plt.plot(x, scipy.stats.beta.pdf(x, a3 + 1, b3 + 1), label="400/1000 PDF")
plt.legend()
plt.xlabel("コインの表の出る確率")
plt.ylabel("確率密度")
plt.show()
```

†5　たとえばExcelでは BETA.INV という関数を使います。

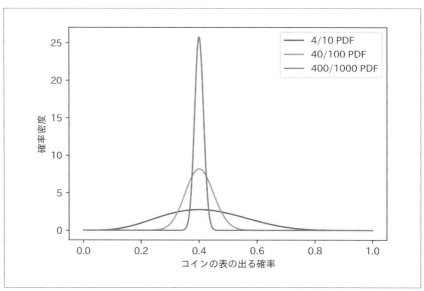

図11-5　同じ確率で試行回数の異なる場合の確率密度分布

　いずれのケースも期待値（標本平均）は0.4で等しいです。試行回数が増えた場合、母平均の確率密度分布のすそが狭まっていき、先鋭化していきます。つまり、母平均の値が0.4付近にあるという可能性が高まっているわけです。それでは先ほどと同じように90%信用区間を出してみましょう。

```
print("90%信用区間 (  4/  10)\t",
    scipy.stats.beta.interval(0.90, a1 + 1, b1 + 1))
print("90%信用区間 ( 40/ 100)\t",
    scipy.stats.beta.interval(0.90, a2 + 1, b2 + 1))
print("90%信用区間 (400/1000)\t",
    scipy.stats.beta.interval(0.90, a3 + 1, b3 + 1))

# 90%信用区間 (  4/  10)    (0.1995761498838367, 0.6501884654280826)
# 90%信用区間 ( 40/ 100)    (0.32355743256469754, 0.48256117185206715)
# 90%信用区間 (400/1000)    (0.37486561630199944, 0.42576020414058036)
```

　以上から試行回数が増えるにつれ、母平均の信用区間が狭まっていくことがわかります。10回中4表が出た事例では、$p = 0.2$のコインを10回投げて4回表が出た可能性もそれなりにあるのですが、1000回中400回表がでた事例では$p = 0.2$のコインであった可能性はほぼないことがわかります。

　このように母平均の不確実性（信頼区間の幅）は試行回数が増えるにつれ次第に減少していきます。バンディットアルゴリズムでは複数のアームの母平均を比較し、もっとも良いアームを選択します。しかし、母平均は確率密度分布で表されるため、どのアームがもっとも良いのかを比較することは困難です。そのため、試行回数を増やすことで、母平均の不確実性を減らし比較を可能にしていきます。これがバンディットアルゴリズムの基本的な考え方です。

　これ以降の説明ではベータ分布を基準に議論を進めますが、標本が連続値である場合には、標本平均、標準誤差、サンプルサイズから、正規分布もしくはt分布を用いることで母平均の信用区間を求めます。また、サンプルサイズが十分に大きい（30以上）場合、t分布は正規分布に近似できます。バンディットアルゴリズムを利用するケースでは、それなりのサンプル数であることが多いため、正規分布を用いると良いでしょう。詳細については『入門 統計学』[栗原11] など統計の書籍を参考にしてください。

```python
data = [32, 12, 20, 42, 61] # 標本
n = len(data) # サンプルサイズ
mean = np.mean(data) # 標本平均
se = np.std(data, ddof=1) / (n ** 0.5) #標準誤差
dof = n - 1 # 自由度

x = np.linspace(0, 100, 10000)
# サンプルサイズが30未満の場合、t分布を用いる
plt.plot(x, scipy.stats.t.pdf(x, loc=mean, scale=se, df=dof))
# サンプルサイズが30以上の場合、正規分布を用いる
plt.plot(x, scipy.stats.norm.pdf(x, loc=mean, scale=se, df=dof))
```

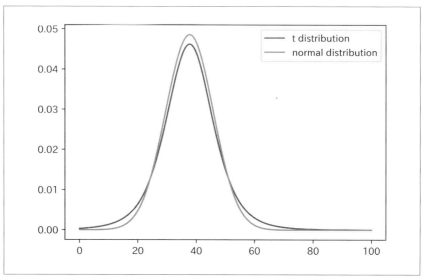

図11-6　正規分布とt分布の確率密度分布

11.4　事後分布の信用区間上限を用いた実装例

　それでは実際に、2つのコインのうちどちらを選択するべきかを、母平均の信用区間を用いて考えていきましょう。コインAを100回コイントスしたところ、45回表が出ました。コインBは200回コイントスして92回表が出ました。この時点のコインAとコインBの標本平均はそれぞれ0.45と、0.46です。標本平均だけを見ればコインBを選択するのが良いかもしれません。しかしコインAは試行回数が少なく、標本平均が母平均に収束していないだけで、実は母平均はコインBよりも大きいかもしれません。どうすればより良いコインを選択できるでしょうか？

　簡単な方法としては、それぞれのコインの母平均の信用区間の上側の値（ここでは95パーセンタイル値の値）をそのアームの評価値として取り扱うことです。これは、そのコインの母平均が想定しうる範囲内でなるべく楽観的に評価しているともいえます。それでは、まずはコインAとコインBの確率密度関数を見てみましょう。

```
a1 = 45
b1 = 100 - a1
a2 = 92
b2 = 200 - a2
```

```python
x = np.linspace(0, 1, 10000)
plt.plot(x, scipy.stats.beta.pdf(x, a1+1, b1+1), label="45/100 PDF")
plt.plot(x, scipy.stats.beta.pdf(x, a2+1, b2+1), label="92/200 PDF")
plt.legend()
plt.xlabel("コインの表の出る確率")
plt.ylabel("確率密度")
```

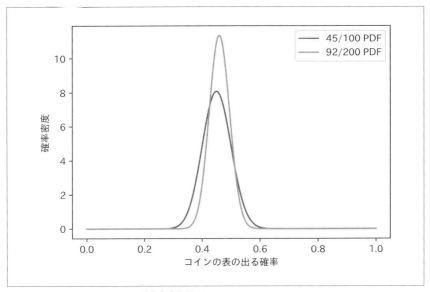

図11-7　コインAとコインBの確率密度関数

　グラフから確率密度関数のすそは試行回数が少ないコインAの方が大きいことがわかります。次にそれぞれの累積分布関数の95パーセンタイル値を見てみましょう。

```python
print("CoinA:", scipy.stats.beta.ppf(0.95, a1 + 1, b1 + 1))
print("CoinB:", scipy.stats.beta.ppf(0.95, a2 + 1, b2 + 1))
# CoinA: 0.5322261940040164
# CoinB: 0.5181806676164464
```

　累積分布関数の95パーセンタイル値を見ると、コインAの方が大きな値になることがわかります。これによりコインAの試行回数が少なく不確かさが大きいため、楽観的に考えたときにはコインAの方が高い母平均になるので、コインAを引いた方が良いと判断できるわけです。そして、コインAの試行回数を増やすことで、信用区間は徐々に狭まっていきます。そしてコインAの信用区間が狭まっていくと今度はコイ

ンBが選択されるようになります。信用区間の上限を評価値として使うと、母平均が
もっとも大きくなる可能性が残っている方のコインが優先的に選択されていきます。

　SciPyで実装されている統計用の関数は引数に配列を渡すことで複数の結果を一度
に計算できるので、最大の値のインデックスを返す np.argmax と組み合わせれば、
ワンラインで評価値が最大のアームを求められます。

```
np.argmax(scipy.stats.beta.ppf(0.95, [a1 + 1, a2 + 1], [b1 + 1, b2 + 1]))
# 0
```

　この手法には、Baysian-UCB (Baysian Upper Confidence Bound) という名前が
付いていますので、以後 Baysian-UCB と呼びます。

11.5　UCB1

　このほかにも、数学的な性能証明が行われている UCB1 (Upper Confidence Bound
version 1) と呼ばれる手法があります。複雑な証明は省きますが、UCB1の場合、評
価値の計算は次のようになります。

$$\text{アーム}\, i \,\text{の評価値} = \mu_i + R\sqrt{\frac{2\ln(\text{全アームを引いた回数})}{\text{アーム}\, i \,\text{を引いた回数}}}$$

　UCB1を直観的に説明すると、他のアームが多く引かれているとそのアームが選択
されやすくなり、そのアームを引いた回数が多くなると、そのアームが選択されにく
くなります。結果として試行回数が足りないため不確実性が大きいアームは引かれや
すく、不確実性が小さくても期待値の小さなアームは引かれにくい。そして試行を繰
り返すと最終的には期待値が大きいアームが引かれることになります。これにより、
結果として探索と活用がうまくできるようになります。

　先ほど11.4「事後分布の信用区間上限を用いた実装例」で取り上げた事例をUCB1
で評価してみましょう。

```
print("CoinA:",
      a1/(a1+b1) + (2.0 * np.log(a1+b1+a2+b2) / (a1+b1)) ** 0.5)
print("CoinB:",
      a2/(a2+b2) + (2.0 * np.log(a1+b1+a2+b2) / (a2+b2)) ** 0.5)
# CoinA: 0.7877508689746393
# CoinB: 0.6988259298036166
```

UCB1では、コインAとコインBの評価値は0.78と0.69になり、コインAの評価値の方が大きいため、不確実性を考慮したときにはコインAを選択して探索を行うのが良いとわかります。

11.6　確率的なバンディットアルゴリズム

Baysian-UCBにしても、UCB1にしても、試行を行うたびに即座に報酬が返ってくることを前提ととした決定的で逐次的なアルゴリズムであり、バッチ処理や並列化に向かないという問題があります。そのためウェブサービスにこれらのアルゴリズムを使うと、厄介な問題が起こることがあります。

たとえばスマートフォンアプリにおいて、プッシュ通知で送る文面をバンディットで最適化する問題を考えましょう。プッシュ通知を送ってから10分以内に開封されてアプリが起動されるか否かをコンバージョンとします。この問題を逐次的に行おうとすると、プッシュ通知を1通送って、10分待って、また1通送って10分待ってという形になり、全ユーザーにプッシュ通知を送りきるまでに果てしない時間がかかることになります。

それでは1万通送って10分待つというサイクルではどうなるでしょうか？Baysian-UCBにしてもUCB1にしても、標本の状態に応じてアームが選択される決定的なアルゴリズムであるため、1万通すべてが特定のアームに偏って分配されてしまいます。そのため効率的な探索を行うことができず、最適なアームを選択するのに時間がかかってしまいます。

また、数台のサーバーによって試行が並列化されていたりすると、他のサーバーがどのアームを選択したのかを即座に知ることはできません。どのサーバーがどのアームを選択したのかを集計した後に、各サーバーに集計情報を返す必要があります。

報酬の観測に時間がかかる環境や、バッチ処理、並列化された環境で効率的な探索をするには、各アームの選択確率を、探索と活用を考慮したアルゴリズムに基づいて調整することが求められます。たとえば、アームAを30%、アームBを60%、アームCを10%といった具合です。

また、ビジネスの現場では、**最適なアームを選ぶことが必ずしも最適な戦略というわけではありません。同程度の報酬が得られるアームが複数あるのであれば、どれを選んでも良いのです。**ウェブ広告事業などでは、常に同じ広告が出続けることよりも、毎回違う広告が出て、広告の在庫をある程度均等に消化できた方が良いでしょう。そのため報酬を観測するのに時間がかかる環境や、バッチ処理、並列化に適合し

た非決定的なアーム選択のロジックが求められます。

ここでは比較的簡単なSoftmax法と、確率密度関数を用いたThompson Sampling法を紹介します。

11.6.1　Softmax法

Softmax法とは、標本平均の高いアームの選択確率を増大させ、標本平均の低いアームの配信量を低くすることで、探索と活用のバランスを取るための手法です。Softmax法では確率密度関数に基づいた不確実性の高いアームに対する探索は行われないため、事前にランダムにアームを選択して標本平均をある程度収集しておく必要があります。また標本平均ではなく、母平均の確率密度分布の上限値を用いることで、試行回数の不足しているアームを探索することもできます。

Softmax法では次の式に従ってアームの選択確率を求めます。

$$あるアームの選択確率 = \frac{\exp(あるアームの標本平均/温度)}{\sum \exp(各アームの標本平均/温度)}$$

この式には「温度」という見慣れないパラメータが出現します。少し詳しく説明しましょう。

温度パラメータは0以上の値を取ります。0に近づくほど、標本平均が高いアームを優先的に選択するようになります。1より大きくなっていくと、よりランダムに近い選択になります。今回はアームがA、B、Cの3つ存在し、それぞれの標本平均が0.12、0.11、0.10であったとしましょう。これをSoftmax法で評価し、アームの選択確率を求めると次のようになります。

```python
def softmax(x, t):
    return np.exp(x / t)/ np.sum(np.exp(x / t))

conversion_rate = np.array([0.12, 0.11, 0.10])
select_rate = softmax(conversion_rate, 0.01)
print(select_rate)
# [0.66524096 0.24472847 0.09003057]
```

温度パラメータが0.01の場合、アームAとアームBの標本平均の差は0.01でしたが、選択確率はアームAが67%、アームBが24%、アームCが9%となりました。これにより標本平均の高いアームを優先的に選択できていることがわかります。それではこの選択確率に従って採用するアームを決定しましょう。np.random.choiceを使うと、任意の数の重み付きの乱数が生成できます。

```
np.random.choice(len(select_rate), size=20, p=select_rate)
# array([1, 2, 0, 0, 1, 0, 0, 0, 0, 2, 2, 0, 1, 1, 0, 0, 0, 2, 0, 1])
```

せっかくなので、温度パラメータを大きくしてみて、ランダムに選ばれるのかどうかも確認してみましょう。

```
select_rate = softmax(conversion_rate, 100)
print(select_rate)
# [0.33336667 0.33333333 0.3333    ]
```

Softmax法では、このような性質を持つ温度パラメータを徐々に小さい値にすることによって、探索から活用への度合いを高めていくことができます。この手法は**アニーリング**（annealing）、日本語では**焼きなまし**と呼ばれています。たとえば次のような式で温度を下げていくことが可能です。

$$温度パラメータ = \frac{初期温度}{\ln(k \times すべてのアームの引いた回数 + 2)}$$

初期温度を上げておくと、初期はよりランダムにアームを選択するようになります。kの値をコントロールすることで、温度が下がっていく速度を調整できます。また、2を足しているのは、$\ln(0) = -\infty$、$\ln(1) = 0$なので、温度パラメータが負の値になったり、ゼロ除算が発生してしまうことを防ぐためです。

アニーリングを利用したSoftmax法は、対象とする問題に合わせて最適なパラメータを事前に探っておく必要があります。そのため、事前の机上実験が欠かせません。

11.6.2 Thompson Sampling法

次に紹介するThompson Sampling法（以下TS法）は調整するパラメータがほとんどないにもかかわらず、比較的うまく動作するアルゴリズムとして知られています。TS法は長らく経験則的にうまくいく手法として知られていましたが、近年になって理論的な解析が行われ、性能の証明 [Shipra13] がなされている手法です。TS法はあるアームの評価値をそのアームの事後分布から生成した乱数に基づいて決定し、評価値が最大のアームを選択します。

あるアームの評価値 ＝ あるアームの事後分布から引いてきた乱数

SciPyで事後分布に基づいて乱数を生成するにはrvsという関数を用います。rvsは

Random variates の略です。NumPy では np.random 以下にある、beta や normal、binomial などの関数で任意の分布の乱数を生成できます。

```
a = 40
b = 100 - a
print(scipy.stats.beta.rvs(a + 1, b + 1, size=3))
print(np.random.beta(a + 1, b + 1, size=3))
# [0.40467861 0.35886656 0.36456428]
# [0.38604021 0.3851216  0.41084615]
```

　それでは事後分布に基づく乱数を生成してヒストグラムにすることで、本当に事後分布から生成された乱数なのかを確認してみましょう。

```
from matplotlib import cm
a = 40
b = 100 - a
x = np.linspace(0, 1, 10000)
fig, ax1 = plt.subplots()
ax2 = ax1.twinx()
# beta分布から乱数を10000個生成して、ヒストグラムにして描画
ax1.hist(scipy.stats.beta.rvs(a + 1, b + 1, size=10000),
    bins=20, color="blue")

# beta分布の確率密度関数を描画する
ax2.plot(x, scipy.stats.beta.pdf(x, a + 1, b + 1), color="red")
ax2.set_ylim(0,)
```

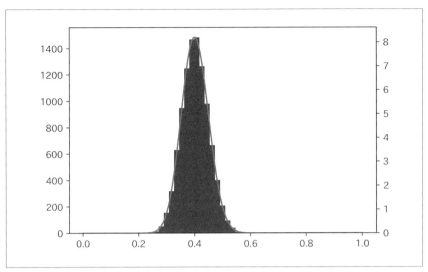

図11-8　beta分布から生成された乱数のヒストグラム

　beta分布から生成された乱数のヒストグラムと、beta分布の確率密度関数がほぼ一致したので、正しく事後分布から乱数が生成されていることがわかります。それでは実際にTS法を用いて、アームを選択してみましょう。

```
a1 = 45
b1 = 100 - a1
a2 = 92
b2 = 200 - a2
coin_a_dist = scipy.stats.beta.rvs(a1 + 1, b1 + 1, size=3)
coin_b_dist = scipy.stats.beta.rvs(a2 + 1, b2 + 1, size=3)
print("CoinA:", coin_a_dist)
print("CoinB:", coin_b_dist)
print("CoinA>CoinB", coin_a_dist > coin_b_dist)
# CoinA: [0.43828811 0.48966257 0.36660745]
# CoinB: [0.44996259 0.47622653 0.47162171]
# CoinA>CoinB [False  True False]
```

　Baysian-UCBや、UCB1ではコインAが決定的に選択されていましたが、TS法では3回の試行中、コインAが2回、コインBが1回選択されました。TS法は乱数に基づいているので、実行するたびに結果が変わります。それではTS法を何度も実行してみて、それぞれのアームの選択確率を実験的に求めてみます。

```
n = 10000
thompson_sampling_score = np.random.beta([a1 + 1, a2 + 1],
    [b1 + 1, b2 + 1], size=(n, 2))
selected_arm = np.argmax(thompson_sampling_score, axis=1)
arm_choice_rate = np.bincount(selected_arm) / n
arm_choice_rate
# array([0.4348, 0.5652])
```

コインAの選択確率は43%、コインBの選択確率は57%となりました。これはその時点において、それぞれのコインの母平均が、他のコインの母平均よりも大きくなる確率を示しているともいえます。アームが2本のときはこの確率は計算で求められます。しかし、アームが複数になったときその確率を計算で求めることは困難です。TS法を用いるとアームが複数あった際に、あるアームの母平均がもっとも高い確率を実験的に求められます。これにより、母平均が高そうなアームを高い確率で選択することができ、探索と活用がうまくできるようになります。

11.7　各種バンディットアルゴリズムの比較

それでは、これまで解説した各方策[†6]を実装して実際に動作させ、その性質を比較してみます。

```
import numpy as np
import scipy
import scipy.stats
import matplotlib.pyplot as plt

# 各種アルゴリズムの実装
def random_strategy(success_counts, fail_counts):
    return np.random.choice(len(success_counts))

def baysian_ucb_strategy(success_counts, fail_counts, q=0.95):
    score = scipy.stats.beta.ppf(
        q, success_counts + 1, fail_counts + 1)
    return np.argmax(score)

def ucb1_strategy(success_counts, fail_counts):
    mean = (success_counts) / (success_counts + fail_counts)
```

[†6] 今回はWebエンジニアに確率密度関数の考え方を教え、最短コースでバンディットアルゴリズムを理解してもらい、後述の文脈付きバンディットアルゴリズムを理解してもらうことをゴールとしています。そのため、ε-greedyアルゴリズムの解説は意図的に省いています。ε-greedyとは ε の確率でランダムなアームを選択し、残りの確率でその時点でもっとも標本平均の高いアームを選択する方策です。

```
    ucb = (2.0 * np.log(np.sum(success_counts + fail_counts)) /
        (success_counts + fail_counts)) ** 0.5
    score = mean + ucb
    return np.argmax(score)


def softmax_strategy(success_counts, fail_counts, t=0.05):
    mean = (success_counts) / (success_counts + fail_counts)
    select_rate = np.exp(mean / t)/ np.sum(np.exp(mean / t))
    return np.random.choice(len(select_rate), p=select_rate)


def softmax_annealing_strategy(success_counts,
                               fail_counts, initial_t=0.1, k=100.0):
    mean = (success_counts) / (success_counts + fail_counts)
    t = initial_t / np.log(k * np.sum(success_counts + fail_counts) + 2)
    select_rate = np.exp(mean / t) / np.sum(np.exp(mean / t))
    return np.random.choice(len(select_rate), p=select_rate)


def thompson_sampling_strategy(success_counts, fail_counts):
    score = scipy.stats.beta.rvs(success_counts, fail_counts)
    return np.argmax(score)


actual_cvr = [0.12, 0.11, 0.10] # 実際の CVR
bandit_round = 10000      # 何回実験を行うか
random_seed = 1234567     # ランダムシード

strategy_list = [
    ("Random", random_strategy),
    ("Baysian_UCB", baysian_ucb_strategy),
    ("UCB1", ucb1_strategy),
    ("Softmax", softmax_strategy),
    ("Softmax_annealing", softmax_annealing_strategy),
    ("Thompson_sampling", thompson_sampling_strategy)
]

scores = []
arm0_select_rates = []

for name, select_arm_method in strategy_list:
    # random seed を初期化する
    # SciPy は NumPy の乱数を使っているので、SciPy 側もこれで初期化できる
    np.random.seed(random_seed)

    success_counts = np.array([0.0, 0.0, 0.0])
    fail_counts = np.array([0.0, 0.0, 0.0])

    scores.append([])
    arm0_select_rates.append([])

    for i in range(bandit_round):
```

```
    if i < 1000: # 最初の1000ラウンドはランダムに配信する
        selected_arm = random_strategy(success_counts,
                                       fail_counts)
    else:
        selected_arm = select_arm_method(success_counts,
                                         fail_counts)

    # 選んだアームがコンバージョンしていたかどうかを判定
    if np.random.rand() < actual_cvr[selected_arm]:
        success_counts[selected_arm] += 1
    else:
        fail_counts[selected_arm] += 1

    # スコアの保存
    score = np.sum(success_counts) \
        / np.sum(success_counts + fail_counts)
    scores[-1].append(score)

    # アーム0の選択確率の保存
    arm0_select_rate = (success_counts[0] + fail_counts[0]) \
        / np.sum(success_counts + fail_counts)
    arm0_select_rates[-1].append(arm0_select_rate)
```

　上記のコードでは、アームをランダムに選択する、Baysian-UCB、UCB1、Softmax
法、Softmax法にアニーリングを導入したもの、TS法の6つのアルゴリズムを実装
しました。試行回数は10000回、最初の1000回は情報を集めるために、ランダムに
アームを選択することにしました。アームの実際の母平均は`[0.12, 0.11, 0.10]`
とし、アーム0がもっとも母平均が高くなるように設定しています。そのため、アー
ム0の選択確率を調べることで、各アルゴリズムの性質を理解できます。
　それでは、各試行における期待値と、最終の時点での期待値を調べてみます。

```
for i in range(len(strategy_list)):
    algorithm_name = strategy_list[i][0]
    print(algorithm_name, scores[i][-1])
    plt.plot(scores[i], label=algorithm_name)
    plt.ylim(0.0, 0.2)

plt.legend(bbox_to_anchor=(1, 1), loc="upper left")
plt.show()
# Random             0.109
# Baysian_UCB        0.1167
# UCB1               0.1113
# Softmax            0.1119
# Softmax_annealing  0.1154
# Thompson_sampling  0.1165
```

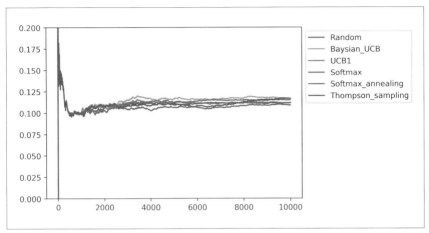

図11-9　10000回の試行終了時点での各アルゴリズムの期待値

まず初めに、10000回終了時点での各アルゴリズムの期待値です。Baysian_UCBを
用いたものがもっとも高く、続いて、Thompson_sampling、Softmax_annealing、
Softmax、UCB1、Randomの順になりました。

それでは各アルゴリズムのアーム0の選択確率を描画してみましょう。

```
for i in range(len(strategy_list)):
    algorithm_name = strategy_list[i][0]
    print(algorithm_name, arm0_select_rates[i][-1])
    plt.plot(arm0_select_rates[i], label=algorithm_name)
    plt.ylim(0, 1)

plt.legend(bbox_to_anchor=(1, 1), loc="upper left")
plt.show()
# Random             0.3329
# Baysian_UCB        0.9286
# UCB1               0.5303
# Softmax            0.4373
# Softmax annealing  0.6697
# Thompson_sampling  0.7452
```

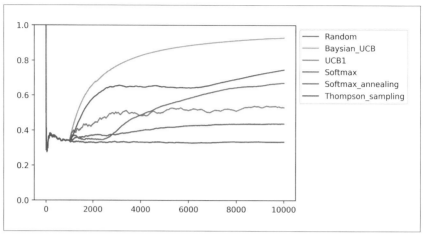

図11-10　各アルゴリズムのアーム0の選択確率

　アーム0の選択確率は、Baysian_UCB、Thompson_sampling、Softmax_anneal
ing、UCB1、softmax、randomの順でした。それでは試行回数を100万回に引き上
げてみましょう。実験結果は以下になります。

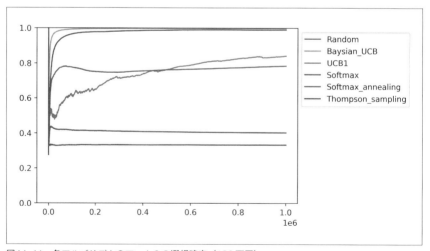

図11-11　各アルゴリズムのアーム0の選択確率（100万回）

　UCB1とSoftmax_annealingの順序が逆転しましたが、それでもUCB1がアー

ム0を選択する確率が1に漸近するのはまだまだ時間がかかりそうです。Softmax_annealingの温度が下がる速度が遅いので、kパラメータをもっと大きくした方が良いとわかります。また、そもそもlnを使った式は温度が下がる速度が遅いので、別の関数を利用した方がよさそうです。

UCB1は理論解析がなされており、式も複雑で難しそうなので、とりあえずUCB1を選ぶということをしてしまいがちですが、状況によってはBaysian_UCBやThompson_samplingの方が良いことがわかります。

> UCB1はアーム間の母平均の差が小さいときに、最適なアームを選択するようになるまでに長い時間がかかり、条件によっては実用的ではないことがあるので注意が必要です。

ただしこれは、今回のランダムシードの値[†7]においての結果であることに注意してください。

たとえば運悪くアーム1やアーム2で当たりが母平均よりも多く出るとそれに引きずられてしまい、アーム0の出現確率が大幅に下がることが良くあります。たとえば筆者の環境で random_seed = 1234 としてみると次のような結果が得られます。

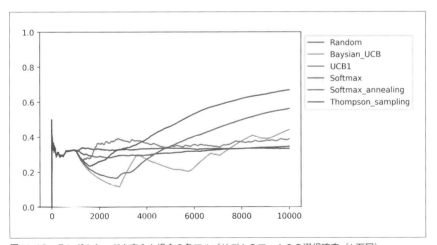

図11-12　ランダムシードを変えた場合の各アルゴリズムのアーム0の選択確率（1万回）

[†7]　今回のシード値の1234567は、筆者の環境できれいなグラフが描けるまでシード値を変えた結果です。

　おそらくは最初の1000回のランダム試行において、アーム0の標本平均が偶然に
も他のアームの標本平均よりも低かったため、他のアームが優先的に選択されてしま
い、アーム0の選択確率が大幅に下がってしまったものだと思われます。

　そのため、バンディットの実験をする際には、シード値を何度も変えてみて、結果
を統計的に分析する必要があります。また、このシード値で試行回数を10万回にし
てみると、次のようになります。

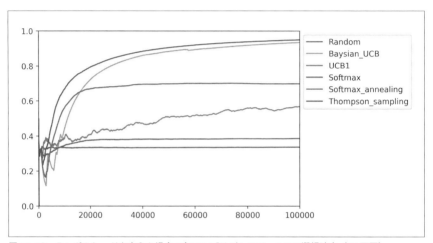

図11-13　ランダムシードを変えた場合の各アルゴリズムのアーム0の選択確率（10万回）

　偶然にも誤った初期状態に陥ってしまったとしても、Baysian-UCBやTS法はうま
く機能していることがわかります。

11.8　文脈付き多腕バンディットのブートストラップ法による実装

　これまでは、どのアームの母平均がもっとも良いか？　という問題を解く多腕バン
ディット問題を取り扱ってきました。現実にはどのような行動をしている人に何の広
告を見せるべきか？　といった文脈、コンテキスト（context）に応じて最適なアーム
を選択する問題を解く必要が出てきます。

　たとえば、次のようなものがコンテキストに該当します。ユーザーの年齢、ジェン
ダー、職業、居住地域、これまで見たコンテンツ、Likeをつけたコンテンツ種別、広

告流入経路、累計消費金額、活動時間、活動場所などがあります。こういったコンテキストを前提に、コンテキストにあったアームをどのように選択するのか、というのが文脈付き多腕バンディット（Contextual Multi-Armed Bandit）になります。

本項ではブートストラップ法を用いた文脈付き多腕バンディットを実装していきます。ブートストラップ法とは、得られている標本から重複を許した再標本を複数回行うことで、母集団の性質を推定したり、複数の学習器を作ることで精度の向上を狙う手法です。

一般に回帰予測器は入力データに対して、予測値を点でしか返すことができません。そのため、その予測値がどの程度の不確かさを持っているかというのはわかりません。今回はブートストラップ法で多数の予測器を作り、それらの予測器から多数の予測値を得ます。

予測したいある値付近の標本数が少ないとすると、その付近はブートストラップ法により標本数が相対的に大きく増減します。したがって、各予測器が予測する値は大きな分散を持ちます。逆に標本数が十分に多いとすると、ブートストラップ法によって再標本されたとしても元の分布を十分に表現できるため、各予測器が予測する値の分散は小さくなります。

ブートストラップ法を用いると予測値とその不確実性を同時に得られるため、不確実性を考慮した意思決定を行いたい場合役に立ちます。今回は、各予測器から得られた予測値の平均と分散から正規分布に基づく確率密度関数を求めます。そして、TS法に基づいて確率密度関数に従った乱数を生成し、アームの評価値を決定していく流れになります。

まず初めに、ブートストラップ法による文脈付きバンディットのクラスになります。

```
import numpy as np
import scipy
import scipy.stats
import matplotlib.pyplot as plt

class BootstrapTSContextualBandit:
    def __init__(self, regression_model_cls, param, arm_num=2,
                 model_num=100, seed=None, bagging_rate=1.0):
        self.arm_num = arm_num
        self.model_num = model_num
        self.bagging_rate = bagging_rate
        self.seed = seed
        self.models = [
            [
                regression_model_cls(**param)
```

```
            for i in range(model_num)
        ]
        for j in range(self.arm_num)
    ]
    self.is_initialized = False

def fit(self, x, arm, y):
    np.random.seed(self.seed)

    for arm_id in range(self.arm_num):
        _x = x[arm == arm_id]
        _y = y[arm == arm_id]
        n_samples = len(_y)

        for i in range(self.model_num):
            # 利用する標本を乱数で決定する
            picked_sample = np.random.randint(
                0, n_samples,
                int(n_samples * self.bagging_rate))
            # 利用する標本を標本ウェイトに置き換える
            bootstrap_weight = np.bincount(
                picked_sample, minlength=n_samples)
            # 標本ウェイト付きで学習を行う
            self.models[arm_id][i].fit(
                _x, _y, sample_weight=bootstrap_weight)

    self.is_initialized = True

def _predict_mean_sd(self, x, arm_id):
    # 各予測値の平均値と標準偏差を求める
    predict_result = np.array([
        estimator.predict(x)
        for estimator in self.models[arm_id]
    ])

    mean = np.mean(predict_result, axis=0)
    sd = np.std(predict_result, axis=0)

    return mean, sd

def _predict_thompson_sampling(self, x, arm_id):
    # 平均値と標準偏差から正規分布の乱数を生成して評価値とする
    mean, sd = self._predict_mean_sd(x, arm_id)
    return np.random.normal(mean, sd)

def choice_arm(self, x):
    if self.is_initialized is False:
        return np.random.choice(self.arm_num, x.shape[0])
```

```
# それぞれのアームごとに評価値を生成する
score_list = np.zeros((x.shape[0], self.arm_num),
                      dtype=np.float64)
for arm_id in range(self.arm_num):
    score_list[:, arm_id] = \
        self._predict_thompson_sampling(x, arm_id)
# 評価値が最大のアームを返す
return np.argmax(score_list, axis=1)
```

　__init__では回帰予測器のクラスと初期化パラメータを引数にし、ブートスト
ラップ法のためにそれぞれのアームごとに多数の学習器を生成しています。

　fitでは、scikit-learnのfitは特徴量と目的変数を引数に取るのに対して、今回
は文脈付きバンディットなので、特徴量、選択したアーム、目的変数の3つを引数
に取ります。そしてそれぞれのアームごとに学習を行います。scikit-learnの学習器
のfit関数はsample_weightによって、標本ごとの重みを調整できるので、これを
使って、疑似的にブートストラップ標本を再現します。再標本によって0回標本され
たのであればその標本の重みは0であり、2回標本されたのであればその標本の重み
は2になるわけです。このコードはscikit-learnのランダムフォレストの学習部分の
コードを参考にしています。

　_predict_mean_sdは、入力された特徴量を元に、それぞれの特徴量に対して、
各アームでの予測値の平均と分散を返します。_predict_thompson_sampling
は_predict_mean_sdで生成された平均と分散から、TS法による評価値を生成して
います。

　choice_armは特徴量を引数に取り、利用するアームを返します。

　続いては、サンプルデータの生成用のコードです。

```
def generate_sample_data(sample_num=10000):
    weight = np.array([
        [0.05, 0.05, -0.05, 0.0, 0.0, 0.0, 0.0],
        [-0.05, 0.05, 0.05, 0.0, 0.0, 0.0, 0.0],
        [0.05, -0.05, 0.05, 0.0, 0.0, 0.0, 0.0],
    ])

    arm_num, feature_num = weight.shape
    feature_vector = np.random.rand(sample_num, feature_num)

    theta = np.zeros((sample_num, arm_num))
    for i in range(arm_num):
        theta[:,i] = np.sum(feature_vector * weight[i], axis = 1)
```

```
is_cv = (theta > np.random.rand(sample_num, arm_num)).astype(np.int8)

return feature_vector, is_cv
```

乱数で特徴量を生成して、その乱数にそれぞれのアームごとの係数をかけること
で、そのアームのコンバージョンレート theta を生成します。そして theta の確率
に従って、0か1かの乱数を生成して、コンバージョンとします。

それでは、作った文脈付きバンディットのアルゴリズムが実際に動作するかを確認
してみましょう。

```
import sklearn.tree

loop_num = 100
batch_size = 1000

base_model = sklearn.tree.DecisionTreeRegressor
param = {
        'max_depth': 6,
        'min_samples_split': 10,
}

model = BootstrapTSContextualBandit(base_model, param, arm_num = 3)

x_history = np.zeros((0, 7))
y_history = np.zeros(0)
arm_history = np.zeros(0)
scores = []

for i in range(loop_num):
    x, is_cv = generate_sample_data(batch_size)

    choiced_arm = model.choice_arm(x)
    y = is_cv[range(batch_size), choiced_arm]

    x_history = np.vstack((x_history, x))
    y_history = np.append(y_history, y)
    arm_history = np.append(arm_history, choiced_arm)

    model.fit(x_history, arm_history, y_history)

    score = np.sum(y_history) / y_history.shape[0]
    scores.append(score)

plt.plot(scores)
```

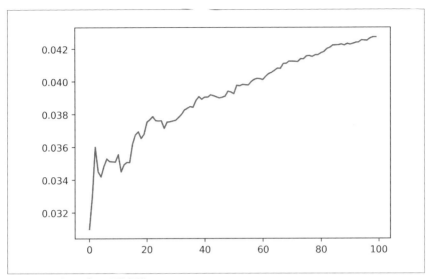

図11-14 バッチごとの平均報酬

　今回はベースとなる学習器には決定木を用いました。決定木は空間を切断して局所的な平均値を求めます。そのため、標本の傾向に粗密がある場合でも、標本が密な箇所に引きずられてしまうということがないため今回の要件に適しています。このほかにも多様性のある決定木が作れる ExtraTree や、木の数を少なめに設定した GBDT や xgboost などの勾配ブースティング系のアルゴリズムでも良いでしょう。

　グラフから平均報酬がじわりじわりと改善しており、特徴量に応じて選択するアームを変える仕組みがうまく動いていることがわかります。

11.9　現実の問題での課題

　これまでは人工データに対して、バンディットアルゴリズムを適用してきました。現実の問題ではシミュレーションとは異なった問題が現れてきます。UCB1 や Baysian-UCB のようなアルゴリズムが決定的かつ逐次的であるため、実環境でそのまま利用することが難しい問題についてはすでに述べました。本項ではそれ以外の現実世界での課題や考慮点を挙げていきます。

11.9.1　報酬が届くのに時間がかかる

　たとえば、バンディットアルゴリズムによってウェブ広告が表示されたとしましょう。あなたはそのウェブ広告を何秒後にクリックするでしょうか？ ページをスクロールしようとして誤タップしてしまって広告表示前にクリックが発生してしまうかもしれません。ページを開いた後に他のタブで新しいページを開いて、10分後に元のページに戻ってきて広告をクリックするかもしれません。仕事の終わり際にページを開いて、PCをスリープして終業、翌日の朝にPCを開いたさいに再度広告を見てクリックするかもしれません。現実世界の問題では、どれくらいの時間で結果が返ってくるのかがわからないことがあるのです。

　そのため、報酬の到着が遅延することを前提にアルゴリズムを組む必要があります。これにはいくつかのやり方があります。まずは報酬が何分で返ってくるかを調査し、その90パーセンタイル値や95パーセンタイル値を報酬が返ってくるまでの待ち時間とし、その時間内の試行は報酬待ちとます。そして、報酬待ちの試行に関してどのように取り扱うかを考えます。

　簡単な方法としては、報酬待ちの試行については無視することです。 報酬待ちの試行を無視することでアームの評価値の更新速度は遅くなるものの、正しい評価値を得られます。 TS法やSoftmax法を使っていれば、特定のアームに偏った配信は行われずに上手く活用と探索を行うことができます。

　次点としては、その時点において報酬が帰ってきていない試行については、報酬がゼロ（その施行で得られる最小報酬）であるとして取り扱うことです。Baysian-UCBやUCB1を使っている環境ではその時点でもっとも評価値が高いアームを連続で引き続けることになり、探索が上手く行われないという問題がありますが、この仕組みを導入すると直近で引いたアームの評価値が下がるため、探索をうまく行うことができるようになります。

　また、ウェブ広告などの新しいアームが頻繁に追加されたりする環境では、報酬待ちの施行については期待値が最大のアームの事後分布が返ってきたとして取り扱われていたりします。これにより報酬受取が完了した試行に比べて、報酬待ちの試行が多いアームはなるべく楽観的に評価することになります。すなわち、新規アームは積極的に探索が行われるようになります。このような環境ではBaysian-UCB や UCB1 を用いると、新規アームの評価値が発散して同じアームを引き続ける挙動をするので、注意が必要です。

11.9.2　オフライン実験するためのログデータがバンディットによって偏っている

　今回は人工データを生成して行った実験でした。生成された人工データでは、ある特徴量のユーザーがどのアームを選択したらどうなるのか、という組み合わせをすべて生成できます。しかし現実には、ある特徴量のユーザーにすべてのアームを提示するのは不可能です[†8]。

　もしユーザーに対してランダムに広告配信をしていたログデータがあるのなら、アルゴリズムを変えた際の回帰テストは比較的簡単になります。ある特徴量を持ったユーザーに対して、あなたの作ったバンディット戦略がアームを選択した際に、ログに記載されているアームと選択したアームが一致したらそのログデータを採用し、アームと不一致であれば棄却するといった形で回帰テストを実施できます。

　一方で現実のログデータはバンディットアルゴリズムの結果により偏っています。そのため、バンディットの影響を受けたテストデータを用いて回帰テストを行わなければならないのです。バンディットの影響を緩和するには、そのログデータがどれくらいの可能性で出されたかという、傾向スコアの逆数による補正が必要になってきます。詳しくは論文 [Narita18] を参照してください。

11.9.3　有効なアームは流行の移り変わりで時間変化する

　現実世界では流行の変遷などにともないユーザーの行動が変化することが挙げられます。これまで紹介したバンディットアルゴリズムや文脈付きバンディットアルゴリズムでは、アームの母平均が変化しないことを仮定しています。しかし、現実には時間とともに有効なアームが変化していきます。たとえば、ウェブ広告では同じクリエイティブをユーザーが何度も閲覧することで、ユーザーはそのクリエイティブに飽きてしまい、反応率が低下してくることがあります。「クリエイティブが枯れる」と呼ばれていたりする現象です。

　そのため、アームの評価値を計算する際に、すべての標本を使って計算するのではなく、直近数日や直近数万件といった形に制限をすることが求められます。この制限は母平均の信用区間の推定とのトレードオフの関係にあるので、どの程度のパラメータにするかは注意が必要です。

[†8]　広告配信などではバンディットで最適化するための広告表示領域が複数枠あったりするので、複数のアームを選択することはあり得ます。

11.9.4　最善なアームが最適ではないことがある、多様性の価値

　バンディットアルゴリズムは最善のアームを選択することが求められますが、案件によっては最善のアームが常に選択され続けることがマイナスに働くものがあります。たとえば商品レコメンドや、オンライン広告では、常に同じものが表示されることは好ましくありません。Baysian-UCBや、UCB1、TS法は標本数が十分に増え学習が進むと、特定のアームに偏って配信されてしまいます。そのため、こういった環境ではこれらのアルゴリズムをそのまま使うのではなく、各アームの評価値にSoftmax法を適用して配信確率を決定したりする工夫が必要です。

11.9.5　アームが途中から追加される

　バンディットアルゴリズムは教科書的にはすべてのアームについて全く情報がないところからスタートして、もっとも最適なアームを見つけ出そうとしたり、累積報酬を最大化しようとしたりします。しかし現実には全員同じ場所からスタートというわけではなく、バンディットアルゴリズムが動いている状態でのアームの増減はよくあることです。

　たとえばウェブ広告では、ある広告が予算切れで配信が終了したり、新しい広告が入稿されてきたりします。そのため、新しいアームが追加された際のケアが必要です。たとえば、アームの選択回数が一定回数未満であれば、その時点でもっとも良いアームの事後分布と同じ評価値を設定するといった工夫が必要です。

11.10　バンディットアルゴリズムと、A/Bテスト、Uplift Modelingの関係性

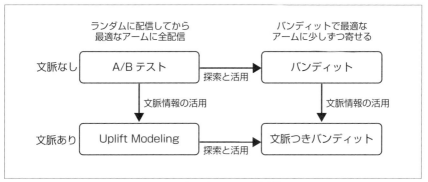

図11-15　A/Bテスト、Uplift Modelingとバンディットとの関連性

　A/BテストやUplift Modelingは、実はバンディットアルゴリズム、文脈付きバンディットアルゴリズムのサブセットです。

　A/Bテストは、100%ランダムに配信してから、事後分布が収束したら標本平均のもっとも高いアームを選択して配信するバンディットアルゴリズムであるとも考えられます。Uplift Modelingも同様に、最初は100%ランダムに配信し、アームと特徴量と報酬を学習し、ある時点からは、ある特徴量における評価値が最大のアームを選択する文脈付きバンディットアルゴリズムであると考えられます。

　A/BテストやUplift Modelingが難しいのは、どこで実験を打ち切るべきか考えなくてはいけないことです。バンディットアルゴリズムや文脈付きバンディットアルゴリズムを採用することは、そういった人間の意思決定のコストを減らすことに繋がります。実験のたびに分析者が統計分析を行って意思決定する必要があるのであれば、バンディットアルゴリズムをシステム化して、システムに意思決定を任せてしまった方が改善サイクルが早くなるケースがよくあります。

　一方で、バンディットアルゴリズムはアームを選択して報酬が即座に返ってくることを仮定しています。これは介入施策のA/Bテストにおいてコンバージョンが観測できるまでの期間が短いことに相当します。A/Bテストはバンディットアルゴリズムと異なり、動的に配信対象を変更しないため、コンバージョンまでの期間が長くても良いのです。そのため、デザイン変更にともなうアプリ起動率の変化といった中長期的な効果を計測したいときにはA/Bテストが用いられます。

11.11　この章のまとめ

本章ではバンディットアルゴリズムと、文脈付きバンディットアルゴリズムを、Webエンジニア向けに複雑な数式を抜きに紹介してみました。

紹介のためにバンディットアルゴリズムを一から実装しましたが、実際にサービスに組み込むのであれば、実績のあるライブラリのコードを参照するのが良いでしょう。たとえば ZOZO Technologies 社が公開している、OPEN BANDIT PIPELINE[†9]や、各種文脈付きバンディットアルゴリズムの実装比較が行われている、contextualbandits[†10]などを利用すると良いでしょう。

バンディットアルゴリズムは教師データがない状態や、ユーザーにレコメンドをしたいという状況において有効に働きます。ただし、ユーザーの好みではない情報を提示しても許される環境（たとえばWeb広告など）の整備が必要です。そのため、自らのビジネスにおいて、どのような場所が失敗しても許される場所かという見極めが必要です。こういった環境を正しく見つけ出す、もしくは作り出すことで、機械学習による改善を推進できるようになるでしょう。

バンディットアルゴリズムに関して、背景となる数式などを含めた解説は『ウェブ最適化ではじめる機械学習』[飯塚20]、『バンディット問題の理論とアルゴリズム』[本多16]などの書籍をご参照ください。

12章
オンライン広告における
機械学習

　本章ではオンライン広告を題材にして、意思決定システムにおける予測モデルの役割や運用と意思決定のデザインについて見ていきます。

　オンライン広告配信システムは広告リクエストを受けたタイミングでリアルタイムに推論を行い、その推論結果を利用して即座に最適な行動を取る必要があります。予測と意思決定の間に時間猶予がないため人間は介在できません。それが1日に何十億もしくは何百億回とあります。この要件の元では意思決定の判断材料となる予測と、予測を元にした意思決定の2つの機能が必要になります。自動運転車のような周囲の状況にあわせて自律動作するシステムをイメージするとわかりやすいかもしれません。

　今回は広告主向けの広告配信プラットフォームにおける配信ロジックを取りあげます。ビジネス要件から最適な行動とは何であるかを考え、数式に落しこんで実装可能な形にしていきます。

12.1　オンライン広告のビジネス設定

　インターネット業界を経済面で支える存在の1つがオンライン広告です。現代人はWebサイトの閲覧やモバイルアプリの利用に多くの時間を費しており、人々の注意を引きつけたいと願う情報発信者にとってそれらは重要な媒体となっています。同時にWebサイトやモバイルアプリの運営者は広告を表示する場所を提供することで運営に必要な収益を得ています。この場所は**広告枠**と呼びます。広告による収益の例としてFacebook社の2018年の売上は550億ドルで、年次報告書には「マーケッターへ

の広告枠の販売で実質的な収益のすべてを得ている」と書かれています[†1]。みなさんがWebページを閲覧している裏では常に広告枠の取引が行われているため、身近なところにある機械学習適用事例と言えます。オンライン広告の登場人物を整理すると、人々の目に触れるWebサイトやモバイルアプリは**メディア（媒体）**と呼び、メディアに**広告枠**が設定されます。商品やサービスを売るために人々の認知を得たいと考えるマーケッターは**広告主**、広告を目にする人々は**オーディエンス**と呼ばれます。本章では広告主向けのサービスを提供する広告配信事業者（Demand Side Platform、DSP）を題材にします。

12.1.1　広告枠の売買

　DSPは広告主向けのサービスですが、広告主はどのような広告配信を望むでしょうか。オーディエンスの興味関心を的確に捉えた広告を表示することがまず思い浮かびます、つまり広告配信には推薦の要素があると言えます。同時に広告主の予算は限られているため、その予算内で最大の広告効果を得たいとも考えます。同じ予算でより多くの集客が叶えば広告効果が高いというわけです。メディアは広告によって収益を得ていると説明しましたが、現代のオンライン広告はオーディエンスに広告が表示されるタイミングで広告枠の売買がそのつど行われています。したがって、広告が表示できる機会ごとに**いくらで広告枠を買い、どの広告を表示すべきかを決める**必要があります。広告枠はさまざまで実際にはオーディエンスに見えていない質の悪い広告枠もあるため、値付けが非常に重要になります。この売買はアドエクスチェンジと呼ばれる広告の取引所で行われます。取引はオークション、その中でも最高額入札者が勝者となり、勝者は入札額をそのまま支払う**ファーストプライスオークション（封印入札一位価格方式）**で実施されることが多くなっています。[†2]

　売買の一連の流れを表わしたのが**図12-1**です。オーディエンスがWebページなどを閲覧したタイミングで広告リクエストがアドエクスチェンジに飛びます。アドエクスチェンジはDSP各社に入札リクエストを送りオークションを実施し、オークションに勝利したDSPの広告を配信します。このときDSPは50ミリ秒以内に入札を行う必要があります。最終的にオーディエンスのレスポンスがあればDSPは通知を受け

[†1] https://www.annualreports.com/HostedData/AnnualReportArchive/f/NASDAQ_FB_2018.pdf

[†2] 以前は最高額入札者が勝者となり、二番目に高い入札金額を支払うセカンドプライスオークションが主流でした。セカンドプライスオークションは多段階オークションと相性が悪いことや、オークショナーが二番目に高い入札金額を偽って過剰に勝者に請求できてしまうことからファーストプライスオークションへの移行が進んでいます。

取ります。アドエクスチェンジから DSP に届く入札リクエスト x の具体例を**表12-1**
に示します。

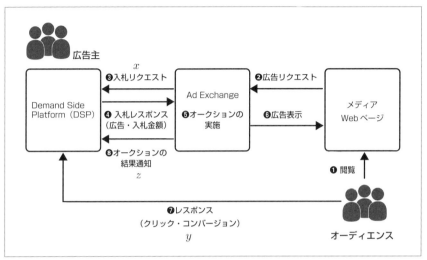

図12-1　広告のリアルタイムオークション、媒体の閲覧から広告表示までが100ミリ秒程度

表12-1　入札リクエスト（一部）の例[†3]

キー	値
request time	2021-01-28 03:11:01
auction type	First Price
floor price	2.1
site name	oreilly japan
site domain	www.oreilly.co.jp
publisher id	123456
site page	https://www.oreilly.co.jp/index.shtml
banner width	320
banner height	50
banner position	Header
device ip	203.0.113.209
device os	Android
device os version	9
device model	Pixel 5
device language	ja
device geo country	JPN
device carrier	SoftBank

---

†3　OpenRTB 仕様の入札リクエストです。https://www.iab.com/guidelines/openrtb/

12.1.2　DSPの行動方策

　広告主向けのサービスとして広告枠を買いつけるDSPはどのような行動を取れば良いでしょうか。第一に顧客である広告主が得る価値、すなわち広告効果を最大にする方策（ポリシー）が考えられます。では限られた予算で最大の広告効果を得るにはどのような処理が必要でしょうか、一般的には次の3つになります [Ren17]。

- 広告を表示した時のオーディエンスのレスポンス予測
- 広告枠の市場価格の予測
- 予算制約の元での入札金額の最適化

　DSPのビジネスは広告枠を買いつけた時点でコストが発生します。買いつけ時点で広告の成果が得られるかどうかはわからないため、いくら払って広告枠を買うかの判断に予測が必要になります。オーディエンスのレスポンス予測は広告がクリックされる確率や広告を見た後にコンバージョン[†4]に繋がる確率を予測します。市場価格の推定は他の買い手がどれぐらいの価格で入札してくるかを予測します。この2つの予測を元に入札金額や予算配分の意思決定を行うのが最適化、予測とアクションの間を繋ぐ存在です。DSPが買いつけ可能な広告枠は膨大にあるため、個別に人間が細かいパラメータ調節を行うのは不可能です。そのため機械学習が使われてあたりまえのビジネスとなっています。

　ここで重要なのは**目指す方策によって必要な予測が決まる**ということです。機械学習を使ってあたりまえの業界にいると、論文がたくさん出ているから取り組んでみようと考えてしまいますが、何を目指すために予測が必要なのかを先に考えましょう。DSPの行動方策は他にも考えられますが、本章では予算内で広告効果を最大にする方策を取りあげます[†5]。

12.1.3　ファーストプライスオークションの特徴

　広告枠のリアルタイム売買プロトコルの主流になりつつあるファーストプライスオークションの特徴を1つ説明します。それは**最適な入札金額は他の買い手の最高入札金額によって決まる**という性質です。オークションで得た財の価値と支払いコスト

[†4]　広告を見た後に商品の購入やサービスの利用開始といった広告主が指定した行動に繋がることをコンバージョンと言います。
[†5]　他にはDSPの得るマージン（利益）を最大にする方策などが考えられます。

の差は**余剰**と呼び、余剰が最大になるのが最適な入札金額の定義です。**表12-2**に例をまとめると他の買い手よりもわずかに高い金額で入札したときに余剰がもっとも大きくなるのがわかります。正確な財の価値の見積りができたとして、見積り額つまり評価額と同じ金額で入札すると勝っても余剰はゼロになります。よって評価額からどれだけ下げて入札するかが重要な意思決定になります。

表12-2 ファーストプライスオークションにおける入札結果の違い

ケース	財の価値	入札金額	他の買い手の最高入札金額	勝敗	余剰
A	100	110	80	勝ち	−10
B	100	100	80	勝ち	0
C	100	81	80	勝ち	19
D	100	79	80	負け	0

　買い手によって入札金額が異なるのは、財の評価額が買い手によって異なるためです。たとえばモバイルゲームのユーザーをその場で獲得したい買い手と、産業機器の見込み顧客を獲得したい買い手では広告を出したいタイミングや場所が異なってきます。この前提を私的価値（private value）と呼びます。

12.1.4　入札の流れ

　ここまで紹介した要素同士の関連を表したのが**図12-2**です。DSPは複数の広告主と契約しているため、配信可能な広告も複数あります。オークションに勝つと得られる財である「広告を表示する機会」の価値は広告によって変わるので広告ごとに評価額を計算しています。最終的に入札する広告を1つに選ぶ処理が内部オークションで、通常はもっとも入札金額が高い広告を選びます。

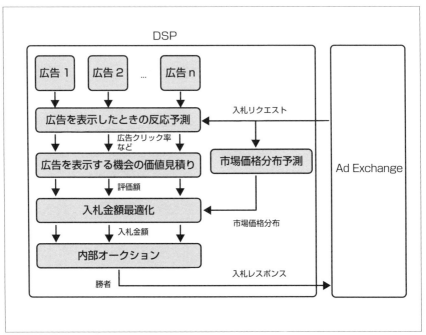

図12-2　入札リクエストが届いてからレスポンスを返すまでの流れ

12.2　問題の定式化

　限られた予算で最大の広告効果を得る、とはどんな状態でしょうか。DSPのシステムが目指す状態を数式で定義していきましょう。簡単のために広告は1つで、DSPのマージン（利益）はゼロで良いとします。

12.2.1　市場価格と勝率

　12.1.3「ファーストプライスオークションの特徴」で最適な入札金額は他の買い手の入札金額に依存する説明をしました。ここで広告のオークションは1日に何億回と行われるため、他の買い手の最高入札金額 $z > 0$ の確率密度分布 $p_z(z)$ を考えます。この分布は「いくら出すと買えるのか」に相当するため、市場価格の分布とも言えます。入札金額 $b > 0$ を決めた時の勝率 $w(b)$ は最高入札金額の分布の累積分布関数に相当します（図12-3）。このことから勝率の予測と最高入札金額の分布の予測は表裏の関係にあるのがわかります。何度も繰り返し起こる事象については確率分布で扱う

と都合が良いのです。

$$w(b) = \int_0^b p_z(z)dz$$

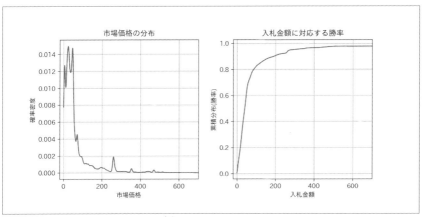

図12-3　市場価格の分布と勝率の関係[†6]

　実際には市場価格は広告枠の種類やオーディエンスの属性によって変わるので入札リクエスト x に依存しています、そのため勝率関数は $w(x, b)$ と定義します。

12.2.2　効用（Utility）

　経済学の用語を使って以降は広告主が得る余剰を**効用**（utility）と呼びます。オーディエンスのレスポンスを二値 $y \in \{0, 1\}$ としたとき、効用はオーディエンスから得られたポジティブなレスポンスを金額換算した値 $v > 0$ との積 vy からオークションで支払った約定金額 b[†7] との差となります。v はEC サイトの運営者が広告主だった場合に、サイトへの会員登録が1件あると 1,000 円相当嬉しい、といった具合です。1回のオークションの効用は次の通りです。

$$効用 = \begin{cases} vy - b & （オークションに勝ったとき） \\ 0 & (\text{otherwise}). \end{cases}$$

---

†6　データは YOYI DSP Dataset[Ren17] を利用しています。

†7　ファーストプライスオークションなので入札金額 b が約定金額となります。

　オークションは繰り返し行われるため期待値を考えましょう。入札リクエストxの
ときに広告を表示してポジティブなレスポンスが得られる確率$P(y = 1|x)$を返す関
数$f(x)$と先に定義した勝率関数$w(x, b)$を用いるとN回のオークションの期待効用
は次の式になります。

$$期待効用 = \sum_{i=1}^{N} \Big[v f(x_i) - b_i \Big] w(x_i, b_i)$$

　このときにオークションで支払う総額が広告主の予算$B > 0$以内に収まる必要が
あります、予算制約の中で期待効用を最大にしたいので理想の入札金額決定は次の制
約付き最適化問題として定式化できます。

$$
\underset{b_1 \ldots b_N}{\text{maximize}} \quad \sum_{i=1}^{N} \Big[v f(x_i) - b_i \Big] w(x_i, b_i)
$$
$$
\text{subject to} \quad \sum_{i=1}^{N} b_i w(x_i, b_i) \leq B
$$

　このように最適とは何かを定式化するメリットは数理最適化で最適解が求められる
点にあります。本章では数理最適化にこれ以上踏みこみませんが$w(x, b)$に2階微分
可能な関数を選んでおくとニュートン法で1ミリ秒もかからず解けるようになり、リ
アルタイムオークションのレイテンシー制約を満たせます。評価額$v f(x)$が400のと
きのオークション1回の期待効用のプロットが**図12-4**です、期待効用が最大になる入
札金額が80付近にあるのがわかります。

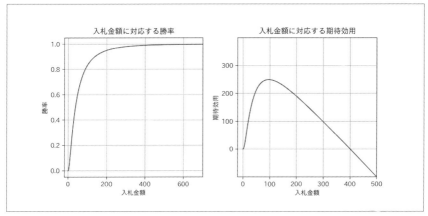

図12-4　左の勝率関数のときに評価額が400のときの期待効用が右、入札金額を上げていくとある所
　　　　で期待効用が下がりはじめて評価額を越えるとマイナスになる

12.3　予測の役割と実装

これまでの流れで2つの予測が出てきました、オーディエンスのレスポンス予測
$f(x)$ と勝率の予測 $w(x, b)$ です。システムにおけるそれぞれの作用をみていきます。

12.3.1　オーディエンスのレスポンス予測

代表的な物は広告クリック率の予測（Click Through Rate Prediction、CTR予測）
とコンバージョン率の予測（Conversion Rate Prediction、CVR予測）です。期待す
る動作と作用として次の項目が挙げられます。

- 価値のある広告枠・オーディエンスを高く評価できる
  - 評価は入札金額に反映されるため、価値のある広告枠を多く買えるように
    なり獲得効用が増える
- 価値のない広告枠を低く評価できる
  - 効用が得られないときの入札を抑えて無駄なコストが減らせる

モデルの実装は二値分類器としてロジスティック回帰やGBDT、Factorization
Machineがよく使われます。定式化でみた通り、予測結果は0 or 1ではなく確率とし
て利用するので、モデルの出力が妥当な確率であるか注意を払って利用します。

　推論は入札リクエストが届いた時点で行います。オークションの入札には時間制限があるため、推論に使える時間が限られています。表示可能な広告が100個あった場合それぞれについてレスポンス予測を行うため、広告あたりの持ち時間は100マイクロ秒程度です。時間のかかる前処理も行えないため特徴量のエンコード結果をKey-Value Storeに入れるなどの工夫が必要となります。実際には広告のクリック率とクリック後に商品購入に至る確率の2つに分けて予測するケースが多く予測器あたりの持ち時間はさらに半分になります。

　推論速度は入札がオークションの時間制限に間にあえば良いというわけではありません。推論速度が遅くなりサーバーのレスポンスタイムが倍になった状況を考えましょう。その状況ではサーバーあたりのスループットが半分になるので、同じリクエスト量を捌くのに必要なサーバー台数が倍になります。つまり推論速度はサーバー費用にダイレクトに影響を及ぼしており、速ければ速いほどコストが抑えられるのです。このことから推論速度に影響するハイパーパラメータ、たとえばGBDTなら決定木の数のようなパラメータは予測精度と推論速度のバランスを取って決めます。

12.3.2　勝率（市場価格）の予測

　市場価格の予測はファーストプライスオークションにおいては非常に重要です。たとえば50円で100%勝てるときに200円で入札するのは明かに損です。この予測に期待する作用は次の2つが挙げられます。

- 無駄に高い入札を抑えられる
    - 入札あたりの支払いコストが減るため資金効率が上がり獲得効用が増える
    - 市場価格に近い価格で広告枠が買えるため、適切なコストが払える
- 勝率のコントロールが可能になる
    - 急いで効用を獲得したいときには入札金額を上げられる
    - 時間をかけても良い場合に入札金額を下げられる

　市場価格の分布をパラメトリックな確率分布で近似できれば低い計算コストで任意の入札金額に対応する勝率が求まります。**図12-5**は対数正規分布を用いて分布を近似した例です。すべての x に対して1つの分布ではフィットしないので、いくつか作る必要があります。実装例としては決定木でどの条件ごとに分布を作成すれば良いか学習する方法があります [Wang16]。

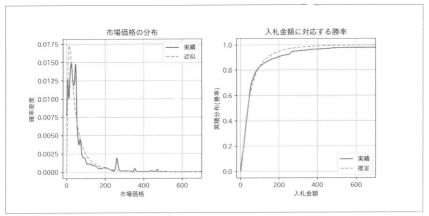

図12-5 市場価格の分布と勝率の推定[†8]

12.4 広告配信ログの特徴

オーディエンスのレスポンス予測の学習データとして利用する広告配信ログです
が、いくつかの扱いづらい特徴があります。それぞれどの様に対応するのか紹介し
ます。

12.4.1 フィードバックループ

オンライン広告は配信後に観測したオーディエンスのレスポンス実績が目的変数と
なるためアノテーションが不要です。推薦システムなど、システムのアクションに対
するレスポンスが観測できるシステムは学習データが自然に得られるため機械学習が
適用しやすいと言えます。ただし得られる学習データはシステムがとったアクション
に対するレスポンスに限られます[†9]。選んだ回数の多いアクション（広告）のデータ
ほど多くなり、逆は少なくなります。オークションの勝ちやすさ負けやすさによって
も偏りが生じます。これらのバイアスによって学習データに出現回数が少ないアク
ションを正しく評価できません。この影響を補正するのに学習時に出現頻度を傾向ス
コアとしてバイアス補正をしたり、選んだ回数が少なすぎる場合はそもそも学習がで
きないので意図的に評価が未知のアクションを選択していく方策も取られます。

---

†8 データは YOYI DSP Dataset[Ren17] を利用しています。
†9 この設定で生成されたデータは Logged Bandit Feedback と呼びます。

12.4.2　不均衡データ

　バナー広告がクリックされるのは非常に稀な事象です、よってクリック率予測の学習データはほとんどが負例で正例は1%にも満たないものです。このような**不均衡データ**はそのまま学習に使うとモデルのパフォーマンスが悪化することが知られています。この問題に対処するため、オンライン広告でよく使われているのは負例を減らす **Negative Down Sampling** です。たとえば正例と負例の数が同じになるまで負例をサンプリングして減らします [He14]。Negative Down Sampling のメリットで大きいのは前処理と訓練の計算コストが大幅に削減できる所です。広告配信ログは直近の数日分を使うとしても数億レコードになるので、それが100万件まで減れば1台のマシンで十分予測器の訓練ができます。

　予測モデルの出力確率 p はダウンサンプリング後の訓練データの分布に基づくため、ダウンサンプリング前の元の確率を復元するにはダウンサンプリング率の逆数を r^{-1} として次の式でキャリブレーションします。

$$p_{\text{carib}} = \frac{p}{p + (1-p)r^{-1}}$$

12.4.3　カーディナリティの大きなカテゴリ変数

　表12-1をみると学習データのほとんどはカテゴリ変数でかつ site domain や device model などカーディナリティ（出現する値のパターン）が数千から数万にもなるものもあります。これらの扱いとして、ナイーブな手段としては One-Hot Encoding した上で L1 正則化をして、特徴量を選択する方法があります。ただし One-Hot Encoding は出現回数の少ないカテゴリ値の推定パラメータの分散が大きくなることや、前処理後の次元数がカーディナリティの分だけ増えてしまう問題もあります。代わりにカテゴリ変数の埋め込み表現をニューラルネットで学習して利用する手法が近年は採用されています。**Entity Embeddings** は最終的な予測タスク、ここではレスポンス予測を行うネットワークを学習する際に埋め込み表現を学習します。学習した埋め込み表現はニューラルネットに限らず他の機械学習アルゴリズムでも利用できるため、推論 API の制約でニューラルネットが利用できない場合でも役に立ちます [Guo16]。

12.4.4　打ち切りデータ

　予測したいオーディエンスのレスポンスは広告表示後に即座に結果が得られるクリックだけでなく、受け取るまで数日かかるものまでさまざまなものがあります。ク

レジットカードの広告の場合、クレジットカード申し込み後の審査完了がコンバージョン地点[10]になりえます。するとコンバージョン通知が届くのは数日～数週間後とばらけます。つまり結果が未観測なのか負例なのか区別がつかない打ち切りデータとなります。これを考慮せずに前処理をすると通知が遅れているレコードをすべて負例として扱ってしまい予測が下にずれます。打ち切りデータの分析手法はさまざまありますが、観測遅れ時間の分布から傾向スコアを求めてレコードごとにsample weight補正をする方法などがあります [安井20b]。

予測モデル開発の着手

　広告配信においてはさまざまなレスポンス予測が使われますが、予測できれば嬉しいが予測できるかどうかわからない時点でどう着手するのでしょうか？

　まずは手元のデータで予測が可能か確認します。このときには推論APIの制約に縛られず特徴量の選択および学習アルゴリズムの選択が可能です。学習アルゴリズムはGBDTなどのツリー系のアルゴリズムが適しています、次の理由からです。

- 何故予測ができるのかの情報が得られる（Feature Importance）
- 必要な前処理が少なく実験結果を出すまでのリードタイムが短い
- 精度がそこそこ良い

　どの特徴量が予測に効くのかは、ドメイン知識と照らし合わせて説明可能であることが望ましいです。次に特徴量それぞれ利用したときの推論APIの実装工数を考えます、たとえば「直近60秒以内のオーディエンスの行動」はオーディエンスごとの状態を高速に読み書き可能なストレージに保持する必要があり既存の仕組みがなければすぐには利用できません。特徴量を使った場合の精度向上度合いと実装工数を照しあわせて現実的なモデルを検討していきます。

---

[10] 広告の成果が認められる地点。広告案件ごとにコンバージョンの定義は違っており、ゲームの広告であればインストール後の起動がコンバージョン地点になることが大半です。

12.5　機械学習予測モデルの運用

　オンライン広告配信システムに限らない一般的な話ですが、機械学習システムを運用するにあたって考慮が必要な点を紹介します。

12.5.1　予測を外したときの対処

　予測モデルの運用で課題となるのは、まず**予測が外れたときにどうする**かです。12.3「予測の役割と実装」でモデルの作用を解説しましたが、予測が外れたときにはこれらの逆のことが起きます。機械学習のシステムを運用するには**予測が外れたときに何が起こるか**を把握しておく必要があります。それがリカバリできるのであればシンプルな制御機能との組みあわせで解決できることもありますし、リスクに応じたストッパーを用意することで被害を軽減できます。

　DSPでは予測値をオークションの入札金額の計算に利用しているため、レスポンス予測を上に外すと即座に経済的な損失に繋がります。そのようなユースケースにおいては予測器を利用するごとにログを取り金額の計算過程をトレース可能にする必要があります。利用した予測モデルのバージョンとモデルの入出力値は残しておかないと事故が起きた時の調査がゆきづまってしまうからです。

12.5.2　継続的なモデルの訓練

　オンライン広告では未知の広告枠、新たな広告主が次々と登場し続けるためモデルの再学習を継続的に行います。よく問題になるのが開発当初の想定から訓練データの性質が変化してパフォーマンスが劣化することです。このあたりの対策は6章を参照してください。6章のコラム「広告配信サービスにおけるメトリクス監視の例」がオンライン広告で利用している予測モデルのパフォーマンス監視の例となっています。

12.6　この章のまとめ

　オンライン広告を題材に予測モデルをどのように使うのか、予測を利用してどのように意思決定をするのかを紹介しました。予測値を出しておわりではなく、予測を元に最適な行動を選択するのは機械学習のさまざまなユースケースに適用できるでしょう。お金の計算に予測を利用するアプリケーションには特に予測の説明責任がともないます、モデルの設計から運用まで説明可能性を考慮しておくと何かあったときに助けられるでしょう。

複数の予測器の開発と優先度

DSPの入札システムのような複数の種類の予測が必要となる場合、限られた開発リソースをどの予測器開発にあてれば良いでしょうか？

予測モデルの性能評価は、機械学習を使わない方法と比較することで開発すべきかどうかの判断ができます。機械学習を使わない方法は、全体の平均値を予測値とする方法（Null Model）やドメイン知識からもっともらしい特徴量を1つだけ選んで平均値を取るモデルが考えられます。どちらもSQLであればgroup byをするだけなのでプロダクトへの実装は容易です。シミュレーションが可能であればベースラインと効用への影響を比較してみましょう。効用への影響が大きい予測器は開発優先度が高いといえます。特に差がないのであればベースラインで十分とわかります。

プロダクト開発においてはシステムの一部をベースライン、つまりハリボテのまま運用していく胆力も求められます。特にプロダクトの初期は十分な開発リソースもなければデータも足りないことがよくあります。特にコンシューマー向けのサービスであれば「動かないシステム」よりも「そこそこの性能で動くシステム」が良しとされます[†11]。

[†11] 企業向けのサービスであっても凄腕の営業は我々開発者が気にするシステムの完成度などものともせず顧客を掴まえてくるので、やはりハリボテのまま動かすことになったりします。

あとがき

　第2版を書いた今でも、機械学習を取り巻く環境は目まぐるしく絶え間なく変化し続けています。筆者の一人である有賀がこの本の最初の執筆を開始した2015年から6年以上、初版が出版されてから4年以上経っているのですが、初版出版後からも機械学習にまつわる大きな変化は続いています。深層学習の名は、一般まで届くようになり、DeepFakeと呼ばれる映像を合成する技術は推理ドラマの題材としてもおなじみです。TensorFlowそしてKerasの勢いは伸び、Define-by-Runと呼ばれる概念を打ち立てたChainerは開発を停止しPyTorchへと合流しました。iPhoneやPixelなどのスマートフォンのカメラで撮られる画像は、深層学習を用いたボケの適用など機械学習は私達の生活を裏側から支えています。YouTubeのような大手だけではなくTwitchのような新興のライブ動画配信サービスに対しても、大量の動画から違法に利用された音楽の検知をレコード会社が求めるといった事件もありました。今や、機械学習はデジタルなコンテンツやデバイスがなくてはならないのと同じくらい、当たり前の存在です。

　こうした中で、本書の執筆に取り組み続けていたのは、何度も同僚やお客様から機械学習の似たような質問を受けるたびに、既存の理論寄りの書籍やハンズオン系の書籍ではカバーできていないけれど、業務の中では皆知っているべきことがたくさんあるのではないか、と思い続けてきたからです。また、幸運にも初版を多くの人に手にとってもらって、「機械学習でいい感じにしてくれ、と上司に言われたので助かりました」という声もいただきました。一方で、機械学習が普及したが故にをそれ含むシステムや問題に取り組む上で立ち向かわなければならない、因果効果推論や継続的トレーニング、機械学習基盤の運用など新たな挑戦も多くの人が目の当たりにするようになりました。機械学習システムはさまざまなロールや組織体制のなか、データという不確実なものから生成される結果を、設計や運用含めてハンドリングしていかなけ

ればなりません。仮説をどのように立てるか、探索的な分析をどうするのか、普段の
ソフトウェアの開発と異なる難しさはなにか、といった私たちが暗黙的に経験として
学んできたことがまだまだ知られていないのではないかと思っています。この本を読
むことで私たちが普段の取り組みを通じてためてきた知見をお伝えしたかったからで
す。あまりこういったトピックに触れる機会がない独学で進んできた方にとって、本
書が業務で機械学習を活用する上での一助となれば幸いです。

謝辞

　本書の執筆には、多くの人達の協力なしには成し遂げられませんでした。

　小宮篤史さんにはインターネット広告における実務の知見を元にしたレビューをし
ていただきました。shingo さんには、A/B テストと効果検証について教えていただ
きました。上田隼也さん、土橋昌さんには ML Ops に関する 6 章を中心にレビューし
ていただき、上田さんにはそれに加えて前半の章をレビューいただきました。飯塚修
平さんには、バンディットアルゴリズムを扱った 11 章のレビューをしていただきま
した。

　Python 業界の会社の慰安旅行からはじまったコミュニティの pyspa からは、西尾
泰和さん、上西康太さん、奥田順一さん、渋川よしきさん、若山史郎さん、山本早人
さん、takabow さん、d1ce_ さんからレビューをしていただきました。特に西尾さん
には理論と歴史的な面での、奥田さんからは数学的な面での、上西さんからは対象読
者であるソフトウェアエンジニアの観点から多岐にわたるレビューをいただきまし
た。皆さんとのチャットでの議論が、本書の品質向上に繋がりました。

　本書は 2017 年 4 月に開催された技術書典 2、という同人誌展示即売会で頒布された、
『BIG MOUSE DATA 2017 SPRING』という同人誌を下敷きにしています。当時、有
賀が執筆していた原稿をなかなか出版できなかったため「どうせだから、みんなが抱
えているお蔵入りした分析結果を寄せ集めて同人誌にしようぜ」という軽い気持ちで
本書のプロジェクトはスタートしました。結果として同書は高い評価をいただき、オ
ライリー・ジャパンから商業版の出版が行われることになりました。技術書典を主催
された TechBooster 様、達人出版会様、および運営スタッフの皆様、そして同人誌版
の出版を手伝っていただいた坪井創吾さん、hirekoke さんに感謝申し上げます。

　企画の相談から、編集、図表から著者のケアまで多くの部分で支えていただいたオ
ライリー・ジャパンの瀧澤さんのおかげで、ついに出版までこぎつけられました。私
たちの背中を押していただきありがとうございます。また、この本を生み出すきっか

けを与えてくれたSBクリエイティブの杉山さんにも感謝します。

　長期間に渡り明るく忍耐強く有賀を支えてくれた有賀恵理子と、結歌、夏織に感謝します。

参考文献

[Baylor17]　Baylor, Denis, et al. "Tfx: A tensorflow-based production-scale machine learning platform." Proceedings of the 23rd ACM SIGKDD International Conference on Knowledge Discovery and Data Mining, 2017

[Benjamin17]　Benjamin, Daniel J., et al. "Redefine statistical significance." Nature Human Behaviour, 2017

[Bernardi19]　Bernardi, Lucas, Themistoklis Mavridis, and Pablo Estevez. "150 successful machine learning models: 6 lessons learned at booking. com." Proceedings of the 25th ACM SIGKDD International Conference on Knowledge Discovery & Data Mining, ACM, 2019

[Brodersen15]　Brodersen, Kay H., et al. "Inferring causal impact using Bayesian structural time-series models." The Annals of Applied Statistics 9.1, 2015, p247-274

[Chen16]　Chen, Tianqi, and Carlos Guestrin "XGBoost: A Scalable Tree Boosting System" arXiv preprint arXiv:1603.02754, 2016

[David17]　David Walsh, Ramesh Johari, Leonid Pekelis "Peeking at A/B Tests: Why it matters, and what to do about it" KDD2017, 2017

[Friedman02]　Friedman, Jerome H. "Stochastic gradient boosting." Computational Statistics & Data Analysis 38.4 2002, p367-378

[Gibson19]　Gibson Biddle. "How to Define Your Product Strategy #4 Proxy Metrics" https://gibsonbiddle.medium.com/4-proxy-metrics-a82dd30ca810, 2019

[Gomez-Uribe16] Gomez-Uribe, Carlos A., and Neil Hunt. "The netflix recommender system: Algorithms, business value, and innovation." ACM Transactions on Management Information Systems (TMIS) 6.4, 2016, p13

[Guo16]　　Guo, Cheng, and Felix Berkhahn. "Entity embeddings of categorical variables." arXiv preprint arXiv:1604.06737, 2016

[He14]　　He, Xinran, et al. "Practical lessons from predicting clicks on ads at facebook." Proceedings of the Eighth International Workshop on Data Mining for Online Advertising, 2014

[Maaten08]　van der Maaten, L.J.P.; Hinton, G.E. "Visualizing High-Dimensional Data Using t-SNE." Journal of Machine Learning Research 9:2579-2605, 2008

[Microsoft17]　Pavel Dmitriev, Somit Gupta, Ron Kohavi, Alex Deng, Paul Raff, Lukas Vermeer "A/B Testing at Scale Tutorial" http://exp-platform.com/2017abtestingtutorial/SIGIR 2017 and KDD 2017, 2017

[Muller17]　Andreas C. Muller、Sarah Guido 『Pythonではじめる機械学習』、中田秀基 訳、オライリー・ジャパン、2017年

[Narita18]　Narita, Yusuke, Yasui, Shota, Yata, Kohei "Efficient Counterfactual Learning from Bandit Feedback", CoRR, abs/1809.03084, 2018

[Polyzotis19]　Polyzotis, Neoklis, et al. "Data validation for machine learning." Proceedings of Machine Learning and Systems 1, 2019, p334-347

[Raschka16]　Sebastian Raschka 『Python機械学習プログラミング』、株式会社クイープ 訳、福島真太郎 監訳、インプレス、2016年

[Ren17]　　Ren, Kan, et al. "Bidding machine: Learning to bid for directly optimizing profits in display advertising." IEEE Transactions on Knowledge and Data Engineering 30.4, 2017, p645-659

[Saito20]　Saito, Yuta, et al. "A Large-scale Open Dataset for Bandit Algorithms." arXiv preprint arXiv:2008.07146, 2020

[Schelter18]　Schelter, Sebastian, et al. "Automating large-scale data quality verification". Proc. VLDB Endow. Vol.11, No.12, 2018, p1781-1794

[Sculley14]　Sculley, D., Todd Phillips, Dietmar Ebner, Vinay Chaudhary, and Michael Young "Machine learning: The high-interest credit card of technical debt." 2014

[Sculley15]　Sculley, D., et al. "Hidden technical debt in machine learning systems." Advances in Neural Information Processing Systems, 2015

[Selvaraju19] Selvaraju, Ramprasaath R., Cogswell, Michael, Das, Abhishek, Vedantam, Ramakrishna, Parikh, Devi,Batra, Dhruv "Grad-CAM: Visual Explanations from Deep Networks via Gradient-based Localization" https://arxiv.org/abs/1610.02391, 2019

[Shipra13] Shipra Agrawal, Navin Goyal, "Further Optimal Regret Bounds for Thompson Sampling", 2013

[Vasile17] Vasile, Flavian, Damien Lefortier, and Olivier Chapelle. "Cost-sensitive learning for utility optimization in online advertising auctions." Proceedings of the ADKDD17, 2017, p1-6

[Wang16] Wang, Yuchen, et al. "Functional bid landscape forecasting for display advertising." Joint European Conference on Machine Learning and Knowledge Discovery in Databases. Springer, Cham, 2016

[Zinkevich] Zinkevich, Martin "Rules of Machine Learning: Best Practices for ML Engineering",http://martin.zinkevich.org/rules_of_ml/rules_of_ml.pdf

[クロール15] アリステア・クロール、ベンジャミン・ヨスコビッツ『Lean Analytics』、角征典 訳、オライリー・ジャパン、2015年

[シーゲル13] エリック・シーゲル『ヤバい予測学』、矢羽野薫 訳、阪急コミュニケーションズ、2013年

[マウリャ12] アッシュ・マウリャ『Running Lean』、角征典 訳、オライリー・ジャパン、2012年

[リース12] エリック・リース『リーン・スタートアップ』、日経BP、2012年

[安井20a] 安井翔太、株式会社ホクソエム『効果検証入門』、技術評論社、2020年

[安井20b] Yasui, Shota, et al. "A Feedback Shift Correction in Predicting Conversion Rates under Delayed Feedback." Proceedings of The Web Conference 2020, 2020

[井出15a] 井手剛『入門 機械学習による異常検知』、コロナ社、2015年

[井出15b] 井手剛、杉山将『異常検知と変化検知』、講談社、2015年

[加嵩17] 加嵩長門、田宮直人『ビッグデータ分析・活用のためのSQLレシピ』、マイナビ出版、2017年

[岩波16] 岩波データサイエンス刊行委員会『岩波データサイエンス Vol.3』、岩波書店、2016年

[栗原 11]　　栗原慎一『入門 統計学』、オーム社、2011年

[斎藤 16]　　斎藤康毅 『ゼロから作る Deep Learning』、オライリー・ジャパン、2016年

[秋庭 19]　　秋庭伸也、杉山阿聖、寺田学『見て試してわかる機械学習アルゴリズムの仕組み 機械学習図鑑』、加藤公一 監修、翔泳社、2019年

[小林 10]　　小林淳一、高本和明「確率勾配ブースティングを用いたテレコムの契約者行動予測モデルの紹介（KDD Cup 2009 での分析より）」、データマイニングと統計数理研究会（第12回）, 2010

[神嶌 10]　　神嶌敏弘「転移学習」人工知能学会誌 25.4、2010年、p572-580

[池内 20]　　池内孝啓、片柳薫子、@driller『改訂版 Pythonユーザのための Jupyter[実践] 入門』、技術評論社、2020年

[中室 17]　　中室牧子、津川友介『「原因と結果」の経済学』、ダイヤモンド社、2017年

[東京大学 91] 東京大学教養学部統計学教室　編『統計学入門』 東京大学出版会、1991年

[東京大学 92] 東京大学教養学部統計学教室　編『自然科学の統計学』 東京大学出版会、1992年

[飯塚 20]　　飯塚修平『ウェブ最適化ではじめる機械学習』、オライリー・ジャパン、2020年

[牧野 16]　　牧野貴樹、澁谷長史、白川 真一ら 『これからの強化学習』、森北出版、2016年

[本橋 18]　　本橋智光『前処理大全』、株式会社ホクソエム 監修、技術評論社、2018年

[本橋 19]　　本橋洋介 『業界別！AI活用地図』、翔泳社、2019年

[本多 16]　　本多淳也、中村篤祥『バンディット問題の理論とアルゴリズム』、講談社、2016年

[門脇 19]　　門脇大輔、阪田隆司、保坂桂佑、平松雄司 『Kaggleで勝つデータ分析の技術』、技術評論社、2019年

索引

さ行

● 著者紹介

有賀 康顕（ありが みちあき）
電機メーカーの研究所、レシピサービスの会社、Cloudera を経て現在は Treasure Data 所属。ソフトウェアエンジニアとして、機械学習を利用するためのプラットフォームや Customer Data Platform の開発を行う。
- https://twitter.com/chezou
- https://www.slideshare.net/chezou
- https://chezo.uno/

中山 心太（なかやま しんた）
電話会社の研究所、ソーシャルゲームの会社、機械学習によるウェブマーケティングの会社、フリーランスを経て、現在は株式会社 Next Int を起業。自社サービスの開発のほか、ゲーム開発における企画や、機械学習案件の受託を行う。
機械学習、ゲームデザイン、ビジネス設計、新規事業企画など、広く薄く何でもやる高機能雑用。
- https://twitter.com/tokoroten
- https://www.slideshare.net/TokorotenNakayama
- https://medium.com/@tokoroten/

西林 孝（にしばやし たかし）
ソフトウェアエンジニア。独立系 SIer、ソフトウェアベンダーを経て現在は株式会社 VOYAGE GROUP 所属。インターネット広告配信サービスの広告配信ロジックの開発に従事。
- https://hagino3000.blogspot.jp/
- https://speakerdeck.com/hagino3000
- https://twitter.com/hagino3000

仕事ではじめる機械学習　第2版

2018 年 1 月 15 日	初　版　第 1 刷発行	
2021 年 4 月 21 日	第 2 版　第 1 刷発行	
2021 年 5 月 31 日	第 2 版　第 2 刷発行	

著　　　　者	有賀 康顕（ありが みちあき）、中山 心太（なかやま しんた）、
	西林 孝（にしばやし たかし）
発　行　人	ティム・オライリー
制　　　作	株式会社トップスタジオ
印 刷・製 本	日経印刷株式会社
発　行　所	株式会社オライリー・ジャパン
	〒 160-0002　東京都新宿区四谷坂町 12 番 22 号
	Tel　（03）3356-5227
	Fax　（03）3356-5263
	電子メール　japan@oreilly.co.jp
発　売　元	株式会社オーム社
	〒 101-8460　東京都千代田区神田錦町 3-1
	Tel　（03）3233-0641（代表）
	Fax　（03）3233-3440

Printed in Japan（ISBN978-4-87311-947-2）

乱丁、落丁の際はお取り替えいたします。